**Anwendung**

**Composition**

Eine Komposition beinhaltet wiederum Kompositionen oder atomare Softwarekomponenten. Zur Kommunikation besitzt sie Ports, die jedoch nur auf der Modellierungsebene existieren. Auf der Implementierungsebene werden diese durch die Ports der atomaren Softwarekomponenten realisiert.

**Interface**

Ein Interface beschreibt Daten, die übermittelt, oder Operationen, die ausgeführt werden können. Interfaces werden Ports zugeordnet und beschreiben diese näher. Ports mit kompatiblen Interfaces können miteinander verbunden werden.

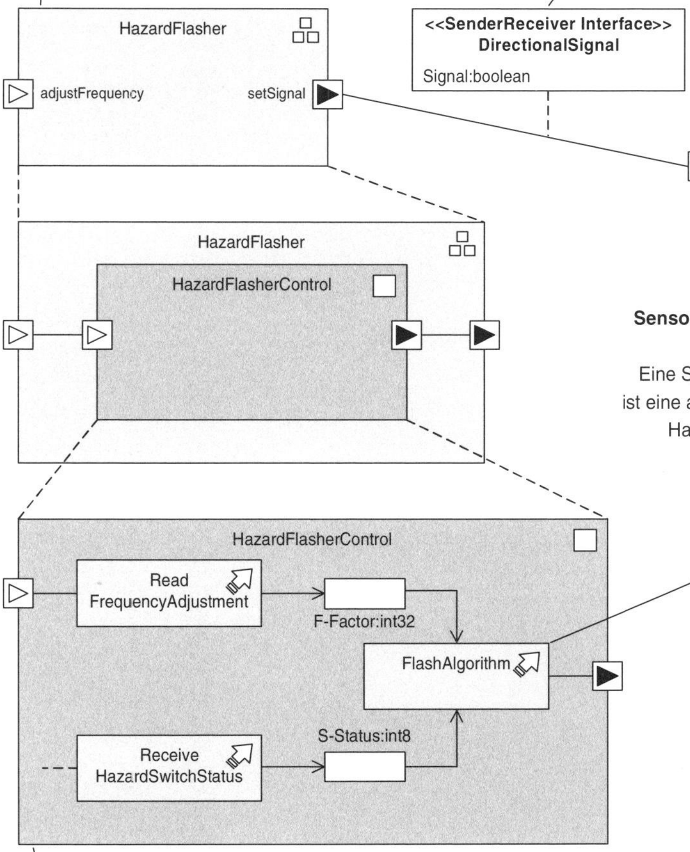

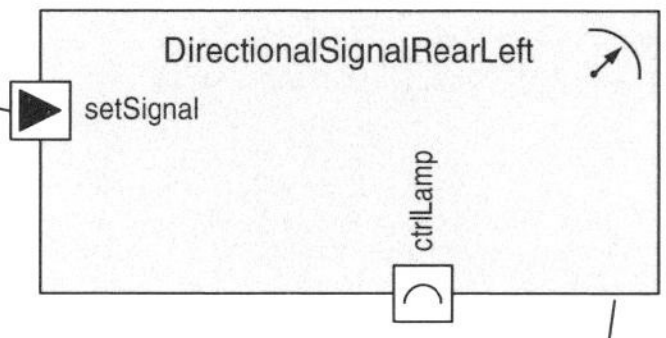

HazardFlasher

▷ adjustFrequency          setSignal ▶

<<SenderReceiver Interface>>
**DirectionalSignal**

Signal:boolean

DirectionalSignalRearLeft

▶ setSignal

ctrlLamp

**Sensor/Actuator Software Component**

Eine Sensor/Aktor-Softwarekomponente ist eine atomare Softwarekomponente, die Hardware-Sensoren und Aktoren auf Anwendungsebene repräsentiert.

HazardFlasher

HazardFlasherControl

▷   ▷          ▶   ▶

HazardFlasherControl

▷

Read
FrequencyAdjustment

F-Factor:int32

FlashAlgorithm   ▶

Receive
HazardSwitchStatus

S-Status:int8

**Runnable**

Runnables können durch Events, wie Timer oder den Empfang von Daten, aktiviert werden. Sie bedienen die Ports der atomaren Softwarekomponenten, senden und empfangen Daten. Des Weiteren implementieren sie Operationen auf Client- und Serverseite.

**Atomic Software Component**

Eine atomare Softwarekomponente beinhaltet Runnables, Interrunnable-Variablen und Ports, um mit anderen Softwarekomponenten und AUTOSAR-Services in Verbindung zu treten. Anwendungssoftwarekomponenten treten über Sensor/Aktor-Softwarekomponenten mit Hardware-Sensoren/Aktoren in Verbindung.

**Softwareentwicklung mit AUTOSAR**

**Dipl.-Inform. Olaf Kindel** studierte Informatik und Wirtschaftswissenschaften in Braunschweig. Er hat seit Ende der 1990er-Jahre die Entwicklung mehrerer Basisarchitekturen in C++ und Java geleitet. Zusätzlich zum Schwerpunkt Softwarearchitektur konzentriert sich seine berufliche Verantwortung bei der Firma ICT Software Engineering GmbH seit 2003 auf die Bereiche Geschäftsprozessmanagement und prozessorientiertes Software Engineering in Automotivprojekten.

**Dipl.-Inform. Mario Friedrich** studierte von 1993 bis 1999 Informatik an der Otto-von-Guericke-Universität in Magdeburg. Schwerpunkt des Studiums und der nachfolgenden beruflichen Tätigkeit war die Anwendung moderner softwaretechnischer Ansätze wie Objektorientierung und Design Patterns auf tief eingebettete Systeme. Seit 2006 ist er bei der Firma ICT Software Engineering GmbH im Bereich AUTOSAR tätig. In diesem Rahmen vertritt er seit 2007 die Volkswagen AG in verschiedenen AUTOSAR-Arbeitspaketen.

Olaf Kindel · Mario Friedrich

# Softwareentwicklung mit AUTOSAR

## Grundlagen, Engineering, Management in der Praxis

dpunkt.verlag

Olaf Kindel: olaf.kindel@ict-se.de

Mario Friedrich: mario.friedrich@ict-se.de

Lektorat: Christa Preisendanz
Copy-Editing: Ursula Zimpfer, Herrenberg
Satz: Olaf Kindel, Braunschweig
Herstellung: Birgit Bäuerlein
Umschlaggestaltung: Helmut Kraus, www.exclam.de
Druck und Bindung: Koninklijke Wöhrmann B.V., Zutphen, Niederlande


Bibliografische Information Der Deutschen Bibliothek
Die Deutsche Bibliothek verzeichnet diese Publikation in der Deutschen Nationalbibliografie;
detaillierte bibliografische Daten sind im Internet über <http://dnb.ddb.de> abrufbar.


ISBN 978-3-89864-563-8

1. Auflage 2009
Copyright © 2009 dpunkt.verlag GmbH
Ringstraße 19 b
69115 Heidelberg

# Vorwort

Mit der stetig wachsenden Nutzung von AUTOSAR in der Automobilindustrie wird die effektive Einarbeitung weiterer Mitarbeiter immer wichtiger. Unsere Erfahrungen zeigen, dass ohne Unterstützung an dieser Stelle sehr viel Zeit verloren gehen kann. Die notwendige Unterstützung kann durch erfahrene »AUTOSAR-Kollegen« erfolgen oder aber durch geeignete Literatur. Da AUTOSAR-Experten nicht beliebig zur Verfügung stehen, haben wir uns entschlossen, dieses Buch zu schreiben. Wir hoffen, so einen Beitrag für die weitere AUTOSAR-Einführung zu leisten.

Unsere Hinweise, Tipps und Kommentare beruhen auf unseren praktischen Erfahrungen und persönlichen Ansichten. In konkreten Projekten unterliegt die Einhaltung des AUTOSAR-Standards letztendlich den Vereinbarungen und Prüfungen der Projektbeteiligten. Daher können wir keine Gewährleistung für den Erfolg von Implementierungen übernehmen, die auf den hier gegebenen Darstellungen und Beispielen basieren.

Über Erfahrungen, Feedback und Verbesserungsvorschläge an folgende E-Mail-Adresse würden wir uns freuen:

autosar-buch@dpunkt.de

Teilen Sie uns bitte mit, wo Sie zustimmen, und auch, wo Sie möglicherweise widersprechen. AUTOSAR wird sich über den in diesem Buch beschriebenen Stand hinaus entwickeln. Gerne nehmen wir Ihre Erfahrungen in eine neue Auflage des Buches auf.

Bedanken möchten wir uns bei unseren Kollegen: bei Dr. Frank Höwing für den Review großer Teile des Buches, bei Martin Teich und Dirk Meyer für Beiträge zu einzelnen Kapiteln, bei Maximilian Ehrlich und vielen anderen für wertvolle Kommentare.

Weiterhin bedanken wir uns bei Juliane Friedrich für das Korrekturlesen sowie bei Frau Preisendanz vom dpunkt.verlag. Frau Preisendanz hat mit ihrem Engagement wesentlich zur Existenz dieses Buches beigetragen.

Auch bei unseren Familien und Freunden möchten wir uns für die Geduld bedanken, mit der sie uns über die intensiven Arbeitsphasen hinweg unterstützt haben.

*Olaf Kindel und Mario Friedrich*
Braunschweig, im April 2009

# Inhaltsverzeichnis

# Teil II
**Engineering**

# Anhang

# 1 Einleitung

AUTOSAR (AUTomotive Open System ARchitecture) ist ein internationaler Standard der Automobilindustrie. Er beschreibt eine offene und standardisierte Softwarearchitektur für die Fahrzeugentwicklung, die gemeinsam von Automobilherstellern, Automobilzulieferern und Werkzeugherstellern entwickelt und getragen wird. Sie haben gemeinsame Ziele identifiziert, deren Erreichung allen Beteiligten helfen soll, ohne gleichzeitig den für die Innovation wichtigen Wettbewerb zu behindern.

Das vorliegende Buch soll insbesondere Architekten, Projektleitern und Produktmanagern einen Überblick über den AUTOSAR-Standard verschaffen und so einen effektiven Einstieg in AUTOSAR ermöglichen. Die Informationen beziehen sich auf das Anfang 2009 aktuelle Release 3.1. Eine Abgrenzung zu vergangenen und – wo überhaupt möglich – zu zukünftigen Releases ist aber enthalten.

*Architekten, Projektleiter und Produktmanager*

Natürlich hat dieses Buch einen begrenzten Umfang und kann die fast 7900 Seiten der Spezifikation von Release 3.1 nicht vollständig wiedergeben und gleichzeitig auch noch kommentieren. So wird ein Blick in die Spezifikation immer notwendig sein, insbesondere je weiter sich ein Projekt der Implementierungsphase nähert.

Dabei ist zu beachten, dass es schon aufgrund des Umfangs der Spezifikation nicht möglich ist, dass sie von einer Person gelesen und in allen Details verstanden wird. Vielmehr wird die Zusammenarbeit von Spezialisten in Teams unumgänglich. So wird es beispielsweise Experten für Diagnose, Kommunikationsbusse, Modemanagement oder VFB geben.

## Wozu dieses Buch?

AUTOSAR möchte einen Paradigmenwechsel in der automotiven Softwareentwicklung herbeiführen: weg von einem steuergerätezentrierten Ansatz und hin zu einem funktionsbasierten Ansatz.

*Der funktionsbasierte Ansatz*

*Nutzen*

So weit, so gut. Als Grund, in einer bestehenden Projektsituation alle Entscheidungen umzuwerfen, genügt das noch nicht. Der Weg in Richtung AUTOSAR ist immer ein Veränderungsprozess. Selbst für Neuprojekte gilt: Ein Nutzen muss her. Der hängt natürlich davon ab, in welcher Rolle Sie sich als Betroffener in einem AUTOSAR-Projekt wiederfinden.

*Technik und Management*

Entscheidend ist vor allem, ob diese Rolle im technischen Bereich oder im Management angesiedelt ist. Unabhängig davon, welche Seite der Treiber des Veränderungsprozesses ist, entstehen Konflikte, obwohl über das Ziel (z. B. bessere Struktur in den Modulen) scheinbare Einigkeit besteht.

■ Dem versierten Techniker gefällt vielleicht der Gedanke der Modularisierung. Verspricht er doch einen besseren Überblick über das System und weniger Stress bei der Integration. Das Management sieht natürlich, dass dafür große Teile der Software umgearbeitet werden müssen. Das bedeutet Zeit und Kosten. Ein »besseres Gefühl« der Entwickler allein wird von den Auftraggebern aber nicht bezahlt. Bisher ging es ja schließlich auch ...

■ Das Management erhofft sich von der Modularisierung verbesserte Wartbarkeit und bessere Wiederverwendbarkeit. Das spart Kosten und erhöht die Wettbewerbsfähigkeit. Die Entwickler sehen dagegen erheblichen Einarbeitungsaufwand. Hinzu kommen die Risiken aus der Umstellung eines funktionierenden Codes auf eine neue unerprobte Technologiebasis.

In beiden Fällen kann dieser Konflikt den Erfolg des Projekts verhindern, obwohl doch das Ziel »mehr Struktur« in beiden Fällen identisch war.

Natürlich können Sie bei jeder noch so sinnvollen technischen Innovation immer einen Grund finden, warum ausgerechnet diese Innovation aktuell nicht finanzierbar ist. Analog können Sie zu jeder Managemententscheidung Gründe finden, warum ausgerechnet diese mit Sicherheit in die technische Unmöglichkeit führen wird. Das ist sowohl bei Technikern als auch Managern nur eine Frage der Fantasie. Immerhin in diesem Punkt herrscht Eintracht.

*Veränderung*

Doch je abstrakter der Gegenstand einer Veränderung wird, umso einfacher wird es, mit einem Minimum an Einfallsreichtum die bedrohlich erscheinende Veränderung in den Bereich der Utopie zu verweisen – oder sich das wenigstens einzureden.

AUTOSAR ist so eine abstrakte Veränderung. Um den scheinbaren Widerspruch in der Argumentation von Management und Technik besser lösen zu können, haben wir uns entschlossen, in diesem Buch beide Seiten zu beleuchten.

Wir meinen, dass eine bessere Verständigung zwischen Manage-ment und Technik gerade bei Hightech-Entwicklungen unterlässlich ist. Diese Verständigung fordert natürlich von den Managern ein gewisses Maß an »Beschäftigungstoleranz« im Zusammenhang mit komplexen technischen Themen. Gleichzeitig werden die Ingenieure aber auch genötigt, sich einmal auf die Ebene »unexakter Sozialwis-senschaften« wie der Betriebswirtschaftslehre herabzulassen. Das fällt nicht immer leicht.

*Mission: Management und Technik zusammenführen*

Vor allem in investitionsintensiven Projekten mit neuen Technolo-gien lassen sich die entstehenden Risiken nur noch gemeinsam von Management und Technik im Team beherrschen. Wir sind fest davon überzeugt, dass die Chancen für zukünftige Softwareprojekte, wie wir sie auch in Kapitel 3 beschreiben, das Eingehen dieser Risiken rechtfer-tigen.

## 1.1   Was verbirgt sich hinter AUTOSAR?

Eine erste Antwort ist auf der AUTOSAR-Website veröffentlicht; in der dort frei zugänglichen Spezifikation. Sie umfasste Anfang 2009 im AUTOSAR-Release 3.1 einen Umfang von 132 PDF-Dokumenten. In den dazugehörigen Präsentationen beschreibt sich AUTOSAR selbst so [FBH06]:

*www.autosar.org*

- *Architektur*:
  Eine komplette Basissoftware für Steuergeräte als Integrationsplatt-form für hardwareunabhängige Softwareanwendungen.
- *Methodik*:
  Austauschformate oder Beschreibungsvorlagen für einen nahtlosen Konfigurationsprozess der Basissoftware und die Integration der Anwendungssoftware auf einem Steuergerät. Hierzu zählt auch die Methodik, wie dieses Gerüst verwendet wird.
- *Application Interfaces*:
  Die Spezifikation von Schnittstellen typischer Automobilanwen-dungen aus allen Gebieten in Bezug auf Syntax und Semantik, die als ein Standard für die Anwendungssoftware dienen sollte.

In praktischen Projekten sehen wir dagegen folgendes Bild:

- Aktuell ist viel Tüftelei oberhalb der Basissoftware notwendig.
- AUTOSAR ist mehr als nur die Beschaffung eines Werkzeugs.
- Einige Elemente der Softwareentwicklung werden einfacher, man muss sie dafür jedoch kennen.

Dazu finden Sie in den fast 7900 Seiten der Spezifikation nur wenig. Wir möchten hier daher einen kompakten Überblick zu AUTOSAR mit möglichst einfachen Worten bieten. Dazu gehört auch das moderne softwaretechnische Rüstzeug, das schon für die Motivation von AUTOSAR unerlässlich ist. Dieses Buch soll also die Spezifikation nicht ersetzen – auch wenn eine solche deutschsprachige Referenz im technischen Alltag sicherlich wünschenswert wäre. Diese Referenz wäre bei einer Vorlage mit mehreren tausend Seiten nicht wirklich kompakt.

## 1.2    Zum Aufbau des Buches

Wir haben das Buch in drei Teile gegliedert. Im Vordergrund standen die folgenden Fragen und Gedanken.

### Grundlagen

- Welches Grundlagenwissen ist nötig, um überhaupt eine Chance zu haben, AUTOSAR zu verstehen?
- Was ist AUTOSAR generell? Der rote Faden durch die Spezifikation.
- Was wollen die AUTOSAR-Macher damit überhaupt erreichen?
- Was sollte ich mir von der umfangreichen Spezifikation als Erstes durchlesen?

### Engineering

- Ein kurzes How-to in AUTOSAR
- Wie baue ich einen Port?
- Welche Werkzeuge bietet AUTOSAR?
- Wie sehen die Werkzeuge im Detail aus und was macht sie aus?
- Wie werden die Werkzeuge verwendet, um Code für ein Steuergerät zu bauen?
- Wo liegt der Fokus der Entwurfsarbeit?
- Was sind die technischen Knackpunkte beim Einsatz?
- Was kostet mich das an Performance?

Wir beleuchten diese Fragen anhand eines durchgängigen Beispielprojekts in den einzelnen Kapiteln.

**Management**

- Welchen Einfluss hat der Einsatz von AUTOSAR auf die Entwicklungsprozesse?
- Wie beeinflusst AUTOSAR das Geschäftsmodell?
- Was bedeutet das für die Schnittstellen zu externen Partnern?
- Wie stellt sich die Kosten/Nutzen-Thematik dar?
- Wie führe ich AUTOSAR in einem Projekt ein?

Hier werfen wir auch einen kritischen Blick auf AUTOSAR.

# Teil I

## Grundlagen

# 2  Softwarearchitektur in der Fahrzeugentwicklung

Die Standardisierung eines Werkzeugs garantiert nicht automatisch den sachgemäßen Umgang mit dem Werkzeug. Die Standardisierung macht es aber leichter, darüber zu reden, was diesen sachgemäßen Umgang ausmacht. Wenn es um den Entwurf und damit auch die Entwicklung von Software geht, dann ist Architektur ein besonders wichtiges Hilfsmittel, und leider auch ein besonders empfindliches, was den unsachgemäßen Gebrauch betrifft.

In diesem Kapitel möchten wir daher wichtige Hintergrundinformationen zum Thema Architektur zusammenfassen, die Ihnen später den sachgemäßen Umgang mit Architektur und damit auch AUTOSAR erleichtern werden.

## 2.1  Softwarearchitektur oder Systemarchitektur?

Das Akronym AUTOSAR verspricht eine »offene Systemarchitektur«. Zur Beschreibung einer Systemarchitektur gehört im Umfeld von Automotive SPICE (vgl. www.automotivespice.org und [MHDZ07]) die Festlegung der beteiligten Elemente aus Hardware und Software. Für die praktische Produktentwicklung automobiler Komponenten kann man das sogar noch weiter fassen und die Aufgabe der Systemarchitektur darin sehen, das ganzheitliche Zusammenspiel von

*Systemarchitektur*

- Mechanik,
- Hardware und
- Software

zu gewährleisten.

Interessanterweise trifft die AUTOSAR-Spezifikation jedoch weder Aussagen zu Hardware noch zu Mechanik; dafür finden sich umso mehr Hinweise auf Software. Auch wenn AUTOSAR die Hardware von Steuergeräten zum Gegenstand hat, die Architekturvorgaben beziehen sich immer auf eine Realisierung unter Verwendung von Software.

Für den Automotivbereich existieren bereits vielfältige Hardwarestandards, insbesondere Bussysteme. Das fehlende Element, das alle diese Hardwarestandards zu einem funktionierenden Ganzen zusammenfügt, ist immer häufiger Software. Oft werden die Hardwarestandards durch Software als Bindeglied überhaupt erst nutzbar. Ein Bus als Kommunikationsmedium ist ohne die Daten sinnlos, die über ihn transportiert werden sollen. Diese Daten werden von Softwareelementen erzeugt, berechnet oder wenigstens bereitgestellt.

Insofern fanden wir es wichtig, in einem Buch über automotive Systemarchitektur, der Softwarearchitektur als Bindeglied besonders große Bedeutung einzuräumen. Sie werden sehen, dass sich viele Aspekte der Systemarchitektur daraus anschließend fast von selbst ergeben. Nicht zuletzt ist hier der Nachholbedarf der Informatik auch größer als bei den Ingenieurdisziplinen, in deren Zuständigkeitsbereich Hardware und Mechanik fallen.

### Wichtige Begriffe

*Systeme*  Das Systems Engineering versteht unter einem System immer eine Kombination von Elementen aus Mechanik, Hardware und Software; neuerdings noch mit der Erweiterung auf Systeme von Systemen.

*Allgemeiner Systembegriff*  Das ist eine sehr spezielle Sicht. Allgemein versteht man unter einem System eine Menge von Teilen mit einer Beziehung zueinander. Die Teile können beliebig sein. So ist auch der Systembegriff in diesem Kapitel zu verstehen. Ein Softwaresystem besteht demnach aus einer Menge von Softwareelementen: Funktionen, Module, Komponenten, Datentypen usw.

*Struktur*  Eine Struktur beschreibt, *wie* die Teile eines Ganzen zusammenhängen. Im Zusammenhang mit Systemen hat Struktur eine besondere Bedeutung. Das System liefert eine Menge von Teilen und zeigt, um *was* es geht. Die Struktur beschreibt, wie das System im Inneren aufgebaut ist.

*Komplexität*  Systeme haben einen Hang zu Komplexität. Das ist kaum überraschend, da Komplexität wörtlich *Zusammengesetztheit* bedeutet. Demnach ist jedes System automatisch komplex, da es bereits per Definition aus Teilen zusammengesetzt ist.

*Komplizierte Systeme*  Komplex wird häufig mit kompliziert verwechselt. Kompliziert wird ein System aber erst, wenn es schwer zu durchschauen ist. Das kann bei Systemen unterschiedliche Gründe haben.

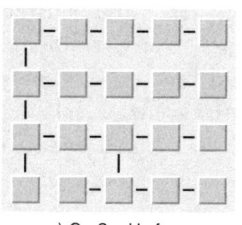
a) Großer Umfang

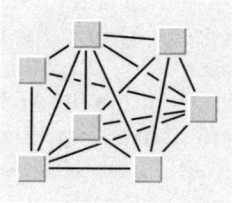
b) Hoher Vernetzungsgrad

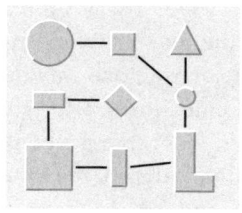
c) Artenvielfalt

*Abb. 2–1*
*Wodurch Systeme*
*kompliziert werden*

Folgende Eigenschaften (vgl. Abb. 2–1) machen den Umgang mit einem System und dessen Verständnis schwierig:

a)  Das System ist sehr groß, es besteht aus vielen Teilen.
b)  Das System ist stark vernetzt, es gibt viele Beziehungen zwischen den einzelnen Teilen.
c)  Das System ist heterogen, es besteht aus vielen verschiedenen Arten von Elementen.

In der Praxis treten zusätzlich noch alle Kombinationen dieser Formen von Kompliziertheit auf. Den zweifelhaften Höhepunkt markiert ein umfangreiches System aus Komponenten unterschiedlichster Art, die in unüberschaubarer Weise zueinander in Beziehung stehen. Ein solches System ist in dieser Form für Menschen nur noch schwer handhabbar. Dieser Punkt wird auch in einem System von Systemen schnell erreicht.

Ein wichtiges Gestaltungsmittel, um trotzdem den Überblick zu behalten, besteht darin, eine Architektur einzuführen. Wie der Aufbau einer solchen Architektur funktioniert, davon handeln die folgenden Abschnitte.

## 2.2    Was ist überhaupt Architektur?

Leider gibt es für den Begriff *Architektur* in der Softwarewelt bis heute keine genormte oder wenigstens einheitlich akzeptierte Definition. Die ersatzweise oft bemühten Vergleiche zur Gebäudearchitektur, zum Kathedralenbau oder gar Festungsbau hinken – Software ist per Definition weich.

Das Software Engineering Institute (SEI) der Carnegie Mellon University hat bereits vor einiger Zeit damit begonnen, auf seiner Webseite Definitionen für Softwarearchitektur zu sammeln. Einschließlich der »Community definitions« wurden so bis Anfang 2009 weit über 200 Definitionen zusammengetragen.

*http://www.sei.cmu.edu/*
*architecture/*
*definitions.html*

Der IEEE-Standard 1471 beschäftigt sich mit der Aufgabenstellung der »Architekturbeschreibung in Software-intensiven Systemen«. Er hat jedoch nur den Status einer »Recommended Practice«; ist also keine Norm. Die gelieferte Definition für Architektur grenzt sich leider zu wenig vom oben eingeführten Strukturbegriff ab. Aktuell entsteht unter der Bezeichnung ISO/IEC 42010 eine Erweiterung des IEEE-Standards 1471 für Systemarchitekturbeschreibungen.

Für den Gebrauch in diesem Buch soll folgende populär vereinfachte Definition reichen, die den Definitionen folgt, die das SEI als »modern« bezeichnet:

---

**Definition: Softwarearchitektur**

Softwarearchitektur ist die oberste Strukturebene eines großen Software-systems.

---

Selbst aus dieser vereinfachten Definition von Architektur lassen sich doch mehrere ergiebige Bemerkungen ableiten:

1. Architektur hat etwas mit Struktur zu tun.
2. Auf einer Strukturebene bilden die Elemente dieser Struktur ein Netzwerk.
3. Struktur heißt nicht nur statischer Aufbau, sondern auch dynamisches Verhalten (wer ruft was auf?).
4. Jedes Element einer Strukturebene kann für sich auch wieder eine Architektur haben.
5. Architektur selbst ist damit kein Netzwerk, sondern immer hierarchisch.
6. In dieser Hierarchie interessiert den Architekten zunächst nur die obere Ebene. (Der IEEE-Standard 1471 nennt das die »fundamentale Organisation des Systems«.)
7. Triviale Algorithmen und Datentypen haben keine Architektur. Sie bilden den Abschluss der Hierarchie, sind also gewissermaßen Architekturatome.
8. Oder umgekehrt: Architektur entsteht auf einer abstrakten Ebene oberhalb von Algorithmen und integralen Datentypen.

Struktur ist somit ein wesentliches Element einer Architektur. Das heißt nicht, dass eine Architektur »strukturiert« sein muss. Eine Persönlichkeit kann strukturiert sein oder auch eine Raufasertapete. Auf Architektur ist dieses Adjektiv jedoch nicht zufriedenstellend anwendbar. Wie bei jedem Adjektiv müsste Strukturiertheit dazu erst messbar gemacht werden.

Im täglichen Sprachgebrauch ist mit »strukturiert« häufig »geordnet« gemeint; meistens tritt es in der negierten Form auf, als »unstrukturiert«. Eine Struktur muss aber nicht zwangsläufig geordnet aussehen. Abbildung 2–2 zeigt zweimal dieselbe Struktur, nur unterschiedlich präsentiert. Die Darstellung (a) kann insofern nicht »unstrukturiert« sein. Eine Struktur ist ja vorhanden.

Andererseits zeigt das aber, dass es nicht genügt, eine Struktur einfach nur herauszuarbeiten. Nützlich ist eine Struktur nur, wenn sie auch erkennbar ist. Es kommt bei Strukturen zwar in erster Linie darauf an, die richtigen Elemente zu finden und diese richtig in Beziehung zu setzen. Am Ende ist es aber genauso wichtig, sie auch richtig zu präsentieren. Das gelingt in der kreuzungsfreien Darstellung (b) wesentlich besser – auf eine geradezu unkomplizierte Weise.

*Struktur präsentieren*

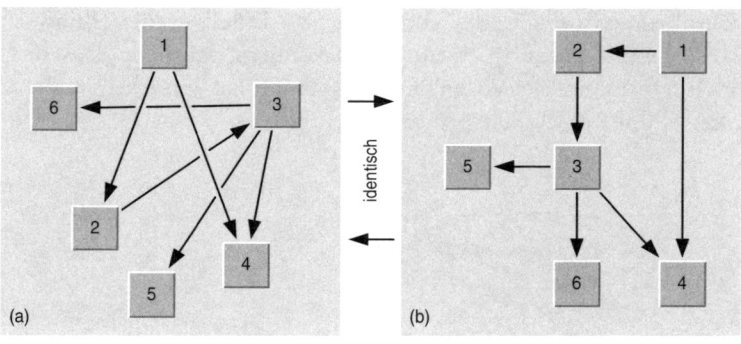

*Abb. 2–2*
*Zwei unterschiedliche*
*Darstellungen der*
*gleichen Struktur*

## 2.3  Architektur in der Softwaretechnik

Betrachtet man Softwareentwicklung prozessorientiert, dann ist nach gängigen Vorgehensmodellen (z. B. dem V-Modell XT) der Entwurf das Bindeglied zwischen den Anforderungen und dem eigentlichen Ziel: dem ausführbaren Code. Softwarearchitektur ist dabei weder ein Prozess noch ein Methode.

Tatsächlich passiert in der Entwurfsphase Folgendes: Das durch die Kundenanforderungen beschriebene Softwaresystem wird in seine Bestandteile zerlegt (griech. *analysiert*). Anschließend werden die Beziehungen dieser Bestandteile zueinander formal beschrieben. Dafür gibt es den Begriff der Systemanalyse.

*Systemanalyse*

Softwarearchitektur ist also keine Tätigkeit, sondern vielmehr ein Arbeitsergebnis oder ein Output der Systemanalyse. Die Softwareanforderungen sind der zugehörige Input. Über Architektur und Design sind Anforderungen und Code miteinander verkettet. Die Architektur

*Architektur ist ein Ergebnis*
*und kein Vorgang*

liefert zunächst eine geeignete Partitionierung der Anforderungen in Architekturelemente, das Design formuliert anschließend Prinzipien für die Realisierung in implementierbaren Modulen (siehe auch Tabelle 2–1 auf S. 21).

So verbindet Softwaretechnik zwei Welten, in denen völlig unterschiedliche Sprachen gesprochen werden. Das ist nicht nur im übertragenen Sinn gemeint. *Sprache* ist auf Implementierungsebene auch als *Programmiersprache* zu verstehen.

Die Verkettung von Anforderungen und Code (vgl. Abb. 2–3) ist keine Einbahnstraße oder auf andere Weise gerichtet. Trotzdem sind in der Literatur immer wieder ähnliche Darstellungen zu sehen, die hier Pfeile zeigen. Diese Pfeile sind möglicherweise ein Relikt des veralteten Wasserfallmodells. In der Darstellung der Entscheidungspunkte zum V-Modell XT gibt es z. B. keine Pfeile. Die Beschreibung zur Projektdurchführungsstrategie des aktuellen V-Modells (vgl. [Bund_VM-XT13]) betont sogar noch einmal besonders deutlich, dass das V-Modell selbst keinerlei Vorgaben zur Reihenfolge von Aktivitäten oder der Erstellung von Arbeitsprodukten enthält.

**Abb. 2–3**
*Architektur und Design*
*verketten Anforderungen*
*und Code*

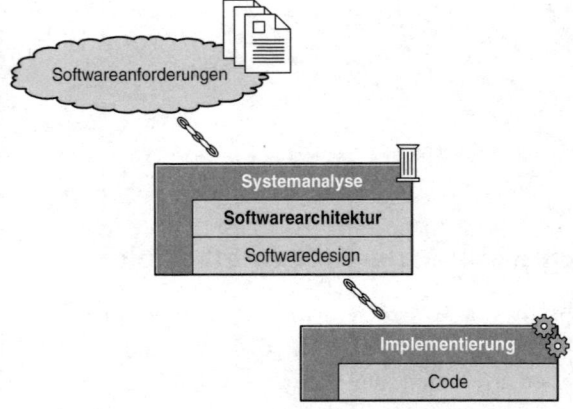

Natürlich ist eine gewisse kausale Abhängigkeit von den Anforderungen nachvollziehbar, da diese vor dem restlichen System ermittelt werden sollten. Pfeile in der Darstellung suggerieren dann jedoch, dass eine Spezifikation ihren Wert verliert, sobald sie erst einmal im fertigen Code verewigt ist.

In Wirklichkeit ist Code, der fertig ist, veraltet. Diese Erkenntnis wird gültig sein, solange es Anforderungen gibt, deren Halbwertzeit kürzer ist als die Zeit für ihre Realisierung. Also immer.

Solange sich Anforderungen ändern, wird sich auch Code ändern. Der Gedanke der Verkettung lässt jetzt Folgendes zu:

- Jedes Codeelement hat eine Legitimation durch ein Element der Analyse.
- Jedes Element der Analyse existiert, weil es ein oder mehrere Anforderungen erfüllt.
- Damit sind für jedes Codeelement die zugehörigen Anforderungen bekannt.

Im Fall einer Anforderungsänderung ist also schnell feststellbar, welche Codeelemente betroffen sind. Das beantwortet die Frage nach dem Aufwand einer Anforderungsänderung. Gleichzeitig ist ausgehend vom Codeelement auch ermittelbar, ob möglicherweise eine Wechselwirkung zu anderen Anforderungen besteht, die das Codeelement ebenfalls erfüllen muss. Dieser Vorgang wird als Impact-Analyse bezeichnet.

*Impact-Analyse*

Die Beantwortung der Frage »Welche Auswirkungen hat eine Codeänderung auf die Erfüllung meiner Anforderungen?« ist elementar für die moderne Softwareentwicklung. Nur so lässt sich einfach und schnell schon bei der Implementierung gewährleisten, dass der Code hinterher auch zu den Anforderungen passt. Das klappt natürlich nur so lange, wie auch Architektur und Design zum Code passen. Alle aktuellen Prozessmodelle enthalten diese Verkettung durch die Forderung der Nachverfolgbarkeit von der Architektur zum Code und auch wieder zurück (bidirektionale Traceability).

*Die Architektur muss am Ende auch zum Code passen*

Insbesondere die Rückwärtsverfolgbarkeit erlaubt es, Architektur und Design als echte Informationsquelle für die Auswirkungsanalyse nutzen zu können. Es ist allerdings eine kontinuierliche Anstrengung notwendig, um die Architektur auf dem dazu notwendigen vollständigen und richtigen Niveau zu halten.

*Rückwärtsverfolgbarkeit*

Ohne diese Anstrengung degeneriert eine Architektur sofort. Unkontrollierte Änderungen am Code oder gar an der Modulstruktur sind die Auslöser. Bei solchen unkontrollierten Änderungen an der Architektur vorbei, gibt es dann nur drei Möglichkeiten:

*Änderungen der Implementierung*

1. Die Architektur liefert einen alternativen Änderungsvorschlag, der konform zur bestehenden Architektur ist.
2. Die Architektur entwickelt sich konform zur Änderung weiter.
3. Die Architektur geht zugrunde.

Mit funktionierender Rückwärtsverfolgbarkeit ist leicht zu ermitteln, welche Designelemente von einer Implementierungsänderung betroffen sind. Die Hürde für eine Anpassung des Designs bei Implementierungsänderungen wird dadurch niedriger.

*Continuous Design*

Die agilen Projektmanagementmethoden (Scrum, XP usw.) legen großen Wert auf kontinuierliche Integration (Continuous Integration) und umgehen so den Stress einer Big-Bang-Integration am Ende des Projekts. In diesem Zusammenhang ist Continuous Design mindestens genauso wichtig, weil es den Stress minimiert, alle Anforderungen bereits in der Anfangsphase des Projekts kennen zu müssen. Rückwärtsverfolgbarkeit bringt uns diesem Ziel näher.

### 2.3.1   Anforderungstypen

Der vorangegangene Abschnitt hat gezeigt, dass Anforderungen und Architektur eng miteinander verbunden sind. Bevor wir uns damit auseinandersetzen, wie Architektur mit ingenieurmäßigen Methoden geschaffen werden kann, ist also eine nähere Beschäftigung mit dem Begriff der Anforderung notwendig.

In diesem Buch unterscheiden wir die folgenden drei Arten:

1. Funktionale Anforderungen
2. Entwurfsanforderungen
3. Rahmenanforderungen

*Anforderungen ohne direkte Lösung*

Sehr weit verbreitet ist noch der Begriff der *nichtfunktionalen Anforderung*. Gemeint sind damit Anforderungen, aus denen eine direkte Lösung, wie bei den funktionalen Anforderungen, nicht ableitbar ist.

Eine Anforderung wie »Das System muss an neue XYZ-Controller anpassbar sein« erfordert z. B. vor der Realisierung erst noch eine weitere Detaillierung im Entwurf. Im Rahmen der Entwurfsarbeit wird die Anforderung heruntergebrochen. Für das Beispiel hier heißt das, es werden Treiber und Schnittstellen spezifiziert, und zwar durch Formulierung der zugehörigen funktionalen Anforderungen. Erst diese lassen sich dann auch eindeutig implementieren.

Hinter einer nichtfunktionalen Anforderung verbirgt sich also eine Sammlung funktionaler Anforderungen. So nichtfunktional sind die nichtfunktionalen Anforderungen also gar nicht. Es sind einfach nur noch nicht fertig entwickelte funktionale Anforderungen. Anstelle von nichtfunktionale Anforderung wäre also »noch nicht funktionale Anforderung« oder »unterspezifizierte funktionale Anforderung« (siehe [Po07]) eine treffendere Bezeichnung. Den unglücklichen Begriff der nichtfunktionalen Anforderung wollen wir daher ersetzen, und zwar zur besseren Differenzierung gleich durch zwei neue Begriffe, nämlich: Entwurfsanforderung und Rahmenanforderung.

**Funktionale Anforderungen**

Eine funktionale Anforderung beschreibt detailliert, was das System bei einem konkreten Ereignis leisten soll. Mögliche Ereignisse sind eine Eingabe, eine Zustandsänderung oder auch ein Zeitablauf. Das Ergebnis kann eine Ausgabe oder andere Aktion sein. Gute funktionale Anforderungen beschreiben, *was* vom System erwartet wird, und geben noch keine Lösung vor. Die funktionalen Anforderungen spezifizieren:

*Konkrete Ereignisse und Aktionen*

- die Eignung für den Einsatzzweck,
- Interoperabilität (Zusammenarbeit mit anderen Systemen),
- Sicherheit, Security (Zugriffsschutz).

**Entwurfsanforderungen**

Die Entwurfsanforderungen spezifizieren:

- Effizienz (Timing, Ressourcenausnutzung),
- Wartbarkeit (Änderbarkeit, Zerlegbarkeit, Testbarkeit, Stabilität),
- Portabilität (Anpassbarkeit, Installierbarkeit, Austauschbarkeit, Koexistenz mit anderen Modulen),
- Sicherheit, Safety (Ausfallsicherheit, Gefährlichkeit),
- Ergonomie (Übersichtlichkeit, Verständlichkeit, Bedienbarkeit).

Diese Entwurfsanforderungen bestimmen maßgeblich, wie die Architektur zu entwerfen ist. Die Forderung nach Zerlegbarkeit und Austauschbarkeit bestimmter Funktionalitäten auf dieser Ebene wird z. B. zu zusätzlichen Schnittstellen und Modulen im System führen. Effizienzforderungen nach bestimmten Reaktionszeiten erfordern möglicherweise das Gegenteil, d. h. auf Verteilung einzelner Codeaspekte und Schnittstellen zu verzichten und den gesamten dafür notwendigen Code in genau einem Modul zu bündeln.

Aus den Ergonomieforderungen ergibt sich das Aussehen der Mensch-Maschine-Schnittstelle (HMI). Wird z. B. ein GUI-Layer benötigt, und wie sieht die Kommunikation zu ihm aus?

Entwurfsanforderungen formulieren also, *was* gefordert ist, nicht *wie*. Erst im nachfolgenden Designschritt werden die Entwurfsanforderungen heruntergebrochen und dadurch mit Lösungswissen angereichert. Zu viele Lösungsdetails auf Architekturebene führen nur dazu, dass der spätere Lösungsraum unnötig eingeengt wird.

*Was, nicht wie*

Die Entwurfsanforderungen werden auch Qualitätsanforderungen genannt (vgl. [Po07]). Beide Begriffe sind austauschbar. Architektur und Softwarequalität liegen sehr eng beieinander. Das zeigt auch die Tatsache, dass die Softwarequalitätsnorm ISO/IEC 9126 genau die

*Qualitätsanforderungen*

folgenden sechs Softwarequalitätseigenschaften definiert: Effizienz, Wartbarkeit, Portabilität, Sicherheit, Ergonomie und Funktionalität.

Die oben aufgeführten fünf Arten von Entwurfsanforderungen sind also identisch mit fünf der sechs Softwarequalitätseigenschaften. Die sechste, von den Entwurfsanforderungen nicht abgedeckte Qualitätseigenschaft ist die Funktionalität. Die wird aber bereits durch die funktionalen Anforderungen ausführlich abgedeckt. Das heißt, nur Entwurfsanforderungen und funktionale Anforderungen zusammen sind in der Lage, alle geforderten Qualitätseigenschaften von Software spezifizieren zu können.

Die Verwendung des Begriffs Qualitätsanforderung als Synonym für eine Entwurfsanforderung ist damit aber nicht mehr ganz zutreffend, da ausgerechnet die wichtigste Qualitätseigenschaft, nämlich Funktionalität, ausgeschlossen wird. Mit wenigen Ausnahmen wie Testbarkeit oder Ausfallsicherheit ist auch kein wesentlicher Bezug zur Qualitätssicherung erkennbar. Qualitätsanforderungen sind ebenfalls keine Anforderungen, die ein Mitarbeiter einer Qualitätsabteilung bearbeiten muss.

Der Begriff Qualitätsanforderung ist nach unserer Meinung daher unglücklich gewählt. Die Erfüllung von Entwurfsanforderungen ist dagegen direkt mit der Entwurfsarbeit verbunden. Bei Neuentwicklungen sind vermutlich über 75 % des Ingenieuraufwands für die tatsächliche Realisierung in den Entwurfsanforderungen versteckt.

### Rahmenanforderungen

Die Rahmenanforderungen spezifizieren:

- Fertigungs- und Integrationsanforderungen,
- Anforderungen an die Umgebungsbedingungen beim Betrieb,
- einzuhaltende Vorschriften, Normen und Gesetze.

*Entwicklungsprozess*    Diese Anforderungen betreffen typischerweise den anzuwendenden Entwicklungsprozess und die von ihm festgelegten Tätigkeiten. Auf das beobachtbare Verhalten des fertigen Systems haben sie keinen direkten Einfluss.

Es ist allerdings wahrscheinlich, dass der Entwicklungsprozess die an ihn gestellten Rahmenanforderungen nur erfüllen kann, indem er sie auf neue Entwurfsanforderungen herunterbricht. Besondere Fertigungsaspekte wie Modularität lassen sich z. B. über die Kategorien *Wartbarkeit* und *Portabilität* abdecken.

Für das Lastenheft ist wichtig, dass es auch bei den Rahmenanforderungen zunächst nur festlegt, *was* das Ziel ist. Auch hier würde eine konkrete Beschreibung, *wie* die Umsetzung in der Architektur aussehen soll, den Lösungsraum im späteren Entwurfsschritt nur unnötig einengen.

### 2.3.2   Abgrenzung zur Systemarchitektur

In der Systemarchitektur werden die Anforderungen zunächst auf die Bereiche Mechanik, Hardware und Software verteilt. Bei den meisten Anforderungen ist offensichtlich, in welchen Engineering-Bereich sie fallen. Der erste Eindruck kann aber auch täuschen.

*Mechanik, Hardware, Software*

Beispielsweise sieht die Qualitätsanforderung »Das System muss einen Ruhestrom von weniger als 20mA aufweisen« zunächst zweifelsfrei nach einer Hardwareanforderung aus. Wenn der geforderte Ruhestrom am Ende aber nur durch einen Sleep-Modus der CPU erreicht werden kann, ist auch Softwareunterstützung gefordert. Der Sleep-Modus muss mit Eintreten der Ruhebedingung aktiviert werden und – was häufig noch anspruchsvoller ist – nach Ende der Ruhebedingung auch wieder fehlerfrei verlassen werden. So findet sich eine scheinbar eindeutige Hardwareanforderung plötzlich auch noch als Anforderung auf Ebene der Softwarearchitektur wieder.

*Wie aus Hardwareanforderungen Software wird*

Bei Anforderungen im sicherheitskritischen Umfeld vermutet man dagegen häufig hohen Softwareaufwand, wo gar keine Software notwendig wäre. Beispiel: Ein Aktuator darf unter bestimmten Betriebsbedingungen nicht angesteuert werden. Diese Betriebsbedingungen werden natürlich formallogisch analysiert. Daraus ergeben sich für die Software aufwendige Vorkehrungen, um das geforderte Verhalten auch zu jedem Zeitpunkt sicherstellen zu können. Die Enttäuschung ist anschließend groß, wenn sich herausstellt, dass ein kleiner Plastikhaken vor dem Aktuator ebenfalls ausreichend gewesen wäre.

*Wie aus Softwareanforderungen Mechanik wird*

Eine Systemanforderung wird nicht automatisch zu einer Softwareanforderung, nur weil ihre Beschreibung formallogische Bedingungen enthält. Es gibt Anforderungen, die durch simple Mechanik auch heute noch zuverlässiger und einfacher gelöst werden können als durch Software.

### 2.3.3   Konzepte über alles

»Erstellen Sie bitte mal ein Konzept.« – Diesen Satz haben Sie vielleicht schon einmal gehört. Interessanterweise kommt er häufig in Situationen mit vorübergehend oder auf Dauer verloren gegangenem Überblick vor. Ein Konzept ist per Definition ein Plan oder ein grober Entwurf für ein Vorhaben. Es ist natürlich wichtig, ein Konzept zu besitzen. Leider ist es eine typisch deutsche Eigenschaft, hier gelegentlich auch zu übertreiben. So entstehen Konzepte, die hilflos zwischen den einzelnen Ebenen Anforderung, Architektur, Design und Implementierung herumirren. Ohne klare Idee, was das Konzept überhaupt zeigen soll, präsentiert es wirre Bilder, die lose durch Prosatext zusammengehalten werden. Das führt natürlich nicht zu dem gewünschten Überblick, der ursprünglich mit dem Konzept gewonnen werden sollte.

*Der grobe Grobentwurf*      Ausdruck besonderer Hilflosigkeit sind in diesem Zusammenhang die Begriffe *Grobkonzept* und *Feinkonzept*. Nach der Definition oben müsste es sich hierbei um einen *groben Grobentwurf* und einen *feinen Grobentwurf* handeln. Was könnte das sein? Niemand braucht am Anfang eines Projekts oder mittendrin einen groben Grobentwurf. Das klingt eher konzeptlos. Der wirkliche Nutzen für die spätere Implementierung bleibt unklar. Implementierung interessiert sich immer für Details – die wird aber kein Grobentwurf liefern, auch kein feiner Grobentwurf.

Manchmal lernen die Entwickler aus der Erstellung überflüssiger Konzeptdokumente immerhin etwas über das System. Bei glücklicher Fügung genügt das, um das System anschließend auch ohne diese Konzeptdokumente bauen zu können. Das Konzeptdokument selbst ist am späteren Erfolg gar nicht mehr beteiligt.

Eine gute Systemanalyse geht mit einem anderen Selbstverständnis vor. Sie arbeitet an den Anforderungen heraus, wie die Dinge funktionieren. Sie liefert detaillierte Informationen, die eine große Gruppe von Stakeholdern über die gesamte Projektlaufzeit nutzen kann. Zu diesen Stakeholdern zählen insbesondere:

- Auftraggeber,
- Architekten,
- Implementierer,
- Build-Manager,
- Integratoren,
- Tester,
- Administratoren, die das System installieren, und
- Wartungspersonal.

Sowohl die Reifegradmodelle SPICE (vgl. [MHDZ07]) als auch CMMI (vgl. [CKS07]) beschreiben die Systemanalyse zweiteilig. SPICE verwendet die Begriffe Architecture und Design, während CMMI von Preliminary Design und Detailed Design spricht. Obwohl beide Modelle unterschiedliche Begriffe verwenden, ist das Ziel bei beiden identisch (vgl. Tab. 2–1).

| SPICE | CMMI | Ziel |
|---|---|---|
| Architecture | Preliminary Design | Beschreibt:<br>▫ Die Partitionierung des Systems in Komponenten<br>▫ Die Schnittstellen der Komponenten untereinander<br>▫ Die verschiedenen Systemzustände<br>▫ Die Schnittstellen des Systems nach außen<br><br>Jede Anforderung wird anschließend einer oder mehreren Komponenten zugeordnet.<br>Hier sind auch noch Entwurfsanforderungen zugelassen. |
| Design | Detailed Design | Beschreibt:<br>▫ Aus welchen Modulen die Komponenten bestehen<br>▫ Welche Algorithmen in welchen Modulen verwendet werden<br>▫ Die konkrete hardwarenahe Umsetzung der Datenstrukturen<br><br>Alle Entwurfsanforderungen sind in funktionale Anforderungen transformiert und den Modulen zugeordnet. |

*Tab. 2–1*
*Grobe Zuordnung der Konzeptbegriffe in SPICE und CMMI*

Auf diese Weise liefert die Systemanalyse durch schrittweise Verfeinerung der Architekturkomponenten ein Bild des Gesamtsystems, das immer noch alle ursprünglichen Kundenanforderungen enthält. Diese sind nun aber für die Implementierung überschaubar gruppiert und angeordnet. So wird ein kompliziertes System verständlich; egal ob es nun umfangreich, stark vernetzt oder besonders heterogen ist.

Interessant ist die Frage, nach welchen Kriterien die Partitionierung eines Systems in Komponenten erfolgen soll. Infrage kommen hier:

▫ Erfahrung,
▫ Vorgaben aus einem entsprechenden Modell oder
▫ die Einführung von Abstraktion.

Falls keine Erfahrungswerte vorliegen und auch keine Referenzarchitektur aus ähnlichen Projekten existiert, muss zum Mittel der Abstraktion gegriffen werden. Das ist auch das Thema des folgenden Abschnitts.

## 2.4    Abstraktion erzeugen

Der Begriff *abstrakt* hat in der Umgangssprache häufig einen negativen Beigeschmack. Meistens meint »Das ist mir zu abstrakt« nichts anderes als »Ich verstehe es nicht«. Aber heißt *abstrakt* wirklich immer *unanschaulich*?

Abstraktion ist tatsächlich ein mächtiges Werkzeug, um komplizierte Systeme zu strukturieren. Ein Softwarearchitekt sollte den Umgang mit diesem Werkzeug daher perfekt beherrschen.

*Abstraktion als Architekturwerkzeug*

### 2.4.1    Umgang mit Abstraktion

*Definition*

Abstraktion hat das Ziel, zu konkreten Objekten einen neuen allgemeinen Oberbegriff zu bilden. Dazu werden die konkreten Objekte auf wesentliche Gemeinsamkeiten untersucht. Diese Gemeinsamkeiten werden dann beim Oberbegriff herausgestellt. Unwesentliche Details werden dadurch versteckt.

*Details verstecken*

Das Verstecken von Details ist dabei der entscheidende Schritt, wenn es darum geht, ein leichter verständliches Bild der Realität zu schaffen. Ganz wichtig: Verstecken heißt nicht weglassen!

---

**Hinweis für Architekten**

Das Weglassen von Details führt lediglich zu einer Simplifizierung und nicht zu einer Abstraktion. Durch Simplifizierung entsteht selten eine brauchbare Lösung.

---

Das folgende Beispiel (vgl. Abb. 2–4) soll diesen wichtigen Unterschied zwischen Simplifizierung und Abstraktion deutlich machen. Die in der Darstellung verwendeten Objekte sind die ganzen Zahlen aus dem Intervall 80 bis 99. Das ist schon für sich ein schönes Beispiel für Abstraktion. Aber philosophische Betrachtungen sind hier nicht das Thema.

*Abb. 2–4*
*Beispiel: Eine Sammlung*
*von Objekten*
*(Zahlen von 80 – 99)*

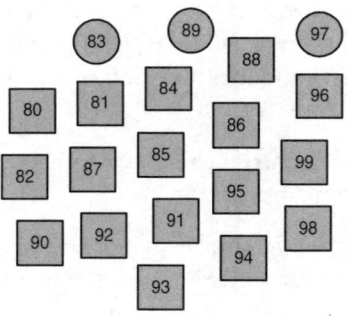

Wie lässt sich diese Darstellung griffiger machen und vereinfachen? Bloßes Weglassen von Details führt z. B. zu der Darstellung in Abbildung 2–5. Hier war das Ziel, die runden »Fremdkörper« zu entfernen. Außerdem wurde der Rest im gleichen Arbeitsgang hübscher angeordnet. Unter dem Aspekt »Zahlen von 80 – 99« ist dies zwar tatsächlich eine vereinfachte Darstellung, führt aber keine neuen Begriffe ein. Die halbherzig orthogonal zurechtgerückten Quadrate täuschen eine Scheinordnung vor. Das Ergebnis ist lediglich Show, keine Abstraktion.

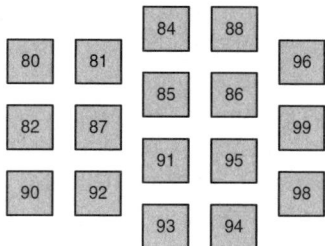

**Abb. 2–5**
*Simplifizierung ist keine Abstraktion*

Stellen Sie sich kurz vor, die Objekte wären Softwareanforderungen, dann hätte diese Scheinabstraktion Anforderungen entfernt. Wer komplizierte Anforderungen eines Kunden für die Implementierung so aufbereitet, generiert zuerst eine unvollständige Anwendung und anschließend sich selbst riesige Probleme. Spätestens zur Abnahme interessiert niemanden mehr, dass die löchrige Anforderungsliste doch so übersichtlich dargestellt war.

Korrekte Abstraktionen führen immer neue Begriffe ein, berücksichtigen dabei aber auch Feinheiten. Zwei korrekte Abstraktionen zeigt Abbildung 2–6. Abstraktion (a) teilt die Elemente abhängig von ihrer Zehnerstelle in 80er und 90er. Abstraktion (b) arbeitet den Aspekt der Teilbarkeit heraus und klassifiziert nach Primzahlen und teilbaren Zahlen.

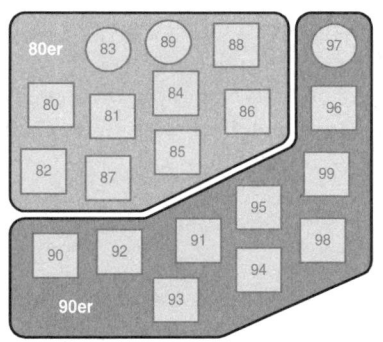

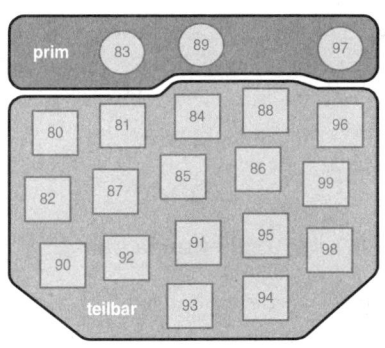

(a) Abstraktion nach Zehnern          (b) Abstraktion nach Teilbarkeit

**Abb. 2–6**
*Zwei korrekte Abstraktionen*

Nebenbei wird bei beiden Abstraktionen die Anzahl der Top-Level-Elemente nicht nur von 20 auf 17 reduziert (wie in Abb. 2–5), sondern hinunter bis auf zwei Elemente. Ein hoher Reduktionsgrad ist ein gutes Kennzeichen für eine wirksame Abstraktion. Aber Vorsicht: Es muss schon mehr als nur ein Element übrig bleiben. Falls nur ein Element übrig bleibt, haben Sie das System nur umbenannt, aber nicht wirklich analysiert.

*Reduktionsgrad*

*Falsch oder richtig?* Dieses einfache Beispiel zeigt außerdem, dass es in der Realität mehr als nur eine Abstraktionsmöglichkeit geben kann. Unter korrekt herbeigeführten Abstraktionen befinden sich dabei weder falsche noch richtige. Ein Weg, der legal zum Ziel führt, kann nicht falsch sein. Alle Diskussionen zu diesem Thema drehen sich insgeheim um ästhetisches Empfinden. Wer die Ästhetik der 80er nicht mag, mag sie eben nicht.

### 2.4.2 Domänenspezifische Datentypen

Ein wichtiges Abstraktionsmittel bei der Datenmodellierung stellen *domänenspezifische Datentypen* dar. Das heißt konkret: Verzicht auf INT8, INT16, INT32 und ähnliche Hilfstypen. Diese Typplatzhalter spezifizieren keine Datentypen, sondern lediglich Speicherplatz.

Echte Datentypen liefern mehr Information als nur: »Speicherstellen enthalten Zahlen« – das ist trivial. Echte Datentypen abstrahieren vom Typ *Zahl* und verwenden stattdessen Begriffe aus dem Kontext der Anwendungsdomäne. Gute Beispiele sind: COLOR, VELOCITY, SUN_INTENSITY. Diese Begriffe schaffen Klarheit, indem sie dem Code neue Information hinzufügen.

Nach dieser Vorarbeit lässt sich im nächsten Schritt festlegen, wie die konkrete Abbildung von einem Wertebereich auf die Bitrepräsentation aussehen soll. Es ist immer wieder interessant zu sehen, wie viele Formen einer Farbrepräsentation es gibt oder wie viele unterschiedliche Arten von Geschwindigkeit in einem Fahrzeug aus der physikalisch eindeutigen Größe »Fahrt über Grund« gebildet werden.

Ganz nebenbei schützt Typsicherheit im Entwurf auch davor, dass am Ende z. B. Geschwindigkeitswerte an einen Farbwert übergeben werden.

### 2.4.3 Architektursichten

Ein objektiv eindeutiger Sachverhalt lässt mehrere Betrachtungsmöglichkeiten zu. Von unterschiedlichen Standpunkten ergeben sich immer unterschiedliche Sichten auf die Dinge. Für eine reibungslose Kommunikation ist es wichtig, dass Sie wissen, welche Sicht Ihr Kommunikationspartner auf die Dinge hat. Sonst sind Missverständnisse wie in Abbildung 2–7 vorprogrammiert.

*Sichten auf ein Softwaresystem* Übertragen auf die Struktur eines Softwaresystems heißt das, dass jeder Stakeholder eine eigene Sicht auf das System benötigt, die nach den für ihn wichtigen Abstraktionskriterien gestaltet sein muss. So rückt die Architektur ins Zentrum der Kommunikation. Die Sichten werden zu einem wichtigen Hilfsmittel für die bessere Verständigung zwischen allen Projektbeteiligten.

*Abb. 2–7*
*Ein Sachverhalt, zwei*
*Ansichten*

Um den Übergang in die Praxis schlank zu gestalten, gibt es für diese Sichten bereits fertige Vorschläge. Eine ausführliche Behandlung dieses Themas finden Sie z. B. in [PBG07]. Schon in [Kr95] wurden die folgenden vier Sichten vorgeschlagen, die sich außerdem besonders gut für einen Einsatz in der hardwarenahen Entwicklung eignen:

*Logische Sicht*:
Welche Aufgabe haben die Objekte der Anwenderwelt und wie stehen sie untereinander in Beziehung? Welche Daten werden über welche Schnittstellen mit dem Umfeld ausgetauscht?

*Implementierungssicht*:
Aus welchen Bausteinen, Komponenten, Modulen, Schichten ist das System statisch zusammengesetzt? Aufteilung in Schichten und Code-Units. Die Implementierungssicht betrachtet Wiederverwendung, Hardwareabstraktion, Testbarkeit, Baubarkeit. Ein Ergebnis ist z. B. der Produktstrukturplan (PSP).

*Laufzeitsicht*:
Wie sind die dynamischen Abläufe zwischen den Teilen? Welche Tasks laufen parallel? Was sind die ausführbaren Einheiten und die ausgetauschten Nachrichten? Gibt es eine synchrone oder asynchrone Interaktion. Welche Ereignisse und Synchronisationspunkte gibt es? Wie startet das System? Wie stoppt es?

*Physikalische Sicht*:
Wo werden die einzelnen Teile hergestellt? Wo werden sie später technisch installiert? Wie ist die physikalische Verteilung auf die Hardware (engl. deployment)? Über welche Busse und Kanäle läuft die Kommunikation? Die physikalische Sicht betrachtet u. a. Bandbreite und Durchsatz.

Eine Architektur sollte über alle diese Sichten betrachtet werden. Nicht jede Sicht ist dabei für jeden Stakeholder von gleichem Interesse. Welche Fragestellung eine Sicht beantwortet, zeigt Tabelle 2–2. Hier

*Tab. 2–2*
*Die vier Sichten auf eine*
*Softwarearchitektur*

werden den Sichten auch die jeweiligen Stakeholder zugeordnet. Außerdem werden die Ziele beschrieben, die die Stakeholder mit der jeweiligen Sicht verfolgen.

| Sicht | Fragestellung | Zielgruppe | Elemente | Beziehung |
|---|---|---|---|---|
| **Logische Sicht** | Wie ist das System statisch zusammengesetzt? Wie sieht das Datenmodell aus? Welche Funktionen, Zustände und Zustandsübergänge gibt es? Wie sieht die Funktionalität nach außen aus? | Anwender, Designer<br>Ziel: Funktionale Anforderungen umsetzen | Datenstrukturen, Funktionen, Klassen, Subsysteme, Komponenten, Layer, Zustandsautomaten | uses, contains |
| **Implementierungssicht** | Wie wird das System gebaut? Wie lauten Verzeichnis- und Dateinamen in der Entwicklungsumgebung? Wie sieht der Produktstrukturplan aus?<br>Zuordnung:<br>Funktion ⇒ Code-Unit | Entwickler, Build-Manager, Integratoren, Projektleiter<br>Ziel: Entwicklung verteilen, Wiederverwendung, Produktlinien, Hardwareunabhängigkeit, Testbarkeit, Baubarkeit | Code-Units, Libraries, Module | includes, uses depends-on |
| **Laufzeitsicht** | Wie verhält sich das System? In welchem Task läuft welche Funktion? Was läuft parallel? Synchronisation. Wie startet/stoppt das System.<br>Zuordnung:<br>Funktion ⇒ Task | Designer, Integratoren<br>Ziel: Verfügbarkeit, Antwortzeiten und Lastverhalten optimieren | Tasks, Prozesse | Message, Broadcast, Event, Call, Wait for |
| **Physikalische Sicht** | Was wird auf welchem Hardwareknoten installiert?<br>Zuordnung:<br>Tasks ⇒ ECU<br>Komponenten ⇒ ECU | Systemdesigner<br>Ziel: Performance, Skalierbarkeit, Verfügbarkeit | Binaries, Images | Bussysteme, CAN, LIN, Flexray, Draht, Funk |

## 2.5    Ein System partitionieren

Die Partitionierung soll wenige Teile liefern, zwischen denen möglichst wenige Beziehungen bestehen. Jedes Teil soll sich dazu an bestimmten Merkmalen der enthaltenen Elemente orientieren und so eine neue abstrakte Betrachtungsebene schaffen. Aber es gibt noch mehr Prinzipien, die Sie befolgen sollten.

### 2.5.1    Separation of Concerns

Der Begriff *Separation of Concerns* bezeichnet den Vorgang, ein System so zu zerlegen, dass verschiedene Aspekte des Systems auch jeweils in sauber voneinander getrennten Komponenten des Systems gelöst werden. Es bedeutet eine Konzentration auf die wesentlichen Eigenschaften der Komponenten.

Das Prinzip geht vermutlich auf eine Äußerung von E. Dijkstra Mitte der 70er-Jahre zurück und war jahrelang ein wesentliches Kernelement der funktionalen Dekomposition. Die objektorientierte Analyse hat es im Anschluss übernommen und direkt auf den Entwurf von Klassenstrukturen übertragen.

Der Gedanke ist natürlich auf jede Art von Modularisierung oder Partitionierung anwendbar. Tatsächlich verbirgt sich dahinter nichts anderes als das Prinzip der Abstraktion: Gruppiere Dinge mit gleichen Eigenschaften und gib dieser Gruppe anschließend einen sinnvollen Namen.

So entworfene Komponenten weisen zwei Eigenschaften auf: *lose Kopplung* und *starken Zusammenhalt*. Die folgenden Abschnitte beschreiben, wie Sie mit diesen beiden Eigenschaften die Güte eines Systementwurfs jederzeit an einzelnen Komponenten kontrollieren können; ohne dafür jedes Mal den gesamten Entwurf betrachten zu müssen. Vor allem bei Änderungen an einer bestehenden Modulstruktur sollte daher eine kritische Prüfung dieser beiden Eigenschaften nie fehlen. Hat die Änderung möglicherweise die Kopplung verstärkt oder den Zusammenhalt geschwächt?

*Die Güte des Entwurfs prüfen*

## Lose Kopplung (low coupling)

Zwei Komponenten sind lose gekoppelt, wenn ihre gegenseitigen Abhängigkeiten minimal sind. Das heißt:

*Abhängigkeiten minimieren*

- Die Komponenten haben kleine und stabile Schnittstellen.
- Es gibt keine gemeinsam genutzten globalen Variablen.
- Beide Komponenten wissen nichts über die interne Implementierung der jeweils anderen.
- Es gibt keine zirkularen Abhängigkeiten.

Bei lose gekoppelten Komponenten führen Änderungen an einer Komponente nur zu minimalen Auswirkungen bei anderen Komponenten. Eine Komponente des Softwaresystems wird dadurch leicht austauschbar, ohne ihre Verwender zu beeinträchtigen. Das führt zu besserer Wartbarkeit und ist der entscheidende Grundstein für Wiederverwendbarkeit.

*Wartbarkeit, Wiederverwendbarkeit*

Darüber hinaus sind lose gekoppelte Komponenten einfacher zu verstehen. Meistens lässt sich nämlich ein vollständiges Verständnis einer Komponente nur bei entsprechender Kenntnis des Umfelds ent-

*Leichteres Verständnis*

wickeln, von dem die Komponente abhängig ist. Wenn aber weniger Abhängigkeiten bestehen, sind auch weniger Anforderungen an die Kenntnisse des Umfelds notwendig.

*Isolierte Komponententests*

Aus dem gleichen Grund wird die Testbarkeit verbessert. Komponenten können auch isoliert getestet werden und erfordern dafür nicht das gesamte System. Dadurch können die Tests vieler Komponenten früher stattfinden, und die Komponenten besitzen in der kritischen Integrationsphase bereits eine wesentlich höhere Stabilität. Die Integration kann sich endlich auf ihre eigentliche Aufgabe konzentrieren, nämlich auf das korrekte Zusammenspiel der Komponenten.

*Zirkulare Abhängigkeit*

Zwei Komponenten mit zirkularer Abhängigkeit sind niemals lose gekoppelt. Wenn sich zwei Komponenten gegenseitig verwenden, sind sie weder isoliert voneinander nutzbar noch testbar. Zirkulare Abhängigkeiten sind das Ende für die lose Kopplung einer Komponente und führen die definierten Komponentengrenzen ad absurdum. Zwei zirkular abhängige Komponenten müssen immer als Einheit betrachtet werden.

*Kleiner Performance-Nachteil*

Lose Koppelung hat auch einen geringfügigen Nachteil, der die Vorteile aber selten übertrifft: Zwei lose gekoppelte Komponenten dürfen Daten nur über Funktionen austauschen. Dadurch steigt der Laufzeitbedarf im Vergleich zu zwei stark gekoppelten Komponenten, die dafür z. B. globale Variablen nutzen können. Fortschritte in der Compiler-Technik, beispielsweise durch das sogenannte Inlining, entkräften diesen Performance-Nachteil jedoch immer mehr.

### Starker Zusammenhalt (high cohesion)

Eine Komponente besitzt starken Zusammenhalt, wenn alle ihre Funktionen einen gemeinsamen Aspekt teilen. Das heißt, die Funktionen

- benötigen als Input den Output der Vorgängerfunktion,
- werden immer in der gleichen Reihenfolge aufgerufen,
- operieren auf denselben Daten oder
- führen ähnliche Aktivitäten aus.

Starker Zusammenhalt führt zu perfekter Kapselung der Daten. Wenn alle Änderungen an einer Datenstruktur grundsätzlich nur über Funktionen in einem Modul laufen, wird es möglich, die Integrität dieser Datenstruktur bei jeder Operation optimal zu gewährleisten. Die wichtigste Forderung von starkem Zusammenhalt ist aber, dass in so einem Modul keine »Fremdkörper« geduldet werden. Das heißt:

1. Spezialisierte öffentliche Methoden gehören nicht in universal verwendbare Module.
2. Universal verwendbare Methoden gehören nicht in spezialisierte Module.
3. Ein Modul mit vielen unterschiedlichen Verantwortlichkeiten sollte in mehrere Module aufgeteilt werden.

Durch starken Zusammenhalt wird vermieden, dass eine Methode irgendwo im System – »wo es gerade passt« – implementiert wird und so schwer zu durchschauende feingranulare Abhängigkeiten über weite Strecken des Systems konstruiert werden.

Nebenbei: Je einheitlicher und fokussierter die Verantwortlichkeit eines Moduls ist, desto einfacher lässt es sich auch beschreiben oder dokumentieren.

### Starker Zusammenhalt und das DRY-Prinzip

DRY steht für »don't repeat yourself«. Dahinter steckt die Aufforderung, ein und dasselbe Wissen über Strukturelemente oder ihre Zusammenhänge nie an mehreren Stellen im System zu halten. Jede Information sollte grundsätzlich immer nur an genau einer Stelle im System verantwortlich gehalten werden.

Wird ein bestimmtes Wissen mehrfach im System gehalten, so müssen bei einer Änderung auch alle diese Stellen gefunden und geändert werden. Das birgt große Gefahren für die Konsistenz. In der Folge steigen Wartungsaufwand und Fehleranfälligkeit enorm. Im schlimmsten Fall kann das Bewusstsein um mögliche Konsistenzprobleme sogar dazu führen, dass sinnvolle Codeänderungen unterlassen werden. Mit einer lebendigen Änderungskultur hat ein derartig bremsendes Handeln nichts mehr zu tun.

*Konsistenzprobleme verhindern*

Für identisch wiederholte Codesequenzen fordert bereits das Prinzip des starken Zusammenhalts eine Bündelung dieser Sequenzen. Das lässt sich mit trivialer Unterprogrammtechnik erledigen.

Wenn aber Konzepte mehrfach auftreten, wird es anspruchsvoller. Die zugehörigen Codesequenzen sind nicht mehr identisch, sondern nur ähnlich. Höherwertige Lösungen wären dann z. B. der Entwurf eines Frameworks oder die Nutzung eines Codegenerators, der die benötigten Codeinstanzen generiert.

*Frameworks und Codegeneratoren*

Ein Codegenerator verwendet dazu in der Regel Templates und eine Steuerdateien mit Metadaten. Das sind die beiden zentralen Stellen, in denen jetzt das Wissen hinterlegt ist. Änderungen dürfen natürlich grundsätzlich nur an den Templates oder den Metadaten durchgeführt werden. Eine händisch vorgenommene inhaltliche Veränderung von generiertem Code vernichtet alle Konsistenzvorteile wieder.

### 2.5.2 Lokale und globale Kompliziertheit ausbalancieren

Der Aufwand für die Kommunikation zwischen den Systemelementen steigt quadratisch mit ihrer Anzahl. Abbildung 2–8 zeigt deutlich, wie sich die Darstellung aller Verbindungen zwischen den Komponenten sehr schnell schon für $n=7$ zu einem verwirrenden Geflecht entwickelt.

*Abb. 2–8*
*Aufwand für die*
*Kommunikation »jeder*
*mit jedem«*

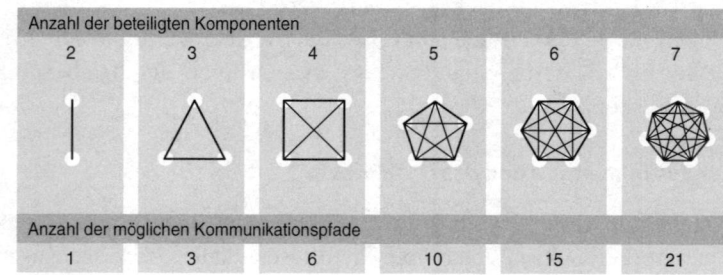

In einem realen System wird es natürlich zwischen den Funktionen nie zu einer vollständig ausgeprägten Kommunikation jeder mit jedem kommen. Allein die Möglichkeit dazu genügt aber bereits, damit ein System für den Betrachter kompliziert erscheint. Diese Möglichkeit ist z. B. schon gegeben, sobald alle Funktionen global definiert sind und über Header-File-Kaskaden im gesamten System bekannt gemacht sind. Da nun alles prinzipiell von überall aufrufbar ist, kann ein Betrachter von außen nicht trivial ausschließen, dass das auch passiert.

*Lokale Kommunikation*

In einem partitionierten System verschwinden einige dieser Kommunikationspfade vollständig in den Komponenten, sie werden dort zu lokaler Kommunikation. Lokale Kommunikation gehört zur internen Implementierung und sollte nie nach außen bekannt gemacht werden. Das folgt nicht nur aus der oben beschriebenen Forderung nach loser Kopplung, sondern ist einfach unnötig.

*Globale Kommunikation*

Die Kommunikation zwischen den Komponenten ist eine globale Kommunikation; sie bleibt nach der Partitionierung erhalten. Das Verhältnis des Aufwands von lokaler und globaler Kommunikation hängt davon ab, wie viele Komponenten im Rahmen der Partitionierung eingeführt wurden. Dies hängt direkt zusammen mit der sogenannten Granularität des Entwurfs.

- *Feingranular* partitionierte Systeme verfügen über eine geringe   *Granularität*
lokale Kompliziertheit in den Komponenten. Durch die Fülle an
Komponenten ist das System unübersichtlich, bietet dafür aber
maximale Flexibilität.
- *Grobgranular* partitionierte Systeme verfügen über eine geringe
globale Kompliziertheit. Die Komponenten sind dafür entsprechend groß und starr in ihrer Funktionalität.

Die Wahl der richtigen Granularität führt immer zu einem Zielkonflikt
zwischen optimaler globaler und lokaler Kompliziertheit. Es gibt hierfür keine Erfolgsformel. Im Zweifelsfall sollte das Augenmerk darauf
liegen, zunächst nur die tatsächlich stattfindende Kommunikation im
Gesamtsystem deutlich zu machen und herauszuarbeiten.

### 2.5.3   Schichtenarchitekturen

Schichtenarchitekturen sind typisch für Systeme mit aufwendigen
Kommunikationsprotokollen. Das Open-Systems-Interconnection-Mo-
dell [OSI94] ist der berühmteste Vertreter für eine Schichtenarchitektur. Ihm folgt die gesamte Architektur der Internetprotokolle wie
TCP/IP oder HTTP. Damit hat das Modell sein Leistungspotenzial
durchaus hinreichend unter Beweis gestellt.

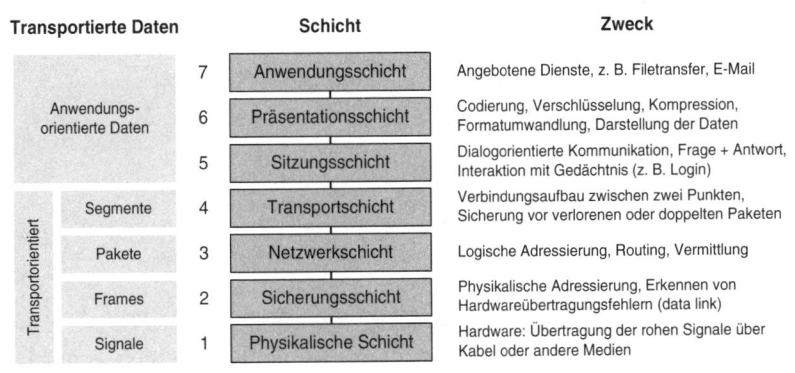

*Abb. 2–9*

*OSI-Schichtenarchitektur*

Das Abstraktionsprinzip des OSI-Modells basiert darauf, fachliche
und technische Lösungselemente eines netzwerkbasierten Systems strikt
voneinander zu trennen. Dieses Prinzip ermöglicht es,

- eine beliebige fachliche Anwendung mit einer bestehenden Netz-
werkinfrastruktur zu kombinieren und
- die technische Realisierung der Kommunikation auszutauschen,
ohne bestehende Anwendungen zu beeinträchtigen.

Die einzelnen Schichten sind ein hervorragendes Beispiel für lose Kopplung. Jede Schicht schafft es, ihre eigene Realisierung vor den über ihr liegenden Schichten zu verbergen. Mit der eigenen Realisierung sind die darunterliegenden Schichten automatisch ebenfalls verborgen.

Schichtenmodelle sind die erste Wahl, wenn es darum geht, Hardwareunabhängigkeit in ein System zu integrieren. Daher folgen auch Betriebssysteme einer Schichtenarchitektur. Auch sie trennen fachlichen Code (die Anwendungen) von technischem Code (z. B. dem Filesystem).

**Eigenschaften von Schichtenarchitekturen**

- Die einzelnen Schichten sind lose miteinander gekoppelt.
- Eine Schicht kennt ihre direkt darunter liegende Schicht. Funktionsaufrufe nach unten erfolgen durch direkten Aufruf.
- Eine Schicht kennt ihre darüberliegende Schicht nicht. Funktionsaufrufe nach oben erfolgen durch registrierte Callbacks.

### 2.5.4 Komponentenarchitekturen

Komponentenarchitekturen zeichnen sich in der Regel dadurch aus, dass die Elemente des Systems über eine einheitliche busähnliche Kommunikationsstruktur verbunden sind (vgl. Abb. 2–10).

*Abb. 2–10*
*Komponentenarchitektur*

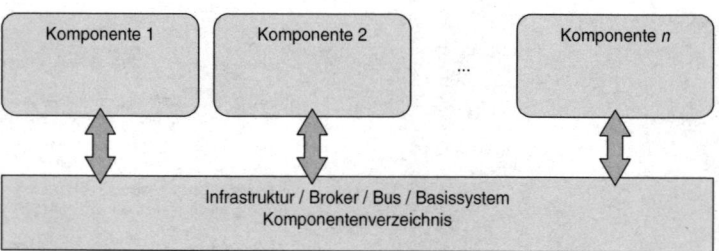

Weitere Eigenschaften von Komponentenarchitekturen sind:

- Die Verwaltung der Komponenten erfolgt durch einen zentralen Manager.
- Kommunikation geschieht über zentrale Mechanismen.
- Die einzelnen Komponenten kennen sich untereinander nicht.
- Jede Komponente definiert eine öffentliche Schnittstelle.

Eine besondere Variante stellen die serviceorientierten Architekturen (SOA) oder auch die OSGi-Plattform (Open Services Gateway initiative, www.osgi.org) dar:

- Komponenten liefern/nutzen Services.
- Verwaltungsservices bieten die zugehörige Infrastruktur.

Zu bedenken ist, dass sich Sicherheitsanforderungen in einer Komponentenarchitektur schwierig überprüfen lassen. Sicherheit (engl. safety) ist immer eine Eigenschaft des gesamten Systems. Schon der Austausch einer einzelnen Komponente kann daher die Integrität des gesamten Systems beeinträchtigen. Das lässt sich mit einem systematischen Vorgehen beim Anforderungs- und Qualitätsmanagement natürlich abfangen. Der Aufwand dafür ist entsprechend hoch.

### 2.5.5   Das KISS-Prinzip

Architektur lässt sich nicht auf Vorrat entwerfen. Abstraktion erfordert konkrete bekannte Elemente. Verzichten Sie daher auf Abstraktionen zu Elementen, die nicht existieren und vermutlich nie existieren werden.

Das ist es, was auch das KISS-Prinzip fordert: »Keep it simple and stupid.« Anstelle des eher salopp stupid findet man, je nach Lesart, für das zweite *S* auch Interpretationen wie short, sweet oder small. Die Bedeutung bleibt immer dieselbe: Halten Sie die Architektur so einfach wie möglich.

Architektur soll helfen, die Anforderungen an das Gesamtsystem übersichtlich auf die Realisierung abzubilden. Dafür muss sich die Architektur auf das Wesentliche konzentrieren. Das geht nur mit Einfachheit. Dabei fällt schnell auf, dass »einfach« gar nicht so einfach zu realisieren ist. Einfachheit ist kostbar und wird damit zu einem wesentlichen Wert einer Architektur.

Es ist schon schlimm, wenn wesentliche Werte aus Bequemlichkeit oder aufgrund äußerer Zwänge geopfert werden müssen. Noch schlimmer ist es, wenn das vorsätzlich passiert. »Over Engineering« ist so ein vorsätzlich verschuldeter Verzicht auf Einfachheit. Mit Over Engineering erreichen Sie genau das Gegenteil von Einfachheit.

### Beispiele für Over Engineering

Wenn eine Entwurfsanforderung nach Hardwareunabhängigkeit nicht existiert und auch nicht versehentlich vergessen wurde, können Sie auf eine neue aufwendige Hardwareabstraktionsschicht verzichten. Eine Schnittstelle, an die über ihren gesamten Lebenszyklus nur eine einzige Komponente andockt, hat ihr Potenzial nie gezeigt, dafür aber Aufwand im Entwurf verursacht. *Überflüssige Schnittstellen*

Voreilige Optimierung (premature optimization) eines Systems führt ebenfalls dazu, dass Entwicklungsschritte plötzlich komplizierter werden als notwendig. Donald E. Knuth hatte schon 1974 erkannt, dass die voreilige Optimierung von möglicherweise gar nicht kri- *Voreilige Optimierung* tischen Stellen mit großen negativen Auswirkungen beim Debugging oder spätestens im Wartungsfall verbunden ist [Kn74].

Die »Optimierungsschritte« entfernen nämlich sehr oft lose Kopplung, die dann später beim Versuch, Komponenten auszutauschen, plötzlich fehlt. Jede Maßnahme der Systemanalysephase sollte sich daher an einer zugehörigen Entwurfsanforderung orientieren. Voreilige Optimierung ist die Wurzel allen Übels.

*Der einfachste Entwurf ist immer der beste*

In allen übrigen Fällen gilt: »Perfektion entsteht offensichtlich nicht dann, wenn man nichts mehr hinzuzufügen hat, sondern wenn man nichts mehr wegnehmen kann.« (*A. de Saint-Exupéry*)

# 3 Motive für den Einsatz von AUTOSAR

In Kapitel 2 haben wir die aktuelle Sicht der Softwaretechnik dargestellt. Im Projekt fallen aber immer auch folgende Faktoren an:

- Termindruck
- Kostendruck
- unvorhersehbare Änderungen der Anforderungen

Termine und Kosten lassen sich planen, aber bei sich unvorhersehbar
ändernden Anforderungen geht das nicht so einfach. Auf die Bedeutung der Anforderungen für eine Architektur sind wir schon zuvor
eingegangen. Aber hat Architektur in einem Umfeld mit sich ständig
ändernden Anforderungen dann überhaupt eine Chance?

Das ist nur eine von vielen Fragen. Die Softwareentwicklung muss
sich noch weiteren Herausforderungen stellen. Die wichtigsten sind in
den folgenden Abschnitten zusammengestellt.

## 3.1 Der Mythos der stabilen Anforderung

Jede Form von Analyse und Entwurf ist zwangsläufig ein schöpferischer kreativer Vorgang. Das gilt für alle Ingenieurdisziplinen. Erst
recht für die Softwaretechnik.

Jeder schöpferische Vorgang setzt eine intensive Beschäftigung mit
dem zu erschaffenden Gegenstand voraus. Da dieser Vorgang mehrere
Monate andauert, wächst ständig das Wissen über die Entwurfsdomä-
ne – während laufend immer weitere Entwurfsentscheidungen getroffen werden. Leider heißt das, dass es zu jedem Zeitpunkt im Projekt
Entscheidungen aus der Vergangenheit geben kann, die mit dem aktuell vorhandenen Wissen so nie getroffen worden wären.

*Das Wissen wächst beim Entwurf*

Der permanente Wissenszuwachs stellt somit laufend in der Vergangenheit formulierte Entwurfsentscheidungen und Anforderungen
bis hin zu den Kundenwünschen infrage. Das gilt im Projekt für alle

*Das Lastenheft ist passé*

Beteiligen: vom Zulieferer bis hin zum OEM. Damit ist klar, dass es das perfekte, vollständige und über die gesamte Projektlaufzeit stabile Lastenheft zu einem Steuergerät nie geben wird. Von niemandem, auch nicht vom OEM – und schon gar nicht in Heftform.

*Es lebe das Lastenheft*

Virtuell existiert das Lastenheft natürlich weiter – in Form von E-Mail-Nachrichten mit allen ihren Anhängen, Spezifikationen, Dokumenten mit Änderungen zu den Spezifikationen und E-Mails mit Änderungen zu den Änderungen der Spezifikationen.

Diese Situation muss so, wie sie ist, akzeptiert werden. Sie ist eine direkte Folge des Lernprozesses über die Projektlaufzeit. Für eine Änderung müssen Sie also entweder Lernen verhindern oder die Projektlaufzeit so drastisch verkürzen, dass ein signifikanter Lernfortschritt nicht mehr eintritt. Ansätze, die darauf basieren, Lernen zu verhindern, sind jedoch mit unserem auf Know-how angewiesenen Wirtschafts- und Gesellschaftssystem nicht vereinbar. Bleibt also nur das 1-Wochen-Projekt?

In nur einer Woche lassen sich allerdings kaum signifikante Projektergebnisse erzielen. Eine Woche ist mit Sicherheit zu kurz. Der Kompromiss zwischen möglichst kurzen Entwicklungsphasen und einer optimal umsetzbaren Anzahl von Anforderungen dürfte aktuell zwischen einem und drei Monaten liegen.

*Agile Entwicklung*

Die agilen Vorgehensmodelle propagieren diesen Zeitraum genau aus diesem Grund. Bei aller Agilität darf man jedoch nicht vergessen, dass die Architektur dabei häufig auf der Strecke bleibt. Die grundsätzlich kurzfristig orientierten Ziele der agilen Softwareentwicklung (vgl. agiles Manifest [AGILE01]) fordern nicht von sich aus den Entwurf und die langfristige Aufrechterhaltung einer Architektur. Der Wert eines guten Designs ist zwar allen Unterzeichnern des agilen Manifests mehr als bewusst, die formulierten Prinzipien für den Entwurf der Architektur basieren jedoch mehr auf Gottvertrauen – und der Hoffnung auf die Selbstorganisationsfähigkeit des Teams.

*Anforderunsmanagementsysteme*

Was bleibt, ist allerdings die Möglichkeit, den Umgang mit dem virtuellen Lastenheft zu professionalisieren. Das ist mit Anforderungsmanagementsystemen heute schon möglich. Wenigstens die Menge der Dokumente und den daraus resultierenden Input haben Sie damit bereits im Griff. Was noch fehlt, ist eine Lösung dafür, wie Sie mit den Konsequenzen umgehen, die Ihnen als Folge unvorhersehbarer Änderungen drohen.

## 3.2   Architektur und Risikomanagement

Unvorhersehbare Änderungen von außen, die das Projektziel gefährden oder wenigstens beeinträchtigen, sind eigentlich Risiken. Deswegen das gesamte Anforderungsmanagement durch Risikomanagement zu ersetzen wäre zwar übertrieben, ein kurzer Blick darauf ist aber interessant (vgl. Abb. 3–1).

*Abb. 3–1*
*Risiko, Problem und Ziel*

Risiken sind an sich nichts Schlimmes. Risiken sind lediglich potenzielle Probleme. Schlimm wird es erst, wenn das Risiko tatsächlich zu einem Problem wird. Das Risikomanagement bietet zur Behandlung von Risiken drei wesentliche Möglichkeiten:

1.  Das Ziel verschieben, sodass es im Schadensfall vom Problem nicht mehr getroffen werden kann.
2.  Die Eintrittswahrscheinlichkeit des Risikos reduzieren, sodass es nicht oder nicht mehr so schnell zum Problem wird.
3.  Die Auswirkungen des Problems im Schadensfall eindämmen.

Im hier betrachteten Fall besteht das Ziel darin, die Anforderungen des Kunden zu erfüllen. Das Ziel können Sie also nicht verschieben. In der Natur mag Flucht zwar die bevorzugte Risikobewältigungsmaßnahme sein, im Projekt ist sie jedoch ungeeignet.

*Das Ziel verschieben*

Das Risiko besteht in der unvorhergesehenen Änderung der Anforderungen. Hier muss prinzipiell unterschieden werden, ob es sich um eine von außen zugewiesene oder um eine interne Anforderung handelt. Die Wahrscheinlichkeit einer externen Anforderungsänderung haben Sie wieder nicht unter Kontrolle.

*Die Eintrittswahrscheinlichkeit beeinflussen*

Auf die im Projekt durch Herunterbrechen von Entwurfsanforderungen generierten funktionalen Anforderungen haben Sie dagegen durchaus Einfluss. Die meisten Änderungen passieren hier aufgrund zu geringer Erfahrung zum Zeitpunkt des Entwurfs. Zu geringe methodische Erfahrung lässt sich mit erfahrenen Mitarbeitern kompensieren. Gegen zu geringe Erfahrung mit der Projektdomäne helfen nur Prototypen oder kurze Entwicklungszyklen, mit denen Sie das fehlende Wissen zur Überprüfung der Entwurfsentscheidung so schnell wie möglich erwerben können. In Verbindung mit AUTOSAR bieten sich hier insbesondere sogenannte vertikale Prototypen an (siehe hierzu auch Abschnitt 15.4.5).

### Auswirkungen abschwächen

Alle vorangegangenen Maßnahmen bieten nur begrenztes Potenzial. Die größte Wirkung erzielen Sie mit einer Vorgehensweise, die Änderungen als unvermeidbar akzeptiert, dafür aber die Auswirkungen auf ein Minimum reduziert.

Die Auswirkungen einer Änderung können sich in einem System nur entlang der Abhängigkeiten zwischen den Komponenten ausbreiten. Je umfangreicher also die Abhängigkeiten der Systemkomponenten sind, desto größer ist die Gefahr für hohen Folgeaufwand einer Änderung.

Die Lösung besteht darin, die Anzahl der Abhängigkeiten unter den Systemkomponenten zu reduzieren. Abhängigkeiten werden minimiert durch das Prinzip der losen Kopplung. In Abschnitt 2.5.1 wurde bereits gezeigt, wie sich lose Kopplung direkt aus einer vernünftig gewählten Abstraktion ergibt. Stabile Entwürfe haben also ein hohes Maß an Abstraktheit. Je konkreter ein Entwurf ist, desto anfälliger ist er für Änderungen in einem instabilen Umfeld.

*Interfaces*
Ein Mittel zur Abstraktion stellt die Konzentration auf Schnittstellen dar, und zwar im Sinne einer Interfacedefinition, wie sie auch der objektorientierte Entwurf favorisiert. Interfaces können einen änderungsintensiven Mechanismus kapseln und die konkrete Implementierung austauschbar machen. Die Implementierung darf sich ändern, die Schnittstelle – und damit auch die Verwendung im restlichen System – bleibt gleich.

*Technologie-Firewall*
Änderungsintensive Mechanismen verbergen sich z. B. hinter einzusetzenden neuen Technologien mit hohem Unsicherheitsfaktor. Die Schnittstelle übernimmt dann die Funktion einer »Technologie-Firewall« und schützt das restliche System vor den Auswirkungen technologischer Änderungen.

Ein Spezialfall der Technologie-Firewall stellen Gerätetreiber dar. Ein Gerätetreiber für einen Controller abstrahiert vom konkreten Umgang mit Steuer- und Datenregistern und führt dafür auf einer höheren abstrakten Ebene neue Funktionen ein. Bei Austausch des Controllers ist nur eine Anpassung des Gerätetreibers notwendig, der restliche Code wird dadurch nicht beeinträchtigt.

## 3.3   Komplexität und Zuverlässigkeit

Mit jedem neuen Teilsystem, also etwa funkgesteuerter Zentralverriegelung, elektronischer Heckdeckelsteuerung usw., wächst die Fehlerwahrscheinlichkeit für das Gesamtfahrzeug. Das ist ein statistisches Phänomen.

Stellen Sie sich ein Fahrzeug vor, das nur ein einziges Steuergerät $s_1$ enthält. Falls die gefertigten Steuergeräte mit einer Wahrscheinlichkeit $P(s_1)$ pro Jahr von 99,9 % zuverlässig funktionieren, wäre jedes Jahr eins von 1000 Fahrzeugen in der Werkstatt. Würde man in dieses Fahrzeug ein weiteres Steuergerät $s_2$ integrieren und dieses mit der gleichen Ausfallsicherheit $P(s_2)$ pro Jahr von 99,9 % konstruieren, dann erhält man ein zuverlässiges Gesamtfahrzeug nur, solange $s_1$ *und* $s_2$ zuverlässig arbeiten. Nach dem Multiplikationssatz der Wahrscheinlichkeitsrechnung ist dann die Zuverlässigkeit des Gesamtsystems:

$$P(s_1) \cdot P(s_2) = 0,999 \cdot 0,999 = 0,998001$$

Damit sind pro Jahr schon zwei von 1000 Fahrzeugen in der Werkstatt, obwohl die Fertigungsqualität gar nicht verändert wurde. Für Zuverlässigkeiten nahe 100 % wächst in diesem Modell die Anzahl der defekten Fahrzeuge pro Jahr näherungsweise linear mit der Anzahl der verbauten Steuergeräte. Wohlgemerkt gilt das nur für Zuverlässigkeiten nahe 100 % und vergleichsweise wenig Steuergeräte. Rein mathematisch verfällt die Zuverlässigkeit des Gesamtsystems exponentiell.

Die Dramatik dahinter wird erkennbar, wenn Sie sich vergegenwärtigen, dass eine Zuverlässigkeit nahe 100 % bei jeder einzelnen Komponente erst zum Abschluss der Entwicklungsphase erreichbar ist. Beim ersten Integrationsschritt sind die einzelnen Komponenten noch weit davon entfernt.

*Beim Produktionsstart*

Nehmen wir also an, in einem Gesamtsystem sind 10 Komponenten verbaut, von denen jede beim ersten Integrationstest immerhin eine Zuverlässigkeit von 70 % besitzt. Die Wahrscheinlichkeit, dass dann alle 10 Komponenten beim ersten Integrationstest zuverlässig zusammenarbeiten, liegt nur noch bei:

*Vor dem Integrationstest*

$$0,70^{10} = 0,028 \approx 3\,\%$$

Ein zuverlässiges Gesamtsystem ist damit nicht mehr existent. Diese einfachen Überlegungen zeigen, was Komplexität anrichtet. Hier liegt auch der Grund dafür, dass bei großen Big-Bang-Integrationen am Ende eines Projekts zunächst praktisch nichts funktioniert. Hier bieten sich folgende Lösungen an:

1. Die Zuverlässigkeit der einzelnen Komponenten wird erhöht. Das setzt isolierte Komponententests voraus. Abhängige Komponenten müssen z. B. durch eine Restbussimulation ersetzt werden. Grundvoraussetzung dafür sind aber explizit erkennbare Abhängigkeiten.
2. Es wird frühzeitig und kontinuierlich begonnen, die Anzahl der integrierten Komponenten schrittweise zu erhöhen. Beginnen Sie in einer Schichtenarchitektur die Integration schrittweise von unten nach oben.

Geringere Ausfallrate ist nur mit höherer Qualität möglich. Testbarkeit und Testabdeckung müssen dazu verbessert werden. Testen ist aber nur an definierten Schnittstellen des Systems möglich. *Definiert* heißt, die Schnittstelle muss zugänglich sein und es muss klar sein, welche Anforderungen sie zu erfüllen hat.

Qualität lässt sich andererseits nicht in ein Produkt »hineintesten«. Ein Test kann nicht retten, was im vorangegangenen Konstruktionsprozess versäumt wurde.

## 3.4 Hardwareunabhängigkeit fördern

Die Entwicklung neuer Steuergeräte ist kostenintensiv. Obwohl das neue Steuergerät am Ende auch nur eine Box ist, die Daten über einen Bus schickt. Wo steckt hier der Aufwand?

*Funktionscode und Infrastrukturcode*

Hier fallen zwei wesentliche Formen des Codes auf: Funktionscode und Infrastrukturcode. Der Funktionscode ist der Anwendungscode, um den es in einem Steuergerät primär geht. Darin steckt die programmierte Logik. Der Infrastrukturcode bildet die Schnittstelle zu den hardwarenahen Funktionen des Steuergeräts und seinem Umfeld. Gerade bei Fahrzeugsteuergeräten ist der Anteil an Infrastrukturcode besonders hoch. Ohne die Infrastruktur ist der Anwendungscode nicht lauffähig. Der Infrastrukturcode kann einen wesentlich größeren Umfang einnehmen als der Funktionscode, erfordert aber in der Regel einen geringeren Ingenieuraufwand.

Eine Folgerung aus dem Prinzip *Separation of Concerns* (vgl. Abschnitt 2.5.1) und insbesondere der Forderung nach starkem Zusammenhalt lautete: Allgemeiner Code gehört nicht in spezielle Module. Das heißt übertragen: Allgemeiner hardwarebezogener Code gehört nicht in eine spezielle Anwendungskomponente.

**Grundprinzip für Portabilität und Austauschbarkeit:**

Fachlicher Code und technischer Code muss getrennt werden.

Wenn fachlicher und technischer Code vermischt werden, verliert das Ergebnis an Klarheit und wird schwer wartbar. In klassisch entwickelten Steuergeräten findet man z. B. häufig hardwarenahe Codeelemente im Anwendungscode. Das muss nicht unbedingt ein direkter Hardwarezugriff sein. Es reicht schon, wenn der Anwendungscode Datenstrukturen oder Statuscodes enthält, deren internes Layout direkt vom Aufbau spezieller Hardwareregister abgeleitet ist.

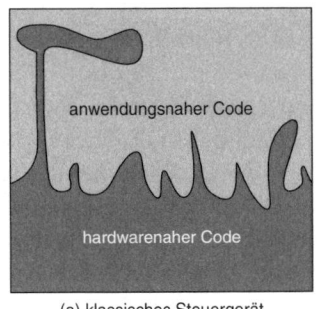

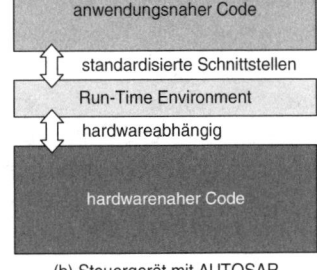

(a) klassisches Steuergerät                (b) Steuergerät mit AUTOSAR

*Abb. 3–2*

*Vergleich klassisches Steuergerät zu AUTOSAR*

AUTOSAR begegnet dieser Vermischung von fachlichem und technischem Code (vgl. Abb. 3–2) mit einer Zwischenschicht, der RTE (Run-Time Environment, siehe auch Abschnitt 4.8.7).

## 3.5   Steuergerätezentrierte und funktionsorientierte Sicht

Steuergerätezentriert heißt, das System wird vom Layout der Steuergeräte ausgehend entworfen. Typischerweise wird dabei zu jeder Funktion ein spezialisiertes Steuergerät entwickelt. Ein elektrisch schließender Heckdeckel führt beispielsweise zu einem Heckdeckelsteuergerät.

Im Laufe der Zeit entwickeln sich jedoch Funktionen, die immer mehr Teilsysteme miteinander vernetzen. Nehmen Sie z. B. eine Notfallblinkerfunktion. Sie soll die Warnblinkfunktion des Fahrzeugs aktivieren, sobald das Fahrzeug durch eine Notbremsung zum Stillstand kommt. Handelt es sich hierbei nun um eine Funktion des Bremssteuergeräts, eine höhere Funktion der Längsdynamik oder muss das Karosseriesteuergerät diese Fahrsituation aus eigenen Berechnungen erkennen?

Mit dem steuergerätezentrierten Ansatz scheitert die Umsetzung moderner Anforderungen am explodierenden Vernetzungsgrad auf Hardwareebene. Ein architekturbasierter Ansatz betrachtet dagegen zunächst die logische Sicht des Systems (vgl. Abschnitt 2.4.3). Hier stellen sich folgende Fragen:

*Zuerst die logische Sicht*

◼ Welche Daten werden benötigt?
◼ Wo kommen die Daten her?
◼ Wie werden die Daten aufbereitet?
◼ Wie sieht die Verarbeitung der Daten aus?
◼ Wie werden die Ergebnisse der Verarbeitung bereitgestellt?

Natürlich muss früher oder später eine Zuordnung auf konkrete Steuergeräte erfolgen. Die dabei betrachtete ECU-Struktur darf nun aber nicht die logische Sicht ersetzen, sondern darf sie lediglich ergänzen. Die ECU-Sicht entspricht der in Abschnitt 2.4.3 eingeführten physikalischen Sicht.

*Verschiebbarkeit*    Entscheidungen über die Verteilung der Softwarekomponenten im Fahrzeug lassen sich so auf einen späteren Zeitpunkt im Entwicklungsprozess hinauszögern. Während bisher mit der Entwicklung der Funktionen erst begonnen werden konnte, wenn Bauraum und Verkabelung feststanden, so kann nun die Softwareentwicklung frühzeitig starten.

Die Möglichkeit, Komponenten zu verschieben, ist außerdem eine aktive Risikobehandlungsmaßnahme. Das Risiko, dass späte Entscheidungen den Zuschnitt der E/E-Architektur ändern, ist zwar nicht reduziert, die Auswirkungen auf das Projektziel sind aber nun minimiert. Die Komponente wird entsprechend der Anforderungsänderung verschoben.

## 3.6    Wiederverwendung von Komponenten

Auf den Begriff Wiederverwendung werden wir in diesem Buch noch häufiger zurückkommen (vgl. insbesondere Abschnitt 13.3). Er hat für AUTOSAR schon fast eine emotionale Bedeutung. Eng verbunden mit Emotionen ist natürlich auch hier die Gefahr der enttäuschten Liebe.

Niemand möchte gerne immer wieder alles von null an entwickeln. Natürlich ist Wiederverwendung daher toll. Das darf aber nicht dazu führen, in ihr das allein glückselig machende Prinzip zu suchen – jedenfalls nicht nur in der Wiederverwendung von Komponenten allein. Wiederverwenden lassen sich im Projekt noch viel mehr Dinge, wie z. B.:

◼ Verfahrensweisen
◼ Architekturen
◼ Know-how
◼ Testfälle

Alle diese Aspekte lassen sich mit AUTOSAR berücksichtigen.

## 3.7 Hilfe für die Systemintegratoren

Die OEMs werden sich in Zukunft auf ihre Rolle als Systemintegratoren konzentrieren müssen. Vor der Integration der Systembestandteile steht natürlich die Definition der Systemelemente und der Schnittstellen, über die diese Elemente miteinander kommunizieren. Zulieferer übernehmen auf Basis der zugehörigen Anforderungen die Umsetzung.

### 3.7.1 Schnittstellenaustausch

Die größte Herausforderung dieser Arbeitsteilung besteht darin, die einzelnen Komponenten in ihrem dynamischen Verhalten zu einem Zusammenspiel zu bewegen. Das wird aber nur gelingen, wenn vorher die syntaktische Spezifikation der Schnittstellen unmissverständlich klar aufgestellt wurde und die Komponenten wenigstens schon die gleiche Sprache sprechen.

Für den Zulieferer besteht die Herausforderung darin, die Systemintegration so weit wie möglich im Labor vortesten zu können. Die Validierung muss später auf der finalen Integrationsplattform stattfinden. Nur im Fahrzeug selbst lässt sich unter den realen Umgebungsbedingungen die tatsächliche Tauglichkeit der Komponente für den gedachten Einsatzzweck zweifelsfrei beweisen. Für die tatsächliche Entwicklung sind Mock-ups und Restbus-Simulatoren besser geeignet.

Hier kommen die Vorteile von AUTOSAR zum Tragen. Die Nutzer erhalten:

- ein Austauschformat für die Spezifikation von Schnittstellen zwischen den Softwarekomponenten,
- einen Überblick über den Ressourcenbedarf des Gesamtgeräts,
- die Wiederverwendung beim Integrationsaufwand, falls Komponenten verschoben werden müssen.

### 3.7.2 Basissoftware

Eine spezielle Basissoftware wird von den OEMs für die zentralen Steuergeräte bereits vorgeschrieben. Bei den weniger zentralen Steuergeräten sind andere Vorgaben zu berücksichtigen, z. B. mit welchen Kommunikations-Stacks auf den Fahrzeugbussen geschrieben wird.

Vorgaben an die Basissoftware sind für die Zulieferer also nichts Neues, auch wenn jetzt unterschiedliche AUTOSAR-Releases an die Stelle der herstellerspezifischen BSW-Versionen treten. Für die Zulieferer wird die Welt der BSW-Versionen eine Dimension kleiner. Das äußert sich insbesondere in einem geringeren Zeitbedarf für die Einarbeitung und weniger Schwierigkeiten im Umgang mit den häufig mitgelieferten Fallen.

## 3.8   Qualitative Aspekte

*Design gap*   AUTOSAR bietet einen sanften Übergang vom Design der Architektur bis hin zur Implementierung. Das verhindert insbesondere den als *design gap* bekannten Effekt, der in der Diskrepanz zwischen der informell in bunten Kästchendiagrammen beschriebenen Architektur und der anschließend programmierten Realität besteht.

Ein Entwurf ohne diese Diskrepanz hat verschiedene Vorteile. Im Folgenden betrachten wir die Aspekte, die in direkter Beziehung zur Produktqualität stehen.

### Architektur als Informationsquelle

Wenn die Architektur nicht auf der Ebene einer frühen Idee endet, kann sie im Projekt laufend als Informationsquelle genutzt werden. Vor allem folgende Punkte lassen sich auf diese Weise schnell und zuverlässig klären:

- Welche Komponente nutzt welche Schnittstelle?
- Sichtengenerierung: Jeder Stakeholder hat eine andere Sicht auf die Architektur oder die für ihn relevanten Ausschnitte. Wie können geeignete Darstellungen der Architektur gewonnen werden?
- Über eine Anbindung an die Anforderungsstruktur: Sind alle Anforderungen umgesetzt und wo sind sie umgesetzt (der sogenannte Abdeckungstest)?
- Impact-Analyse: Welche Auswirkung hat eine Änderung auf andere Komponenten?

### Architektur wird kommunizierbar

Besonders beim Austausch von Komponenten mit externen Lieferanten existiert nun ein Format, das für die Beschreibung der Schnittstellen genutzt werden kann.

Externe Lieferanten müssen nicht zwangsläufig andere Unternehmen sein. Eine Entwicklung zwischen räumlich verteilten Teams eines Unternehmens profitiert davon ebenfalls.

**Die Vernetzung explizit machen**

Der Vernetzungsgrad, also die Anzahl der Abhängigkeiten zwischen den Komponenten, ist ein wesentlicher Treiber für die Kompliziertheit eines Systems (vgl. Abschnitt 2.5.2). Wenn jedoch jede Abhängigkeit von einer Komponente zu einer anderen explizit sichtbar gemacht wird, ist dieser negative Effekt unter Kontrolle.

Weiterhin wird verhindert, dass sich z. B. eine Komponente $A$ Zugriff auf interne Details der Komponente $B$ verschafft und so eine starke Kopplung herstellt. Starke Kopplung würde eine spätere Änderung dieser internen Details bei der Komponente $B$ schwierig machen. Jede Änderung würde die Gefahr beinhalten, die Funktionalität von $A$ zu brechen. Private Details einer Komponente dürfen zwingend auch nur ihr allein gehören.

Mit expliziter Vernetzung verbessern sich die Wartbarkeit und die Austauschbarkeit von Komponenten. Außerdem wird eine Verbesserung der Gesamtstruktur durch Expertenreviews möglich. Sie können Vorschläge für eine mögliche Restrukturierung machen und die Vollständigkeit der zugehörigen Umsetzung in der Praxis überprüfen.

**Automatisierung von Detailschritten**

Die Mechanisierung von Detailschritten erhöht die Prozesseffizienz. Generierte Funktionsschnittstellen entlasten den Entwickler vom Umsetzen stupider Prozedurköpfe, die sonst häufig nur in Prosa spezifiziert sind.

Die Generierung sorgt auch dafür, dass Änderungen schneller und zuverlässiger im Code umgesetzt werden können. Die gesamte Flexibilität des Entwicklungsprozesses mit Blick auf Anforderungsänderungen wird hierdurch verbessert.

**Zum Abschluss**

Die oben genannten Aspekte führen zu den folgenden Effekten:

- Das Ingenieur-Know-how wird nicht im Code versteckt, sondern explizit gemacht. Dadurch wird das Entwurfs-Know-how besser wiederverwendbar.
- Die Entwickler schreiben den Code und die Architekten haben die Verantwortung, die notwendigen Schnittstellen bereitzustellen.

So wird eine klare Trennung der Aufgaben im Team erzwungen, und das fertige Produkt passt auch tatsächlich zur geplanten Architektur.

# 4 AUTOSAR im Detail

Dieses Kapitel verschafft Ihnen einen Überblick über den Inhalt des AUTOSAR-Standards. Es wird aufgezeigt, welche Vorteile durch diesen Standard entstehen können und wie er sich gegenüber anderen Standards positioniert. Außerdem werden grundlegende AUTOSAR-Ideen und -Begriffe vermittelt. Hinweise für einen leichten Einstieg in die AUTOSAR-Spezifikation schließen dieses Übersichtskapitel ab.

## 4.1 Ziele

AUTOSAR wurde entwickelt, um die Softwareentwicklung im Automotivbereich zu verbessern. Dies bedeutet zum einen, die Kosten für die beteiligten Parteien zu senken, das sind in diesem Fall die Automobilhersteller (OEMs) und die Zulieferer, zum anderen aber auch die Qualität der Software zu erhöhen.

Damit sollen die Grundlagen geschaffen werden, zukünftig noch komplexere Elektronik- und Softwaresysteme entwickeln und handhaben zu können. Dies ist notwendig, denn es wird weiter mit einem sehr starken Anstieg der Funktionen, die durch Elektronik und Software realisiert werden, gerechnet.

So sind nach [FKFS07] Elektrik und Elektronik bereits heute an rund 30 % der Wertschöpfung eines Mittelklassefahrzeugs beteiligt und bilden die wesentlichen Treiber für etwa 90 % aller Innovationen im Automobil.

Innovation entsteht nicht aus sich selbst heraus, sondern wird immer durch äußere Randbedingungen bestimmt und getrieben. Dies sind im Automotivbereich heute unter anderem folgende:

■ Automobilkäufer haben ein hohes Interesse an *Komfortfunktionen* wie:

- Infotainment-/Navigationssysteme
- Personalisierung
- Einparkautomatik

■ Die *Fahrersicherheit* soll mithilfe von Fahrerassistenzsystemen immer weiter erhöht werden:

- lane assistant/lane departure warning (Spurhalteassistent),
- automatic cruise control (automatische Geschwindigkeitsregelung) oder
- ganz traditionell ABS, ESP etc.

Zukünftig soll sogar die Fahrzeug-zu-Fahrzeug-Kommunikation genutzt werden, um mögliche Kollisionen auf Kreuzungen oder beim Einfädeln zu verhindern.

*Reduzierung des $CO_2$-Ausstoßes*

Die größte Herausforderung besteht jedoch heute darin, den Kraftstoffverbrauch und somit den $CO_2$-Ausstoß zu reduzieren. Hier werden verschiedene Strategien verfolgt:

■ Mithilfe optimierter elektronischer Motorsteuerungen wird der Verbrauch aktueller Motoren weiter reduziert.

■ Im Fahrzeugstillstand wird der Motor gestoppt und nach Ende der Stillstandsphase automatisch wieder gestartet.

■ Alternative Kraftstoffe wie Gas, Biodiesel oder Ethanol werden eingesetzt.

■ Die Antriebs- und Kraftstofftechnik wird komplett auf Elektroantrieb, Wasserstoffantrieb oder Hybridantrieb umgestellt.

Gerade die neuen Antriebstechniken benötigen eine besonders ausgeklügelte Steuerung, um ihr Potenzial »ausspielen« zu können.

Momentan steht die Automobilindustrie somit vor großen Herausforderungen. Diese spezielle Situation wurde auch von der Politik erkannt. Infolgedessen versucht sie nun, die Industrie bei der Bewältigung der Aufgaben zu unterstützen. So fördert beispielsweise das BMBF die »Innovationsallianz Automobilelektronik«. In ihr haben sich momentan die Unternehmen Audi, BMW, Daimler sowie Bosch, Continental, Elmos und Infineon zusammengefunden, um gemeinsam innovative Systeme der Automobilelektronik zu entwickeln.

*Ein Drittel Kraftstoff im Auto einsparen*

In diesem Zusammenhang ist der Ausspruch der amtierenden Bundesministerin für Bildung und Forschung (Frau Annette Schavan) sehr bezeichnend: »Wir können ein Drittel Kraftstoff im Auto einsparen« [Sc07]. Er drückt zugleich Hoffnung und Ziel aus und dient der »Innovationsallianz« als Leitspruch.

## 4.2 Schwerpunkte

Um das Ziel der Kostenreduzierung bei gleichzeitiger Erhöhung der Qualität zu erreichen und somit mehr Spielräume für Innovationen zu schaffen, hat sich AUTOSAR drei Arbeitsschwerpunkte gesetzt.

Der erste Schwerpunkt ist dabei die Architektur (*Architecture*). *Architektur* Mit ihrer Hilfe soll eine Unabhängigkeit der Anwendungssoftware von der benutzten Hardware erreicht werden. Zu diesem Zweck nutzt AUTOSAR ein Schichtenmodell, das die Software im Wesentlichen in Anwendungssoftware, Run-Time Environment (RTE) und Basissoftware (Basic Software) unterteilt.

Der zweite Schwerpunkt ist die Methodik (*Methodology*), sie *Methodik* nutzt einheitliche Beschreibungsformate (in XML), um eine Verteilung der Software über ECU-Grenzen hinweg zu ermöglichen sowie die Basissoftware der einzelnen ECUs zu konfigurieren und somit den jeweiligen Anforderungen durch die Anwendungssoftware optimal anzupassen. Des Weiteren schafft die Methodik die Grundlagen, Software zwischen den beteiligten Partnern im Softwareentwicklungsprozess effizient auszutauschen und zu integrieren.

Der dritte Schwerpunkt sind die Anwendungsschnittstellen (*Application Interfaces*). Hier werden Schnittstellen typischer Automotiv- *schnittstellen* softwareanwendungen festgelegt, um so die spätere Integration zu erleichtern. Die funktionale Umsetzung wird explizit ausgeklammert, da hier ein Wettbewerb gewünscht ist.

In allen drei Bereichen (Architektur, Methodik und Anwendungsschnittstellen) sollen mithilfe von Standardisierung die gewünschten Effekte (Kostenoptimierung und Erhöhung der Qualität) erzielt werden.

Dabei gibt AUTOSAR jeweils nur den Rahmen (die Schnittstellen vor) und lässt genügend Spielraum für Innovationen in wettbewerbsrelevanten Bereichen.

---

**Der AUTOSAR-Leitspruch:** *Der AUTOSAR-Leitspruch*

»Cooperate on standards, compete on implementation.«

---

Um an den gestellten Zielen und den beschriebenen Schwerpunkten sinnvoll arbeiten zu können, ist eine geeignete Organisationsstruktur notwendig. Sie wird im folgenden Abschnitt näher beschrieben.

## 4.3   Organisation

AUTOSAR ist eine internationale Entwicklungspartnerschaft, die sich aus den Mitgliedsbeiträgen finanziert und im Gegenzug die Ergebnisse ihren Mitgliedern zur kommerziellen Nutzung bereitstellt.

### 4.3.1   Struktur

Die AUTOSAR-Entwicklungspartnerschaft hat für sich eine hierarchische Struktur gewählt, wie sie bei vergleichbaren »Projekten« üblich ist und sich bewährt hat. Konkret gibt es in AUTOSAR die folgenden Ebenen:

- Executive Board (EB),
- Steering Committee (SC),
- Project Leader Team (PL Team) und
- Working Groups (WG).

Diese Strukturierung wird nochmals in Abbildung 4–1 verdeutlicht und im Folgenden kurz erläutert.

*Abb. 4–1*
*AUTOSAR-*
*Organisationsstruktur*

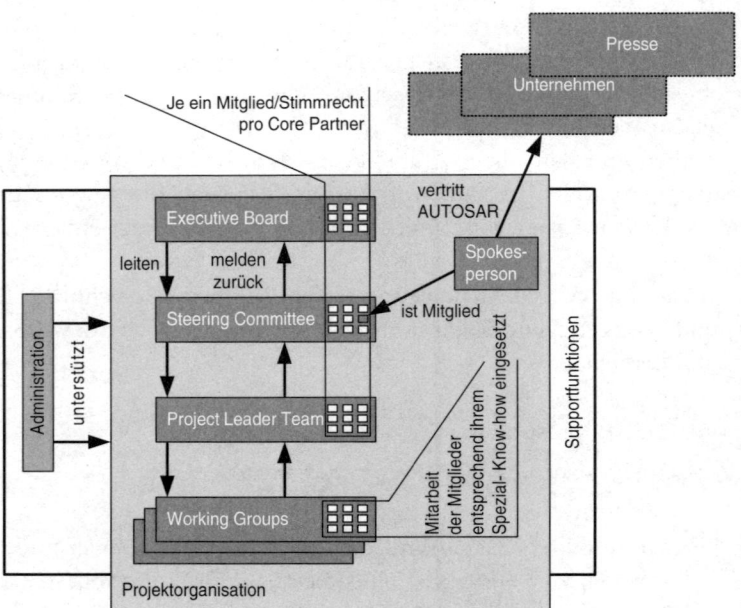

In den Working Groups wird die eigentliche Spezifikation erarbeitet. Diese Arbeit wird vom Project Leader Team angeleitet und überwacht. Des Weiteren kümmert sich das Project Leader Team, im Gegensatz zum Steering Committee, um die technischen Belange. Das Steering Committee ist für organisatorische Belange, wie Aufnahme neuer Mitglieder, Öffentlichkeitsarbeit sowie Rechtliches verantwortlich.

Damit alle ein klares Ziel haben, gibt das Executive Board die Strategie und Ziele vor.

Auf den drei Ebenen Executive Board, Steering Committee und Project Leader Team hat jeder Core Partner einen Sitz, das heißt ein einfaches Stimmrecht. Neben diesen Gruppen, die direkt an der Erstellung der Spezifikation beteiligt sind, gibt es noch weitere ergänzende/unterstützende Rollen.

Dies ist unter anderem die Administration, die technische Unterstützung leistet. Aber auch eine Spokesperson, die eigenverantwortliche Pressearbeit tätigen kann und z. B. auch Mitgliedsverträge (im Auftrag der Entwicklungspartnerschaft) unterzeichnet. Die Spokesperson ist Steering-Committee-Mitglied und führt diese Tätigkeit für ein Jahr aus.

*Spokesperson*

### 4.3.2 Mitglieder

Die zuvor dargestellte Organisationsstruktur wird komplett durch die Mitglieder finanziert. Konkret bedeutet dies, dass sie finanzielle Beiträge leisten und je nach Grad der Mitgliedschaft auch Experten für die einzelnen Arbeitsgruppen bereitstellen. Bei den Mitgliedern wird zwischen vier Typen unterschieden. Die meisten Mitglieder gehören zu den folgenden drei Typen:

- Core Partner im Inneren:
  Sie sind interessiert an der aktiven Beteiligung in unterschiedlichen Arbeitspaketen. Sie liefern und bekommen im Gegenzug technische Informationen und Ideen.
- Premium Member:
  Sie sind interessiert an Entwicklung und kommerzieller Nutzung.
- Associate Member:
  Sie sind interessiert, frühzeitig die Ergebnisse der Partnerschaft zu erhalten und diese kommerziell zu nutzen.

Außerdem gibt es noch:

- Development Member:
  Sie besitzen technisches Spezial-Know-how, das für AUTOSAR von besonderem Interesse ist. Sie müssen keine finanziellen Beiträge leisten und dürfen dennoch die Ergebnisse voll nutzen.

Im Juni 2008 gab es 9 Core Partner, 53 Premium Member, 76 Associate Member sowie 6 Development Member. In den unterschiedlichen Gruppen finden sich typischerweise folgende Mitglieder:

- Core Partner:
  OEMs und Tier-1-Supplier (liefern direkt an die OEMs). Dies waren im Juni 2008: BMW, Bosch, Continental, Daimler, Ford, Opel, PSA, Toyota und Volkswagen.
- Premium Member:
  Dies sind typischerweise Tier-1-Supplier und Werkzeughersteller.
- Associate Member:
  Sonstige Zulieferer oder allgemein Unternehmen, die eine kommerzielle Nutzung des Standards anstreben.

Eine Auflistung aller Mitglieder finden Sie in Anhang B. Diese Liste wurde in dieses Buch aufgenommen, um mit ihrem Umfang nochmals die hohe Akzeptanz des AUTOSAR-Standards zu unterstreichen.

Die Zusammenarbeit der Mitglieder in der AUTOSAR-Entwicklungspartnerschaft lässt sich sehr gut mit einer Ringstruktur verdeutlichen (vgl. Abb. 4–2).

**Abb. 4–2**
*Ringstruktur der Entwicklungspartner-schaft*

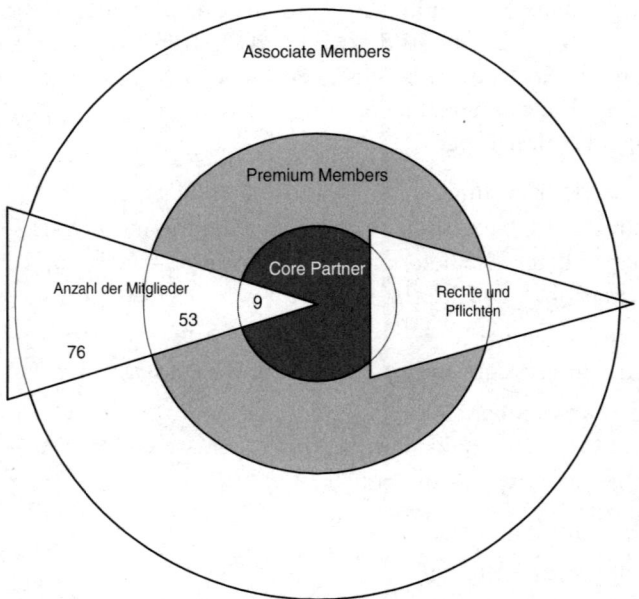

Diese Ringstruktur spiegelt sich in verschiedenen Aspekten wider. So nimmt die Verantwortung in Richtung der äußeren Ringe ab, entsprechend verhält es sich mit den Rechten.

Während die Core Partner und Premium Members aktiv an der Arbeit in den Paketen beteiligt sind und Beiträge entrichten müssen, muss ein Associate Member »nur« eine verhältnismäßig geringe Jahresgebühr von 7500 Euro (mit Stand vom 10.06.2008) zahlen und muss sich nicht aktiv an den Arbeitsgruppen beteiligen. Zugleich kann der Associate Member alle Ergebnisse kommerziell nutzen. Er kann jedoch die Inhalte nicht beeinflussen (er hat kein Stimmrecht).

Erwähnenswert ist auch, dass die erarbeiteten Spezifikationen im Internet veröffentlicht werden und somit für jedermann einsehbar sind. Dieses Material darf jedoch nur zur Information genutzt werden. Eine kommerzielle Nutzung erfordert immer eine AUTOSAR-Mitgliedschaft oder zumindest eine ausdrückliche Erlaubnis.

## 4.4 Geltungsbereich

Die wohlstrukturierte Organisation und die Vielzahl der internationalen Mitglieder deutet bereits an, dass dieser Standard nicht nur in Deutschland von Bedeutung sein wird, sondern vielmehr einen internationalen Anspruch erhebt.

So ist AUTOSAR tatsächlich ein internationaler Standard, der mit Schwerpunkt in Europa entwickelt wird, aber international von großen Unternehmen wie FMC (Ford Motor Company), GM (General Motors Corporation; vertreten durch Opel) oder Toyota (Toyota Motor Corporation) getragen wird.

Nicht zuletzt die lange Liste internationaler Premium und Associate Member zeigt das Interesse, AUTOSAR weltweit einzusetzen.

Aus dieser Situation heraus und dem großen Interesse, die aktuelle Situation der Softwareentwicklung im Automotivbereich zu verbessern, leitet AUTOSAR seine Positionierung gegenüber anderen Standards ab.

So setzt AUTOSAR auch auf dieser Ebene ganz klar darauf, Konkurrenzsituation zu vermeiden, um Synergieeffekte voll nutzen zu können. Wie dies konkret umgesetzt wird, zeigt der folgende Abschnitt an zwei Beispielen.

## 4.5 Standardkontext

AUTOSAR ordnet sich in eine bereits bestehende und sich stetig weiter entwickelnde Landschaft von Standards ein.

Interessant an dieser Stelle ist die Feststellung, dass es in dieser Landschaft kaum große Überschneidungen gibt und sich die Standards im Allgemeinen nicht konkurrierend gegenüberstehen, sondern viel eher ergänzen.

Ursache für diesen positiven Zustand ist mit hoher Wahrscheinlichkeit die Globalisierung, die besonders in der Automobilindustrie
seit langem Realität ist.

Die OEMs, die schon aufgrund ihrer Wirtschaftskraft, Standards
voranbringen können, arbeiten überall auf der Welt in Standardisie-
rungsprojekten mit. Da sie global agieren, liegt es nicht in ihrem
Interesse, dass proprietäre Insellösungen entstehen, die sich dann später zum Quasistandard weiterentwickeln. Die beteiligten Unternehmen
werden natürlich bestrebt sein, nur Standards zu unterstützen, nach
denen sie auch an allen Standorten entwickeln können.

Die einzelnen Unternehmen werden außerdem durch entsprechende Regelungen in den Kooperationsverträgen davon abgehalten,
Standards zu entwickeln, die in Konkurrenz zueinander stehen.

---

**Schlussfolgerung**

Aufgrund der Globalisierung der Automobilindustrie entsteht eine Dynamik,
die dazu führt, dass sich Automotivstandards eher ergänzen, als dass sie
in Konkurrenz zueinander stehen.

---

### 4.5.1   Am Beispiel JasPar

*Japan Automotive*
*Software Platform*
*Architecture*

Ein gutes Beispiel hierfür ist JasPar (Japan Automotive Software Platform Architecture). JasPar ist eine Initiative der japanischen Automobilindustrie mit ähnlichen Zielen wie AUTOSAR. Die erklärten Ziele
sind laut [JasPar]:

- die Softwareentwicklung der Automobilindustrie durch Standardisierung zu entlasten, um
- so den Weg für weitere Innovationen frei zu machen.

Im Gegensatz zu AUTOSAR setzt JasPar komplett auf High-Speed-
Kommunikationsbusse wie FlexRay und nicht auf CAN bzw. LIN. Des
Weiteren besteht nicht das unmittelbare Ziel, eine Softwarearchitektur
für verteilte Automotivsysteme, wie in AUTOSAR, zu definieren, sondern eher derartige Standards zu nutzen. So haben sich JasPar, AUTO-
SAR und das FlexRay-Konsortium laut [JasPar_Coll05] im Oktober
2005 zu einem »collaboration framework« zusammengeschlossen.

*Aufgaben von JasPar*

In dieser Zusammenarbeit hat JasPar in Bezug auf AUTOSAR die
folgenden Aufgaben:

- Review (Bewertung),
- Validation (Überprüfung),
- Implemetation (Implementierung) und
- Commercial exploitation (kommerzielle Nutzung).

Zur praktischen Umsetzung dieser Aufgaben

- speist JasPar seine Anforderungen an Standardsoftware in AUTO-SAR ein,
- unterstützt AUTOSAR durch sein spezifisches FlexRay-Know-how und
- wird die AUTOSAR-Ergebnisse kommerziell nutzen.

Diese enge Kooperation soll sicherstellen, dass kein konkurrierender Standard entsteht, wie man es vielleicht im ersten Moment vermuten würde. Es wird eine Zusammenarbeit zum Vorteil der internationalen Automobilindustrie angestrebt.

Eine wichtige Rolle bei der Vermittlung und dem Austausch nehmen hier Bosch und Toyota ein. Beide sind Core Partner in AUTOSAR und laut [JasPar_Mem] zugleich Mitglieder von JasPar. Toyota ist sogar im Jaspar Board of Directors vertreten, was laut [JapPar_Str] die oberste Hierarchieebene in JasPar ist.

## 4.5.2   Am Beispiel HIS

Die zweite Organisation, die hier als Beispiel für die Einordnung von AUTOSAR in die existierende Standardlandschaft im Automotivbereich herangezogen werden soll, ist die »Herstellerinitiative Software« (HIS).

*Herstellerinitiative Software (HIS)*

Die HIS wird von deutschen Automobilherstellern getragen. Auch hier gibt es nur geringe bis keine Überschneidungen mit AUTOSAR. In Fällen, in denen dennoch Überschneidungen erkannt werden, sind AUTOSAR und HIS stets bemüht, diese zu verringern und nach Möglichkeit wieder zu beseitigen.

Grundlegend ergänzen sie sich, denn die HIS beschäftigt sich eher mit den Prozessen der Softwareerstellung selbst (ein Beispiel ist hier die Erarbeitung des »HIS automotive SPICE™ Scope« [A_SPICE05]), während sich AUTOSAR eher mit den Methoden und Techniken befasst, die in den Prozessen selbst eingesetzt werden können.

*Prozess versus Methodik*

Die HIS hat für ihre Arbeit Schwerpunkte identifiziert. Sie spielen in der heutigen Fahrzeugentwicklung, die durch einen hohen Elektronik- und Softwareeinsatz geprägt ist, eine entscheidende Rolle. Laut [HIS07] handelt es sich dabei um:

- die Sicherstellung der Qualität mikroprozessorbasierter Steuergeräte und
- die Beherrschung von Grundlagen und Methoden der Softwareerstellung.

Dabei legt die HIS ihren Fokus auf produktrelevante Themen und nicht auf Vorlaufforschung. Sie konzentriert ihre Aktivitäten auf die folgenden Gebiete:

- Standardsoftwaremodule für Netzwerke,
- Prozessreifegradermittlung,
- Softwaretest,
- Softwaretools und
- Programmieren von Steuergeräten.

Die HIS ist an der Entwicklung von folgenden Standards, die im Automotivbereich wohlbekannt sind, entscheidend beteiligt:

- Entwicklung von Automotive SPICE$^{TM}$,
- ASAM-Standardisierung,
- The open Requirements Interchange Format (RIF) und
- EXERPT (ein RIF-Austauschwerkzeug für DOORS).

Diese und weitere Ergebnisse der HIS sind in [HIS_PR07] zu finden. Wie bereits oben angeführt, gibt es wie bei JasPar kaum Überschneidungen mit AUTOSAR. Falls doch welche entstehen sollten, wird versucht, diese aufzulösen.

So gibt die HIS in [HIS_PR07] bekannt, dass sie ihre Aktivitäten im Bereich Standardsoftware ruhen lässt und die Weiterentwicklung momentan von AUTOSAR weitergeführt wird.

**Aussage der HIS:**

»The results of the standard software group are intermediate solutions. They are in use, but they are being extended by AUTOSAR; The standard software group is therefore currently inactive, the group members contribute actively to AUTOSAR.« [HIS_PR07]

Dies ist auch in diesem Fall »nicht erstaunlich«, denn alle Mitglieder der HIS, wie Audi, BMW, Daimler, Porsche und Volkswagen, sind auch in AUTOSAR vertreten.

Für eine Bewertung von AUTOSAR ist nicht nur seine Einordnung in Bezug auf andere Standards wichtig, sondern auch eine zeitliche Einordnung. Folgende Frage gilt es zu klären: »Auf welcher Entwicklungsstufe befindet sich AUTOSAR, und kann es schon in Projekten eingesetzt werden?«

## 4.6    Zeitliche Einordnung

Um den Reifegrad eines Standards beurteilen zu können, ist eine zeitliche Einordnung oft sehr hilfreich. Wichtig ist hier zu zeigen, in welcher Phase sich der betrachtete Standard befindet.

Informationen zum zeitlichen Ablauf von AUTOSAR wurden unter anderem [AS_BG08] und [AS_MR06] entnommen. Diese Informationen sind in Abbildung 4–3 zusammengefasst dargestellt und werden im Folgenden weiter erläutert.

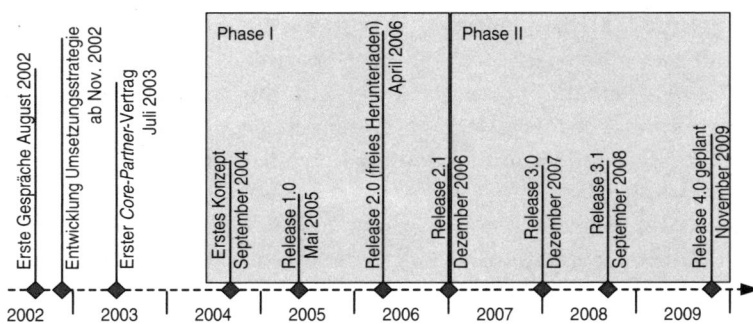

**Abb. 4–3**

*Zeitliche Einordnung der AUTOSAR-Releases und vertragliche Phasen*

Erste Gespräche gab es bereits im August 2002 zwischen BMW, Bosch, Continental, DaimlerChrysler und Volkswagen. Wenig später stieß auch Siemens VDO dazu.

Ab November 2002 hat ein gemeinsames technisches Team wichtige Vorarbeiten geleistet, indem es eine Umsetzungsstrategie ausgearbeitet hat. Die AUTOSAR-Entwicklungspartnerschaft wurde formell im Juli 2003 durch die Unterzeichnung des ersten Core-Partner-Vertrages ins Leben gerufen.

Die Zusammenarbeit wurde in zwei zeitliche (vertragliche) Phasen eingeteilt. Die Phase I erstreckte sich von Mitte 2004 bis Ende 2006 und beinhaltete die folgenden Schwerpunkte:

- Entwicklung der Ideen und des Konzeptes
- Überprüfen des Konzeptes
- Entwicklung der AUTOSAR-Spezifikation

Aufgrund der großen Bedeutung von AUTOSAR wurde die Weiterführung der Zusammenarbeit in Phase II vereinbart. Diese Phase geht von Anfang 2007 bis Ende 2009 und befasst sich mit der Weiterentwicklung des Standards.

In beiden Phasen wurden und werden als unmittelbares Arbeitsergebnis verschiedene Releases der AUTOSAR-Spezifikation veröffentlicht. Diese sollen im Folgenden kurz vorgestellt werden.

### 4.6.1    Release 1.0 »proof of concept«

Das Release 1.0 beschreibt im Wesentlichen Teile der Basissoftware unterhalb der RTE.

Daran schloss sich ein »proof of concept« an. Es wurde überprüft, ob die entwickelten Ideen und die daraus entstandenen Spezifikationen in der Praxis umsetzbar und anwendbar sind.

### 4.6.2    Release 2.0 »RTE und Konfiguration«

Das Release 2.0 baut auf den Erfahrungen des Release 1 auf. Es beinhaltet weitere Basissoftwaremodul-Spezifikationen.

Das Augenmerk wurde verstärkt auf die Architektur und das Konfigurationskonzept gelegt. In diesem Release wurde die RTE als Abstraktions- und Kommunikations-Layer eingeführt (siehe auch Abschnitt 4.8.7).

Mit dem Release 2.0 wurde die AUTOSAR-Spezifikation zum ersten Mal zu Informationszwecken zum Download im Internet bereitgestellt.

### 4.6.3    Release 2.1 »Abrundung«

Im Release 2.1 wurden kleine Verbesserungen vorgenommen und noch fehlende Architekturelemente eingefügt.

### 4.6.4    Release 3.0 »Weiterentwicklung«

Beim Release 3.0 handelt es sich um eine konsequente Weiterentwicklung der AUTOSAR-Spezifikation. Sie beinhaltet unter anderem folgende Verbesserungen:

- Im Bereich der Basissoftware wurde ein durchgängiges Basissoftware-UML-Modell erstellt.
- Des Weiteren wurde das Basic Software Module Description Template [AS_BSWMDT07] eingeführt.
- Im Bereich der Anwendungsschnittstellen wurde unter anderem die Integrated Master Table of Application Interfaces [AS_IMTAI07] veröffentlicht.
- Im Bereich Conformance Testing wurden wichtige Vorarbeiten für die Umsetzung der für Release 4.0 geplanten Conformance-Tests geleistet.

### 4.6.5    Release 3.1 »OBD-II«

Release 3.1 unterstützt als erstes AUTOSAR-Release die Einbindung von Diagnosefunktionen nach dem OBD-II-Standard. OBD-II wird im Besonderen vom amerikanischen Gesetzgeber gefordert. Somit stellt das Release 3.1 nochmals die internationalen Nutzungsmöglichkeiten von AUTOSAR sicher.

### 4.6.6    Zukünftige Releases

Das Release 3.1 ist die aktuell veröffentlichte Version der AUTOSAR-Spezifikation. Ein Release 4.0 ist geplant und möglicherweise wird es auch ein Release 5.0 geben. Gedanken zur Weiterentwicklung finden Sie in Kapitel 17.

### 4.6.7    Erreichter Reifegrad

Wie zuvor aufgezeigt, befindet sich AUTOSAR mit Phase II in einer Konsolidierungsphase. Es werden die Grundlagen des Release 2.0/2.1 konsequent weiterentwickelt. Auch wenn es Conformance-Tests erst ab dem Release 4.0 geben wird, kann ein Einstieg in die AUTOSAR-Nutzung zum jetzigen Zeitpunkt durchaus sinnvoll sein.

Dass AUTOSAR mittlerweile einen hohen Reifegrad erreicht hat, wird auch dadurch gezeigt, dass Core Partner diesen Standard nach [DW07] und [GGRS07] in ersten Serienprojekten einsetzen.

## 4.7    Einsatzmöglichkeiten von AUTOSAR

Nach der Frage zum Reifegrad von AUTOSAR gilt es nun, die Frage nach den Einsatzmöglichkeiten zu beantworten: »Für welches Einsatzgebiet ist es genau konzipiert?«

AUTOSAR ist in jedem Fall kein Universalansatz für beliebige Softwareprojekte. Im Folgenden soll kurz erläutert werden, worauf AUTOSAR ausgerichtet ist und worauf eher nicht.

### 4.7.1    Tief eingebettete Automotivsysteme

AUTOSAR wurde entwickelt, um für tief eingebettete Systeme im Automotivbereich effizient Software zu entwickeln.

Diese Software ist speziell auf den Einsatz in Pkws ausgerichtet. In Pkws findet sich typischerweise ein System von vernetzten Steuergeräten, die durch folgende Eigenschaften geprägt sind:

- eine starke Verteilung,
- geringe Ressourcen und einen
- sehr hohen Kostendruck.

Dabei ist ein sehr hoher Kostendruck die Ursache für die geringen Ressourcen, die auf den Steuergeräten zur Verfügung stehen. Der Umgang mit den begrenzten Ressourcen macht die Entwicklung von Softwarelösungen entsprechend anspruchsvoll.

Aber auch für eingebettete Systeme mit einem Prozessor, mit wenig Rechenleistung und geringem Speicher ist es möglich, aufwendige Softwaresysteme zu entwickeln, wie der folgende Abschnitt zeigt.

### Herausforderungen

*Ursachen für komplizierte Software*

Im Bereich der tief eingebetteten Automotivsysteme existiert bereits heute Software mit einer sehr hohen Kompliziertheit. Diese Kompliziertheit drückt sich in derartigen Systemen wie folgt aus:

*Umfang*

- Der reine Umfang der Software in einem Fahrzeug:
  Er umfasst heute oft deutlich mehr als 200 MB Binärcode.

*Verteilung*

- Die Realisierung der Funktionen durch ein stark verteiltes System aus Steuergeräten:
  Verteilte Systeme stellen grundlegend eine Herausforderung in der Softwareentwicklung dar.

*Variantenvielfalt*

- Die Variantenvielfalt:
  Ein Zulieferer vertreibt ein Produkt typischerweise an mehrere OEMs mit einer Vielzahl von Anpassungen auch an die einzelnen Fahrzeugmodelle.

*Heterogenität*

- Die starke Heterogenität:
  Fast alle Gesichtspunkte sind in einem Automotivsoftwaresystem als heterogen zu bezeichnen:
  - unterschiedliche ECUs,
  - von unterschiedlichen Herstellern, entwickelt und produziert an verschiedenen Standorten,
  - mit unterschiedlichen Prozessortypen,
  - mit wiederum unterschiedlichsten Ressourcen wie Rechenleistung und Speicher und
  - nicht zuletzt die Nutzung verschiedener Kommunikationsbusse, die über Gateways verbunden sind.

*Geringe Ressourcen*

- Die folgenden Ressourcen sind extrem gering:
  - Rechenleistung,
  - Speicher (ROM und RAM) und
  - Netzwerkbandbreite.

Die extrem geringen Ressourcen haben ihre Ursache in einem extrem hohen Kostendruck. Dieser Kostendruck hat unter anderem die folgenden Ursachen:

*Extremer Kostendruck*

- Automobile werden in sehr hohen Stückzahlen, über einen verhältnismäßig langen Zeitraum gefertigt, somit sind sie prädestiniert für eine ständige Kostenoptimierung. Volkswagen lieferte 2007 beispielsweise über 6 Millionen Fahrzeuge aus.
- Die tief eingebetteten Systeme (wie Tür-, Licht- oder Motorsteuergeräte) werden vom Kunden nicht als eigenständige Geräte wahrgenommen, somit lässt sich ein eventueller Mehrpreis für eine besonders innovative Lösung in einem Verkaufsgespräch auch nur sehr schwer begründen. Die Funktionen, die tief eingebettete Systeme realisieren, werden heute »einfach vorausgesetzt« und nicht als Luxus angesehen.
- Des Weiteren treibt bei den hohen Stückzahlen jeder Cent für eine höhere Speicherausstattung sofort die Produktionskosten in die Höhe.

Da Kostenoptimierung einen sehr hohen Stellenwert im Automotivbereich hat, wird dieses Thema ausführlich in Kapitel 10 behandelt.

Dieser hohe Kostendruck ist die Ursache dafür, dass auf einem Automotivsteuergerät nur sehr geringe Hardwareressourcen zur Verfügung stehen. Diese geringen Ressourcen führen wiederum zu komplizierten Softwarelösungen. Um sich diesen Herausforderungen zu stellen, hat AUTOSAR den folgenden Lösungsansatz gewählt.

**Lösungsansatz**

Kernidee des Lösungsansatzes sind klar strukturierte Basismechanismen und die zugehörigen Methoden, um diese Mechanismen effektiv nutzen zu können. Hieraus leiten sich auch die drei Arbeitsschwerpunkte Architektur, Methodik und Anwendungsschnittstellen (vgl. Abschnitt 4.2) ab.

Das erste Ergebnis ist eine hochmodulare Struktur, die einem klaren Konzept folgt, um typische Aufgaben eines verteilten Automotivsystems zu realisieren, wie beispielsweise:

*Hochmodulare Struktur*

- Kommunikation über Bussysteme wie CAN, LIN oder FlexRay,
- Diagnose und
- Energiemanagement.

Das zweite Ergebnis ist eine Methodik, die das Fahrzeug zunächst als Ganzes betrachtet und in einem nachfolgenden Konfigurationsschritt die geplanten Funktionen auf einzelne Steuergeräte verteilt. Diese beiden

*Methodik: von der Systemsicht zur ECU-Sicht*

Sichten werden in AUTOSAR als Systemsicht und ECU-Sicht bezeichnet.

*Anwendungs-*
*schnittstellen*

Das dritte Ergebnis der Bemühungen ist eine Standardisierung von Anwendungsschnittstellen (von typischen/grundlegenden Automotivfunktionen), um so die Austauschbarkeit von Anwendungen zu gewährleisten.

Da AUTOSAR aufgrund der speziellen Anforderungen der tief eingebetteten Systeme kein Universalansatz sein kann, ist AUTOSAR auch nicht für alle Automotivbereiche gleichermaßen geeignet.

### 4.7.2    Nicht im Fokus des Standards

AUTOSAR wurde zunächst nicht für Infotainment-Systeme entwickelt. Eine Anpassung an diesen Bereich scheint für die nahe Zukunft auch nicht geplant. Diese Einschränkung kann durchaus sinnvoll sein, denn Infotainment-Systeme weisen wesentliche Unterschiede zu tief eingebetteten Systemen auf. Für unsere Betrachtungen sind zunächst die folgenden Eigenschaften von Infotainment-Systemen von Bedeutung:

- Sie sind *geringer verteilt*. (Es existiert eher die Idee von einer oder zumindest wenigen, zentralen Einheiten.)
- Sie müssen *höhere Datenmengen* verarbeiten.
- Des Weiteren sollen sie in der Lage sein, mobile *Zusatzgeräte über USB oder Bluetooth einzubinden*.

Diese Anforderungen resultieren in Eigenschaften, die nicht unmittelbar mit den primären AUTOSAR-Zielen, wie den folgenden, einhergehen:

- AUTOSAR geht ganz bewusst von einem verteilten System aus. So sind Design und die Entwicklungsmethodik ganz klar auf ein verteiltes Szenario ausgerichtet.
- Daten müssen zwar schnell (mit Echtzeitanforderungen) transferiert werden, dabei handelt es sich aber eher um einzelne Werte für den Austausch von Sensor/Aktor-Zuständen und nicht um hochvolumige Datenströme für Video- oder Audiowiedergabe.
- Eine dynamische Einbindung von Geräten zur Laufzeit ist nicht vorgesehen, denn dies würde ein abstrakteres Softwaredesign erfordern, das in einer entsprechend dynamischen Software resultieren würde. Diese Dynamik zur Laufzeit ist nicht mit den extremen Ressourceneinschränkungen von tief eingebetteten Systemen vereinbar.

Diese AUTOSAR-Ziele zeigen, dass AUTOSAR in seiner aktuellen Ausrichtung nicht unmittelbar für Infotainment-Systeme oder Systeme mit ähnlich dynamischem Laufzeitverhalten geeignet ist.

### 4.7.3 Weitere potenzielle Einsatzgebiete

Aus technischer Sicht ist AUTOSAR auch für den Einsatz in eingebet- *Weitere Branchen*
teten Systemen anderer Branchen geeignet. Dies sind beispielsweise:

- Automatisierungstechnik,
- Schienenfahrzeuge und
- Defense (Verteidigungssektor).

Grundlegend sind die Architektur und die beschriebene Methodik für
vielfältige verteilte, tief eingebettete Systeme mit starken Ressourceneinschränkungen geeignet.

Einzelne Funktionen, wie z. B. die Unterstützung branchenspezi-
fischer Bussysteme, können gut geändert oder auch ergänzt werden.
Die Voraussetzungen für die gute Anpassbarkeit schafft AUTOSAR
durch ein sauberes Design, in dem Aufgaben klar verteilt sind. Die
Mittel, die AUTOSAR dafür nutzt, sind:

- die Layered Software Architecture sowie
- wohldefinierte Module in den Layern, die sauber definiert sind durch:
  - ihre Schnittstellen und
  - ihr Verhalten.

Trifft dennoch der Fall ein, dass ein Erweiterungsmodul nicht klar in
die vorhandene Modulstruktur einzuordnen ist, bietet AUTOSAR das
Konzept des Complex Device Driver (siehe auch Abschnitt 15.4). Der
Complex Device Driver bietet einerseits viele Freiheitsgrade bei der
Implementierung, gewährleistet andererseits aber die Einhaltung der
Forderung nach der Trennung in Basissoftware (die von der Hard-
wareplattform abstrahiert) und Anwendungssoftware.

### 4.7.4 Rechtliche Aspekte

Bevor ein AUTOSAR-Software-Stack für eigene Projekte entwickelt *Nutzung nur im*
oder für andere Branchen angepasst wird, ist unbedingt die rechtliche *Automotivbereich*
Lage zu klären und im Zweifelsfall eine Genehmigung von der AUTO- *zulässig*
SAR-Entwicklungspartnerschaft einzuholen.

Es ist in jedem Fall zu beachten, dass die Spezifikation nur zu
informatorischen Zwecken veröffentlicht wurde und nur von Mitgliedern kommerziell genutzt werden darf. Unter anderem geben hier die
Paragraphen 5.1 bis 5.3 des Premium Member Agreements [AS_PME-
AGRE08] Auskunft.

Besonderes Augenmerk ist auch auf die Textpassage: »... the
purpose of commercially exploiting AUTOSAR for Automotive Applications ...« zu legen. Sie schränkt den Einsatz allgemein auf den

Automotivbereich ein. Um mögliche »Missverständnisse« zu vermeiden, definiert AUTOSAR den Begriff Automotive Applications in [AS_PMEAGRE08] wie folgt: »(Automotive applications) means applications related to engine powered, land-based, non-railed vehicles for primary transportation purposes.« Damit schließt sie beispielsweise Schienenfahrzeuge ganz klar aus.

Wie schon zu Beginn des Abschnittes erwähnt, sollte in unklaren Situationen immer der Kontakt mit der Entwicklungspartnerschaft gesucht werden, um eine Klärung herbeizuführen.

## 4.8   Grundlegende Begriffe

Bei der näheren Beschäftigung mit AUTOSAR werden Ihnen einige wichtige Begriffe immer wieder begegnen. Diese grundlegenden AUTOSAR-Begriffe werden in den folgenden Abschnitten kurz erläutert. In späteren Abschnitten werden diese Begriffe immer wieder benutzt und detaillierter erklärt. Ihre Bedeutung und Einordnung wird dabei immer weiter ausgearbeitet.

### 4.8.1   Methodology

> Der Begriff Methodology kann ins Deutsche als Methodik übersetzt werden (siehe auch »Methodology« im Glossar, Anhang D).

Die Methodik beschreibt grundlegende technische Schritte für AUTO-SAR-Entwicklungsprojekte. Es handelt sich dabei nicht um eine komplette Prozessbeschreibung, beispielsweise gibt es in der AUTOSAR-Methodik keine Rollen und Verantwortlichkeiten. Die Methodik beruht grundlegend auf der Beschreibung eines Work Product Flow (Arbeitsproduktflusses). Dabei beschreibt sie Abhängigkeiten von Aktivitäten, die das Arbeitsprodukt umwandeln.

So beschreibt die Methodik beispielsweise, wie eine Systemsicht (Sicht über alle Funktionen in einem Fahrzeug) in einzelne ECU-Sichten umgewandelt wird. Auf sie wird detailliert in Kapitel 5 eingegangen.

Die grafische Notation, die in der Methodik Anwendung findet, ist auch im hinteren Bucheinband dargestellt.

## 4.8.2    Virtual Functional Bus (VFB)

Der Begriff Virtual Functional Bus kann ins Deutsche als virtueller Funktionsbus übersetzt werden und wird im AUTOSAR-Kontext oft mit VFB abgekürzt.

Er dient dazu, auf der Systemebene Kommunikationsbeziehungen zwischen Softwarekomponenten zu beschreiben. Auf den Virtual Functional Bus wird detailliert in Kapitel 6 eingegangen.

Die grafische Notation, die für die Modellierung auf VFB-Ebene genutzt wird, befindet sich im vorderen Bucheinband.

## 4.8.3    Software Component (SW-C)

Der Begriff Software Component kann ins Deutsche direkt als Softwarekomponente übersetzt werden und wird oft mit SW-C abgekürzt.

Bei den Softwarekomponenten handelt es sich um Modellierungselemente des VFB. Es sind Container (Strukturelemente), die Ports besitzen, um mit der Außenwelt in Verbindung zu treten. Verschiedene SW-Cs können über diese Ports miteinander kommunizieren.

## 4.8.4    Port

Der Begriff Port wird nicht ins Deutsche übersetzt und nicht abgekürzt.

Ports sind Interaktionspunkte von Softwarekomponenten. Es gibt PPorts (provide ports), die etwas bereitstellen, und RPorts (require ports), die etwas benötigen. Näher bestimmt wird der Port durch das Port Interface (oder kurz Interface). Die Zuordnung findet mittels Konfiguration und nicht im Programmcode statt.

Ports, die kompatible Interfaces besitzen, können miteinander verbunden werden.

## 4.8.5    Port Interface (Interface)

Der Begriff Port Interface wird meist in der Kurzform Interface benutzt. Diese Kurzform wird auch im Deutschen verwendet und nicht übersetzt.

Es gibt drei Typen von Interfaces in AUTOSAR: Client/Server (C/S), Sender/Receiver (S/R) und Calibration. Sie haben folgende Funktionen:

- Bei *C/S-Interfaces* können Clients bei einem Server Operationen ausführen.
- Über *S/R-Interfaces* werden Daten ausgetauscht, dabei sind beliebige (*1:m* und *n:1*) Beziehungen zwischen Sendern und Empfängern möglich.
- Mithilfe des *Calibration Interfaces* können statische Kalibrierungsdaten abgefragt werden.

Der Interfacetyp gibt die verwendete Kommunikationsmethode und/ oder den geplanten Verwendungszweck vor. Jedes einzelne Interface wird dann genauer durch die konkreten Operationen (bei C/S) oder Datenelemente (bei S/R oder Calibration), die es bereitstellt, bestimmt.

### 4.8.6   Runnable Entity (Runnable)

Der Begriff Runnable Entity wird meist in der Kurzform Runnable benutzt. Diese Kurzform wird auch im Deutschen verwendet und nicht übersetzt.

Runnables sind Codesequenzen in den Softwarekomponenten, die durch Events, wie beispielsweise Timer oder den Empfang von Daten, aktiviert werden können. Sie bedienen die Ports der Softwarekomponenten und senden oder empfangen Daten und implementieren Client- oder Serveroperationen.

Auf ihre Bedeutung wird im Speziellen in Kapitel 7 eingegangen.

### 4.8.7   Run-Time Environment (RTE)

Der Begriff Run-Time Environment kann ins Deutsche als Laufzeitumgebung übersetzt werden und wird oft mit RTE abgekürzt.

Nachdem die Systemsicht, die mithilfe des VFB beschrieben wurde, auf die Sichten der einzelnen ECUs heruntergebrochen wurde, kann die RTE mithilfe eines sogenannten RTE-Generators erzeugt werden.

Die RTE realisiert die zuvor abstrakt auf VFB-Ebene modellierten Kommunikationsverbindungen zwischen den Softwarekomponenten untereinander sowie den Softwarekomponenten und der Basissoftware. Die Basissoftware liegt unter der RTE und abstrahiert von der jeweils ECU-spezifischen Hardware.

Auf diese grundlegenden AUTOSAR-Abstraktionsschichten wird in Abschnitt 8.3.2 (zur RTE) und in Kapitel 9 (zur Basissoftware) näher eingegangen.

## 4.9 Die Spezifikation

Die folgenden Abschnitte sollen einen effektiven Einstieg in die Dokumente der AUTOSAR-Spezifikation ermöglichen. Zu diesem Zweck wird auf die Ablagestruktur, die durch Verzeichnisse und eine »Codierung« der Dateinamen bestimmt wird, eingegangen. Des Weiteren werden Dokumente empfohlen, die einen ersten Überblick verschaffen.

Für Entwickler, die konkrete Basissoftwaremodule implementieren möchten, dient abschließend eine Erläuterung zum Aufbau der Softwarespezifikationsdokumente.

Ein systematisches Herangehen ist für die Einarbeitung in die AUTOSAR-Spezifikation sehr wichtig, so umfasst das Release 3.1 fast 7900 Seiten, die auf 141 Dateien verteilt sind. Hinzu kommt, dass es kaum Orientierungshilfen gibt, wie beispielsweise eine übergeordnete Inhaltsbeschreibung.

Zu Informationszwecken können Sie sich die Releases der AUTOSAR-Spezifikation von der Internetseite [AUTOSAR] herunterladen. Dabei ist zu beachten, dass diese nur von AUTOSAR-Mitgliedern kommerziell genutzt werden dürfen.

Neben dem Zugang über die Internetseite können AUTOSAR-Mitglieder auch direkt auf den Subversion-Server mit dem aktuellen Arbeitsstand der Dokumente zugreifen.

### 4.9.1 Struktureller Aufbau: Kategorien, Verzeichnisse und Dateinamen

Auf der AUTOSAR-Internetseite sind die Dateien nach den Kategorien *Main*, *SW-Architecture*, *Conformance Testing* und *Application-Interfaces* geordnet. Darunter befindet sich eine weitere Strukturierungsebene und am Ende werden die Dokumente in die Kategorien Standard und Auxiliary (unterstützend) unterteilt. Um nicht jede Datei einzeln herunterladen zu müssen, werden unter dem Link »Download all specifications of this category« Zip-komprimierte Pakete bereitgestellt.

AUTOSAR-Mitglieder, die die Spezifikation über Subversion oder HTTPS herunterladen, finden die Dokumente hingegen in einer flachen Verzeichnisstruktur wieder, die nur zwischen Standard- und Auxiliary-Dokumenten unterscheidet.

Unabhängig von der gewählten Verzeichnisstruktur kann von einer speziellen Codierung der Dateinamen auf deren Inhalt geschlossen werden. Zunächst beginnen alle Dateien mit dem Präfix AUTOSAR_.

Danach kommt im Allgemeinen ein zweites Präfix, das den Inhalt einschränkt:

- *SRS_/RS_*: Requirements,
- *SWS_*: Spezifikationen,
- *DS_/CTSpec_*: Konformitätstests oder
- *ApplicationInterfaces_*: Anwendungsschnittstellen.

Einige Dateien haben kein zweites Präfix, dafür aber ein Suffix wie z. B. »Template«. Diese Dateien sind, wie der Name vermuten lässt, AUTOSAR-Templates. Auf diese Templates wird näher in Kapitel 5 eingegangen.

Einige grundlegende AUTOSAR-Dokumente wie *AUTOSAR_-Methodology.pdf* oder *AUTOSAR_Glossary.pdf* besitzen weder ein zweites Präfix noch ein Suffix, hierbei handelt es sich jedoch um Ausnahmen.

### 4.9.2    Inhaltlicher Aufbau: Einstiegspunkte und weitere Orientierung

Zu wissen, wie die Verzeichnisse strukturiert sind und wie die Dateinamen codiert sind, reicht im Falle von AUTOSAR noch nicht aus, um den besten Einstiegspunkt zu finden. Gerade die Dateien, die keinem Schema entsprechen, sind hier oft besonders hilfreich.

Im Weiteren werden die Beziehungen der Spezifikationsdokumente erläutert, Abbildung 4–4 veranschaulicht dies noch einmal.

**Abb. 4–4**
*Überblick AUTOSAR-Dokumentation*

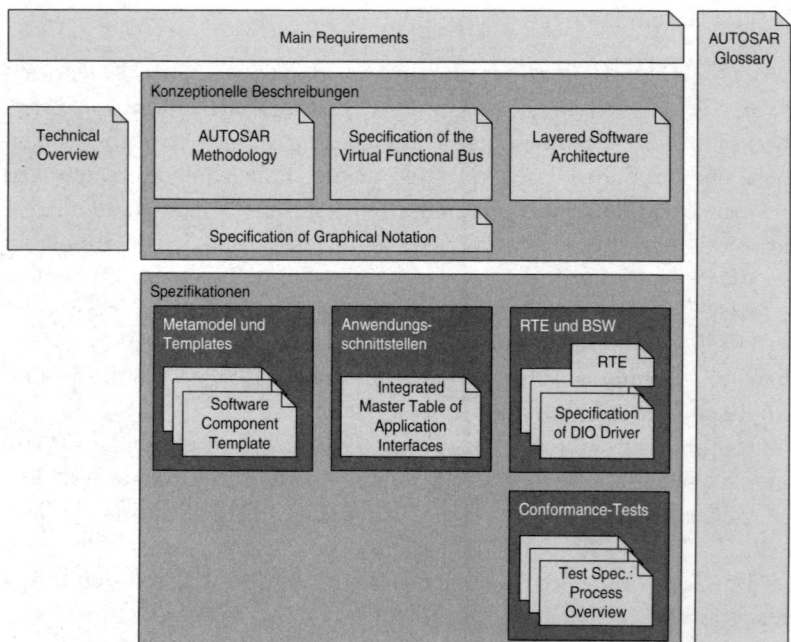

Die grundlegenden AUTOSAR-Ziele sind in den Main Requirements *Main Requirements*
(*AUTOSAR_MainRequirements.pdf*) am oberen Rand der Grafik zu
finden. Sie sind in einer formalen Art und Weise aufgeschrieben, was
wiederum eine wichtige Grundlage für die Referenzierung in den
übrigen Dokumenten bildet. Gerade diese formale Gestaltung macht
das Dokument jedoch nur bedingt für den Einstieg geeignet.

Den besten Einstieg in die AUTOSAR-Dokumentation bietet der *Technical Overview –*
Technical Overview (*AUTOSAR_TechnicalOverview.pdf*), der links *das Einstiegsdokument*
neben den konzeptionellen Beschreibungen dargestellt ist. Er gibt
einen groben Abriss der AUTOSAR-Ziele und der benutzten Methoden, um diese Ziele zu erreichen.

Zur Einarbeitung in AUTOSAR, unabhängig von der späteren Spe- *Empfohlene*
zialisierung, sind außerdem die folgenden konzeptionellen Beschrei- *Einarbeitungsreihenfolge*
bungen sehr gut geeignet:

- *AUTOSAR_Methodology.pdf (AUTOSAR Methodology)*:
  Beschreibt alle wichtigen Schritte, um in einem AUTOSAR-Projekt
  von der Systemsicht bis zu den Executables auf den konkreten
  ECUs zu gelangen.

- *AUTOSAR_SWS_VFB.pdf (Specification of the Virtual Functional
  Bus)*:
  Beschreibt die Modellierungsmöglichkeiten, die der VFB bietet (wie
  Softwarekomponenten, Runnables, Kommunikation etc.).

- *AUTOSAR_LayeredSoftwareArchitecture.pdf (Layered Software
  Architecture)*:
  Beschreibt die geschichtete AUTOSAR-Architektur als eines der
  wichtigsten AUTOSAR-Konzeptelemente. Es erläutert auch die
  Zusammenhänge von Modulen in speziellen Bereichen wie z. B. der
  Kommunikation, der Diagnose und der Speicherabstraktion.

Die *Specification of Graphical Notation* (*AUTOSAR_GraphicalNota-
tion.pdf*) extrahiert nochmals die grafischen Notationen aus Methodik
und VFB.

Diese Grundlagendokumente sind für alle Beteiligten an einem *Aufteilung nach*
AUTOSAR-Projekt wichtig. Im Weiteren kommt es zu einer Auftei- *Spezifikations-*
lung nach folgenden Spezifikationsschwerpunkten: *schwerpunkten*

- *Metamodell und Template-Spezifikationen*:
  Wie erwähnt sind Dateien aus diesem Bereich am Suffix *Template*
  zu erkennen. Ein Beispiel hierfür ist die Datei *AUTOSAR_-
  SoftwareComponentTemplate.pdf*.

- *Application Interfaces*:
  Die zugehörigen Dateien sind am zweiten Präfix *ApplicationInter-
  faces_* zu erkennen (z. B. *AUTOSAR_ApplicationInterfaces.xls*).

- *RTE und BSW-Spezifikationen*:
  Dateien aus diesem Bereich sind am zweiten Präfix *SWS_* zu erkennen (wie *AUTOSAR_SWS_RTE.pdf* oder *AUTOSAR_SWS_DIO_-Driver.pdf*). Für einen ersten Überblick befindet sich eine Auflistung aller Basissoftwaremodule in *AUTOSAR_BasicSoftware-Modules.pdf*. Der Bereich der Basissoftware wird näher in Abschnitt 8.4 beschrieben. Die RTE wird in Abschnitt 8.3.2 behandelt.

- *Conformance-Tests*:
  Konformitätstests werden für die RTE und BSW-Module erstellt. Zugehörige Dateien sind am zweiten Präfix wie *DS_* oder *CTSpec_* zu erkennen (wie *AUTOSAR_CTSpec_Process_Overview.pdf*). Dieser Bereich wird in Abschnitt 9.6 näher behandelt.

Im Weiteren wird auf den umfangreichsten Bereich, die Spezifikation der Basissoftwaremodule, näher eingegangen.

### 4.9.3    Aufbau der Softwarespezifikationen: Effektiv Informationen ermitteln

Die größte Zahl der Dokumente machen die Spezifikationen der 46 Basissoftwaremodule aus. Es gibt zu jedem Basissoftwaremodul ein Requirementsdokument (SRS) und ein Spezifikationsdokument (SWS). Dabei sind in den Requirementsdokumenten die Anforderungen formuliert, die von den Spezifikationsdokumenten zu erfüllen bzw. umzusetzen sind.

Für die Entwicklung eigener Basissoftwaremodule ist es normalerweise ausreichend, die Spezifikationsdokumente zu betrachten. Falls jedoch die Frage aufkommt, warum etwas genau so spezifiziert wurde, ist ein Blick in das dazugehörige Requirementsdokument ratsam.

Da Module auch voneinander abhängen oder aufeinander aufbauen, referenzieren sich die Modulspezifikationen gegenseitig. Hilfreich für die Arbeit mit Modulspezifikationen ist daher der einheitliche Aufbau der Dokumente.

*Einheitlicher Aufbau des Inhalts*

Alle Dokumente beginnen mit einer genauen Identifikation des Dokumentes durch Titel, Version, Autor usw. Danach folgen Änderungsverfolgung und rechtliche Hinweise.

Der eigentliche Inhalt beginnt hinter dem Inhaltsverzeichnis, das auf Seite 4 oder 5 zu finden ist. Der Inhalt ist immer wie in Tabelle 4–1 dargestellt gegliedert.

Diese klare Strukturierung ermöglicht es, gezielt die gerade benötigten Informationen zu finden, ohne das ganze Dokument lesen zu müssen.

| Kapitel | | Inhalt |
|---|---|---|
| **Nr.** | **Name** | |
| 1 | Introduction and functional overview | Ein kurzer Überblick, der die Funktion des Moduls beschreibt und meist einen Hinweis auf seine Einordnung in die AUTOSAR-Architektur gibt. |
| 2 | Acronyms and abbreviations | Abkürzungen, die im Dokument verwendet werden und nicht in *AUTOSAR_Glossary.pdf* zu finden sind oder diese neu definieren. |
| 3 | Related documentation | Dokumente, die mit diesem Dokument in Verbindung stehen. Dies können AUTOSAR-Dokumente, aber auch andere Standards und Normen sein. |
| 4 | Constraints and assumptions | Annahmen, die getroffen wurden, beispielsweise dass nur eine Instanz dieses Moduls existiert oder besondere zeitliche Anforderungen oder Einschränkungen. Des Weiteren wird in diesem Kapitel angegeben, in welchen Automotivbereichen dieses Modul einsetzbar ist (wie beispielsweise Innenraum, Motorsteuerung oder Infotainment). |
| 5 | Dependencies to other modules | Beziehungen zu Quellcode und Header-Dateien anderer Module. |
| 6 | Requirements traceability | Zeigt die Erfüllung von Requirements durch Spezifikationselemente auf. |
| 7 | Functional specification | Spezifiziert das Verhalten des Moduls entsprechend den Requirements. Dies umfasst typischerweise das Verhalten als solches, die Initialisierung und auch die Fehlerbehandlung. |
| 8 | API specification | Beinhaltet die Schnittstellenspezifikation. Diese umfasst Typdefinitionen, Funktionsdefinitionen (auch Callback-Funktionen) und Funktionen, die vom Basissoftware-Scheduler zyklisch aufgerufen werden, sowie Schnittstellen von anderen Teilen des Systems, die vorausgesetzt werden. |
| 9 | Sequence diagrams | Mithilfe von Sequenzdiagrammen wird das Verhalten des spezifizierten Moduls veranschaulicht. |
| 10 | Configuration specification | Führt die Konfigurationsmöglichkeiten des Moduls anhand von Konfigurationsparametern auf. |
| 11 | Changes to Release 1 | Änderungen im Vergleich zu AUTOSAR-Release 1. Dies beinhaltet alle Änderungen bis zum aktuellen Release. |

*Tab. 4–1*

*Aufbau eines AUTOSAR-Spezifikationsdokuments*

Mithilfe des Wissens über Dokumentenzuordnung, die Beziehungen der Dokumente untereinander und ihrem inneren Aufbau ist ein effektiver Einstieg in die AUTOSAR-Dokumentation möglich.

Nach diesem Grundlagenteil mit einer Einführung in die Softwarearchitektur und ihre Bedeutung für Softwareprojekte im Automotivbereich sowie einer ersten Einführung in AUTOSAR werden im nächsten Teil verschiedene Aspekte, die in AUTOSAR-Entwicklungsprojekten wichtig sind, näher betrachtet.

# Teil II
## Engineering

# 5 Die AUTOSAR-Methodik

Bei jedem OEM ist heute ein System-/Softwareentwicklungsprozess eingerichtet, der genau auf seine Bedürfnisse zugeschnitten ist. Wie in einem derartigen Prozess eine AUTOSAR-konforme Steuergeräteentwicklung durchgeführt werden kann, beschreibt die AUTOSAR-Methodik.

Dieses Kapitel basiert auf [AS_METHOD07] und [AS_VFB07] und schafft die Grundlagen, die AUTOSAR-Methodik in Bezug auf den eigenen Entwicklungsprozess zu bewerten.

## 5.1 Was ist die AUTOSAR-Methodik?

**Hinweis:**

Die AUTOSAR-Methodik ist kein System- oder Softwareentwicklungsprozess. Sie beschreibt insbesondere keine Rollen und Verantwortlichkeiten.

Die Methodik beschreibt grundlegende technische Schritte für AUTOSAR-Entwicklungsprojekte. Es handelt sich dabei nicht um eine komplette Prozessbeschreibung, beispielsweise gibt es in der AUTOSAR-Methodik keine Rollen und Verantwortlichkeiten.

*Aktivitäten und Arbeitsprodukte*

Die Methodik beruht grundlegend auf der Beschreibung eines Work Product Flow (Arbeitsproduktflusses). Dabei beschreibt sie Abhängigkeiten von Aktivitäten, die das Arbeitsprodukt umwandeln.

So beschreibt die Methodik beispielsweise, wie eine Systemsicht (Sicht über alle Funktionen in einem Fahrzeug) in einzelne ECU-Sichten umgewandelt wird. Wie in Abbildung 5–1 dargestellt, sind die drei Sichten der Methodik:

- System,
- Steuergerät (ECU) und
- Komponente (Component).

Diese Sichten beziehen sich alle auf den System-/Softwareentwick-lungsprozess. Zum einen helfen sie verschiedene Abläufe in diesem Prozess zu parallelisieren, nämlich die Systemkonfiguration, die ECU-Konfiguration und die Komponentenentwicklung. Gleichzeitig sind sie voneinander abhängig, indem sie sich gegenseitig Arbeitsergebnisse bereitstellen.

*Abb. 5–1*

*Die drei Sichten der*
*AUTOSAR-Methodik*

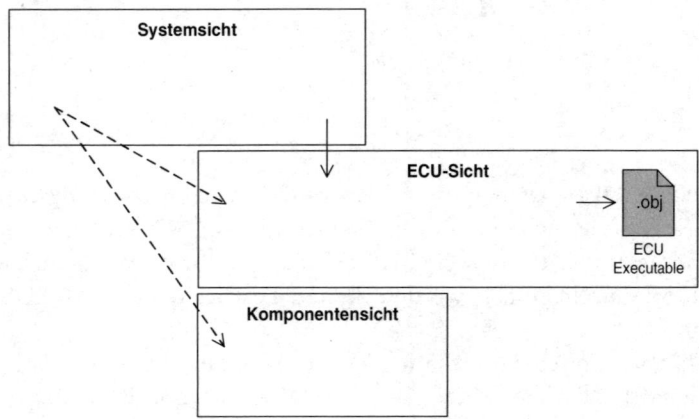

Das Ergebnis der parallelen Entwicklungstätigkeiten ist ausführbarer Programmcode für die betrachteten Fahrzeug-ECUs.

Der Aufteilungsschritt der Systemsicht auf einzelne ECU-Sichten wird nochmals in Abbildung 6–2 im Kapitel 6 deutlich.

Um die Aktivitäten in den einzelnen Sichten zu beschreiben, ver-wendet AUTOSAR die nachfolgend erläuterte grafische Notation.

## 5.2   Grafische Notation

In der AUTOSAR-Spezifikation wird das Software Process Engineer-ing Metamodel (SPEM) der [OMG_SPEM_08] zur Darstellung der AUTOSAR-Methodik verwendet.

Bei der von der Object Management Group (OMG) definierten Notation handelt es sich um ein UML-Profil. Von diesem Profil wird nur ein kleiner Teil für die AUTOSAR-Methodik verwendet. Diese Untermenge enthält die folgenden Elemente:

- Work Product,
- Reference to elements of the meta model,
- Activity,
- Guidance,
- Flow of Work Products,

▨ Dependencies between Work Products und
▨ Composition of Work Products.

Diese Elemente werden im Folgenden kurz erläutert, um im Anschluss daran auf die Aktivitäten eingehen zu können, die mit ihnen beschrieben werden.

**Arbeitsprodukt (Work Product)**

Ein Arbeitsprodukt ist eine Information oder ein Gegenstand, die/der einer Aktivität als Input dient oder als Output entsteht.

Abbildung 5–2 zeigt AUTOSAR-spezifische Arbeitsprodukte wie:

▨ XML-Dateien (.xml),
▨ C-Quellcode (.c, .h) und
▨ Objektdateien (.obj).

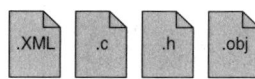

*Abb. 5–2*

*Symbole von*
*Arbeitsprodukten*

### 5.2.1   Bezugnahme auf Elemente des AUTOSAR-Metamodells (Reference to elements of the meta model)

Die Arbeitsproduktbeschreibung unter dem Symbol in Abbildung 5–3 zeigt, dass das Arbeitsprodukt auf ein Template des AUTOSAR-Metamodells Bezug nimmt. Zu diesem Zweck wird die folgende Syntax verwendet: »Arbeitsprodukt: Metaklasse«. Im Beispiel ist die XML-Datei System Configuration Description eine Instanz der Metaklasse System.

System Configuration
Description: System

*Abb. 5–3*

*Ein Arbeitsprodukt, das*
*sich auf ein Template des*
*Metamodells bezieht*

### 5.2.2   Aktivität (Activity)

Eine Aktivität beschreibt eine Tätigkeit, die von Personen ausgeführt wird. Abbildung 5–4 zeigt das verwendete Symbol.

*Abb. 5–4*

*Symbol einer Aktivität*

### 5.2.3     Unterstützung/Führung (Guidance)

In AUTOSAR sind Guidance-Elemente Werkzeuge, die genutzt werden, um die Aktivitäten auszuführen. Abbildung 5–5 zeigt das verwendete Symbol.

*Abb. 5–5*
*Symbol einer*
*Unterstützung/Führung*

Die Verbindung zwischen dem Werkzeug und der Aktivität wird durch
eine gestrichelte Linie dargestellt. Die Strichlinie zeigt in Abbildung 5–6
somit an, dass das Werkzeug *Compiler* genutzt wird, um die Aktivität
*compile* auszuführen.

*Abb. 5–6*
*Aktivität mit*
*unterstützendem*
*Werkzeug*

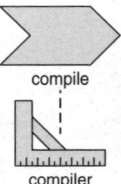

### 5.2.4     Fluss von Arbeitsprodukten (Flow of Work Products)

Der Fluss eines Arbeitsproduktes wird durch eine Line mit einer
Pfeilspitze dargestellt. Dabei ist der Pfeil vom Ursprung zum Ziel
gerichtet. Der Fluss eines Arbeitsproduktes wird immer durch eine
Aktivität hervorgerufen. Die Pfeillinien stellen für diese Aktivität die
Verbindungen zum Input und zum Output her. Abbildung 5–7 zeigt,
wie aus der Quelldatei *foo.c* durch die Aktivität *compile* die Objektdatei *foo.obj* wird.

*Abb. 5–7*
*Symbole zum Fluss von*
*Arbeitsprodukten*

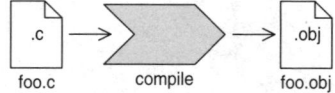

### 5.2.5     Abhängigkeit (Dependency)

Die Abhängigkeit von zwei Arbeitsprodukten wird durch eine gestrichelte Linie mit einer Pfeilspitze verdeutlicht. Die Pfeilrichtung gibt die
Abhängigkeitsrichtung an. Im Beispiel ist *foo.c* von *foo.h* abhängig
und zeigt an, dass *foo.c* neu übersetzt werden muss, wenn sich *foo.h*
ändert.

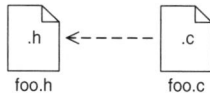

***Abb. 5–8***
*Symbol einer*
*Abhängigkeit*

### 5.2.6 Komposition/Zusammenstellung (Composition)

Eine Komposition wird durch eine Linie mit einer ausgefüllten Raute am Ende dargestellt. Das Arbeitsprodukt auf Seite der Raute beinhaltet das Arbeitsprodukt am anderen Ende der Verbindungslinie. In Abbildung 5–9 beinhaltet die Bibliothek *42.lib* die Objektdatei *foo.obj*.

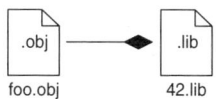

***Abb. 5–9***
*Symbol einer Komposition*

Nachdem auf die Elemente der grafischen Notation eingegangen worden ist, können sie nun genutzt werden, um die Aktivitäten entsprechend der AUTOSAR-Methodik zu erläutern.

## 5.3 Grundlegender Ablauf

Der grundlegende Ablauf der Entwicklung von Steuergerätesoftware nach der AUTOSAR-Methodik ist in Abbildung 5–10 vereinfacht dargestellt.

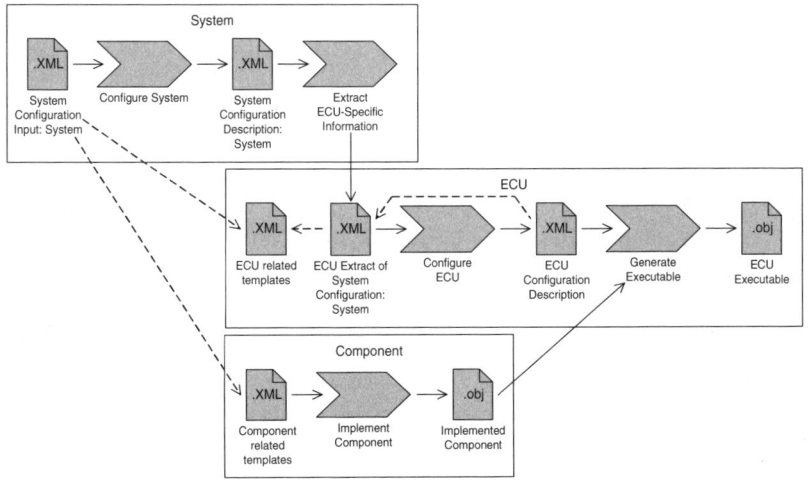

***Abb. 5–10***
*Überblick zur AUTOSAR-*
*Methodik*

In der Abbildung wird deutlich, dass in der AUTOSAR-Methodik nur Arbeitsschritte (Aktivitäten) und die dazu benötigten Informationen betrachtet werden. Es gibt keine Festlegungen zu:

- Zeitschiene,
- Iterationsschritten oder
- beteiligten Rollen.

Dass diese Punkte nicht festgelegt sind, heißt aber nicht, dass sie nicht im Projekt vorhanden sind. Sie werden durch den etablierten Entwicklungsprozess definiert, in dessen Rahmen auch ein AUTOSAR-Projekt abläuft.

*Entwicklung nach AUTOSAR ist stark toolgestützt*

Die Entwicklung nach AUTOSAR ist ein stark toolgestützter Vorgang (siehe auch Abschnitt 12.1.1 und Abschnitt 12.1.2). Dies ist möglich, denn die in der AUTOSAR-Methodik verwendeten Dokumente sind standardisierte XML-Dokumente. Durch das einheitliche Format wird der Datenaustausch zwischen Tools und der kombinierte Einsatz von Tools verschiedener Hersteller in einem Projekt möglich.

Grundlegende Dokumente in einem AUTOSAR-Entwicklungsprojekt sind unter anderem:

- die Software Component Description,
- die ECU Resource Description und
- die System Constraint Description.

In ihnen sind die verfügbaren Softwarekomponenten, die verfügbaren ECUs und die Eckdaten des Gesamtsystems, z. B. Kommunikationswege, beschrieben.

Die AUTOSAR-Methodik setzt sehr stark auf standardisierte Austauschdokumente und ermöglicht so eine parallele Entwicklung entsprechend den folgenden drei Sichten:

- *Systemkonfiguration (Configure System)*:
  Im Schritt der Systemkonfiguration wird die System Configuration Description erstellt. Hierbei werden die Softwarekomponenten auf die einzelnen ECUs verteilt. Die Systemkonfiguration dient wiederum als Grundlage für die ECU-Konfiguration.

- *ECU-Konfiguration (Configure ECU)*:
  Zur ECU-Konfiguration wird ein Extrakt einer einzelnen ECU (ECU Extract of System Configuration) aus der Systembeschreibung gewonnen und benutzt. Mithilfe dieser Beschreibung werden auf jeder ECU das Betriebssystem, die Basissoftware und die RTE konfiguriert.

■ *Komponentenentwicklung (Implement Component)*:
Die Softwarekomponenten können weitestgehend unabhängig von der ECU entwickelt werden, auf der sie später laufen sollen. Sie werden als Quellcode oder Objektcode bereitgestellt und dann im letzten Schritt (Generate Executable) genutzt, um das Executable für die entsprechende ECU zu erzeugen.

Hinweis: Eine Komponente wird durch den Code ihrer Runnables realisiert. Die Komponente selbst existiert nur auf Modellierungsebene als ordnendes Element und resultiert nicht in Code, der zur Laufzeit ausgeführt wird. Die Umsetzung der Komponente erfolgt mit den klassischen Mitteln der Softwareentwicklung (Kompilieren, Linken) und ist nicht mehr AUTOSAR-spezifisch.

## 5.4 Erläuterung wichtiger Konfigurationsschritte

Auf die Aktivitäten während der Systemkonfiguration und der ECU-Konfiguration wird im Folgenden näher eingegangen, da sie im Gegensatz zur Softwarekomponentenentwicklung AUTOSAR-spezifisch sind.

### 5.4.1 Systemkonfiguration

Die Systemkonfiguration ist Ingenieurarbeit auf Systemebene. Die wichtigste hier zu treffende Entscheidung ist die Verteilung der Softwarekomponenten (SW-Cs) auf die ECUs.

*Verteilung der Softwarekomponenten*

Außerdem wird hier entschieden, ob und welche spezifischen Implementierungen der SW-Cs verwendet werden. Diese Entscheidung bereits hier zu treffen, hilft dabei, die benötigten Ressourcen für die SW-Cs besser einzuschätzen.

Die Verteilung der SW-Cs auf die einzelnen ECUs ist in der System Configuration Description dokumentiert. Außerdem entsteht in diesem Schritt auch die System Communication Description. Diese enthält den gesamten Informationsfluss über die Netzwerke des Systems und dessen Zeitverhalten.

*ECU-Extrakte und Informationsfluss im Netzwerk*

Die Systemkonfiguration wird durch einen System Configuration Generator, also ein Tool, gestützt. Dieses Tool ist nicht nur ein Generator, der die XML-Dateien erstellt, sondern auch ein Editor. In ihm finden die eigentlichen Arbeitsschritte statt. Abbildung 5–11 stellt die Systemkonfiguration vereinfacht dar.

**Abb. 5–11**

*Systemkonfiguration*

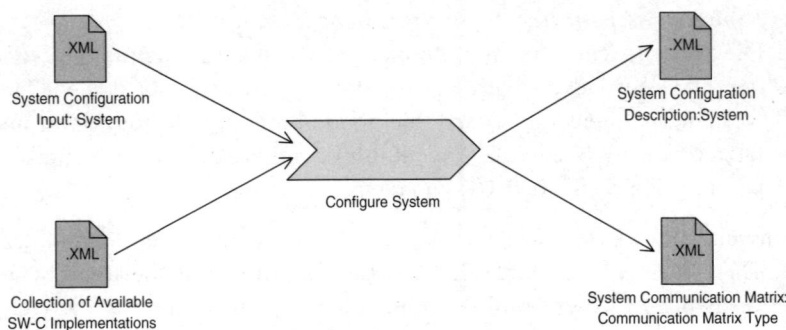

Eines der Arbeitsprodukte der Aktivität Configure System ist die System Configuration Description. Sie dient als Ausgangspunkt für den Arbeitsschritt ECU-Konfiguration, der im nächsten Absatz näher betrachtet wird.

## 5.4.2    ECU-Konfiguration

*Extract ECU-Specific Information*

Der erste Konfigurationsschritt einer ECU ist es, aus der System Configuration Description den relevanten Teil zu extrahieren. Dies geschieht, indem die notwendigen Informationen eins zu eins kopiert werden. Dieser Schritt ist wieder toolgestützt und kann komplett automatisiert werden.

*Configure ECU*

Danach wird die ECU Configuration Description der ECU erstellt. Dabei werden die Basissoftware, die RTE und das Betriebssystem konfiguriert. Dieser Schritt setzt ein tiefes Systemverständnis voraus, denn hierbei wird auch die Zeitablaufsteuerung der ECU konfiguriert.

*Generate Executable*

Daraufhin werden die RTE, die Basissoftware und das Betriebssystem jeder ECU generiert. Zusammen mit den SW-Cs kann daraus das Executable jeder ECU erstellt werden. Dies geschieht klassisch durch Kompilieren und Linken.

Abbildung 5–12 zeigt diese letzten Schritte in einer vereinfachten Darstellung.

**Abb. 5–12**

*ECU-Konfiguration*

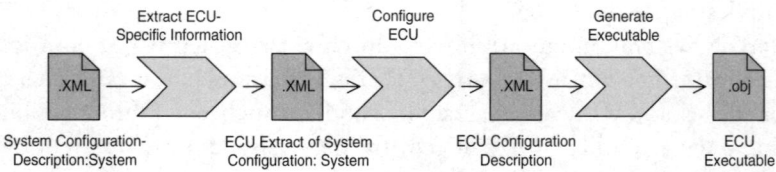

Wie bereits erwähnt, kann in diesem Kapitel nur ein Einblick in die AUTOSAR-Methodik gegeben werden. In [AS_METHOD07] sind die Abläufe der Systemkonfiguration und ECU-Konfiguration detaillierter beschrieben.

## 5.5 Aufteilung zwischen den beteiligten Parteien

Nachdem die Methodik vorgestellt worden ist, stellt sich die Frage: »Wer ist an welchem Punkt in diesem Ablauf tätig?« Die beteiligten Parteien an einem AUTOSAR-Projekt sind typischerweise ein OEM, verschiedene Zulieferer und möglicherweise weitere Dienstleister.

Von Interesse ist dabei die Aufteilung zwischen OEM und Zulieferer, denn der Dienstleister nimmt keine eigene Rolle ein, sondern unterstützt oder vertritt entweder OEM oder Zulieferer.

Entsprechend der AUTOSAR-Methodik wäre folgende Aufteilung der Aufgaben (Aktivitäten) sinnvoll:

- Der OEM ist für die Systemkonfiguration zuständig. Aus der Systemkonfiguration extrahiert er dann die einzelnen ECU-Konfigurationen. Diese ECU-Konfigurationen stellt er den jeweiligen Zulieferern der entsprechenden ECUs bereit.
- Ein Zulieferer führt die Konfiguration »seines« Steuergerätes durch und erzeugt (kompiliert und linkt) den Programmcode. Dabei ist offen, von welcher Partei der Code der Softwarekomponenten bereitgestellt wird. Dies kann wahlweise vom OEM, dem Zulieferer oder einem dritten Unternehmen erfolgen.

Danach muss eine Integration aller Steuergeräte des Fahrzeuges, vornehmlich beim OEM, erfolgen.

Die beschriebene Aufteilung ist eine Art »Idealfall«, der bei der Betrachtung der AUTOSAR-Methodik naheliegend erscheint.

Da jedoch jeder OEM einen auf seine Anforderungen zugeschnittenen Entwicklungsprozess hat, muss diese Aufgabenteilung für ihn nicht sinnvoll sein.

Aus diesem Grund werden von der AUTOSAR-Methodik nur Arbeitsprodukte und Aktivitäten definiert. Dabei wandeln die Aktivitäten die Arbeitsprodukte um. Da jedes Arbeitsprodukt durch eine standardisierte XML-Datei beschrieben ist, kann es leicht an eine andere, am Entwicklungsprozess beteiligte Partei weitergegeben werden. So wird auch die Unterbeauftragung an Dienstleister unterstützt.

Auf die Einteilung der Aufgabenbereiche wird auch in Kapitel 14 eingegangen.

# 6 Die Systemsicht/der Virtual Functional Bus

Dieses Kapitel bietet einen Überblick über den Virtual Functional Bus (VFB), der die Modellierungselemente bereitstellt, mit dem die Systemsicht modelliert wird. Sie beinhaltet alle Funktionen, die einmal im Fahrzeug zur Verfügung stehen sollen.

Dieses Kapitel basiert auf [AS_VFB07] und [AS_SCT07], bei weiteren Detailfragen lohnt sich ein Blick in diese AUTOSAR-Dokumente.

## 6.1 Einordnung entsprechend der AUTOSAR-Methodik

Entsprechend der AUTOSAR-Methodik ist die Systemsicht eine von drei Sichten, die Aktivitäten enthalten, die zu großen Teilen parallel durchgeführt werden können (siehe auch Abschnitt 5.1).

*Parallele Entwicklung*

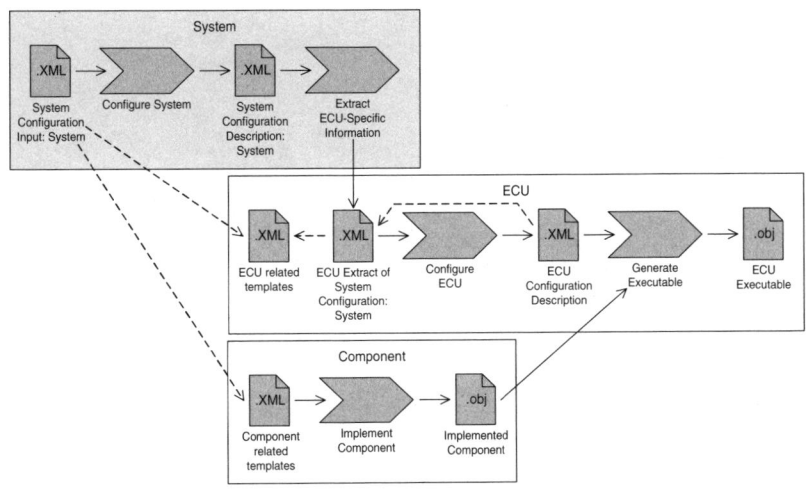

*Abb. 6–1*

*Einordnung der Systemsicht (VFB) entsprechend der AUTOSAR-Methodik*

Wie Abbildung 6–1 zeigt, stellt die Systemsicht (auf oberster Ebene in der Abbildung) der ECU-Sicht ECU-spezifische Informationen bereit. Dies geschieht mithilfe des ECU Extract of System Configuration.

Des Weiteren besteht eine enge Verbindung zur Komponentensicht (auf unterster Ebene in der Abbildung). Die Komponenten werden ebenfalls in der Systemsicht modelliert, dann aber unabhängig von der Systemsicht implementiert.

## 6.2    Virtual Functional Bus (VFB)

Der Virtual Functional Bus oder kurz VFB dient dazu, auf System-ebene Kommunikationsbeziehungen zwischen Softwarekomponenten zu beschreiben.

*VFB zur Modellierung in der Systemsicht*

Abbildung 6–2 zeigt, wie entsprechend der AUTOSAR-Methodik aus der Systemsicht durch einen toolgestützten Extraktionsschritt die einzelnen ECU-Sichten erzeugt werden.

*Abb. 6–2*
*Toolgestützte Verteilung von Softwarekomponenten*

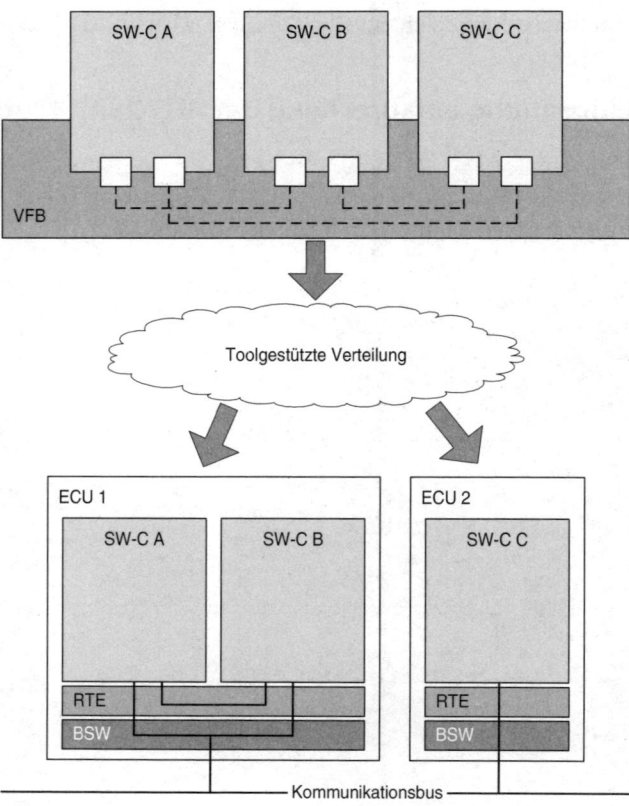

Während dieses Extraktionsschrittes werden die Softwarekomponenten auf die einzelnen ECUs verteilt. Dabei werden aus den auf VFB-Ebene abstrakt modellierten Kommunikationsbeziehungen konkrete Kommunikationsverbindungen. Zu diesem Zweck wird aus dem VFB für jede ECU jeweils eine RTE generiert.

Weitere Informationen zu diesem Schritt finden sich in Kapitel 5 sowie in Kapitel 8.

Die abstrakte Modellierung der Kommunikationsbeziehungen und eine möglichst späte oder wiederholbare Extraktion der ECU-Sichten ist ein grundlegendes Mittel, um die AUTOSAR-Ziele

*AUTOSAR-Ziele durch VFB erreichbar*

- Modularität,
- Austauschbarkeit,
- Verschiebbarkeit,
- Skalierbarkeit und
- Wiederverwendbarkeit

zu erreichen.

## 6.3   Grafische Notation

Zur Modellierung bedient sich der VFB einer grafischen Notation, die zwischen den verschiedenen Typen von Softwarekomponenten sowie Kommunikationsmechanismen unterscheidet. Sie ist eine domänenspezifische Notation, sodass Domänenexperten bekannte Elemente wiedererkennen und so einen schnellen Einstieg finden.

*Schneller Einstieg für Domänenexperten*

Bei der Entwicklung der Symbole wurde besonderes Augenmerk darauf gelegt, dass sie:

*Eigenschaften der grafischen Elemente*

- eine einfache Darstellung haben, sodass sie leicht lesbar sind,
- weitestgehend »selbsterklärend« sind oder zumindest einen hohen Wiedererkennungswert aufweisen,
- leicht »von Hand« zu skizzieren sind, sodass Designs ohne großen Aufwand an einem Whiteboard oder Ähnlichem diskutiert werden können,
- frei skalierbar sind, sodass in Darstellungen auf verschiedene Detailebenen hineingezoomt werden kann,
- und nicht von Farbinformationen abhängig sind, d. h., die Eindeutigkeit muss auch in Schwarz-Weiß-Darstellungen erhalten bleiben.

Die unter diesen Gesichtspunkten entstandenen grafischen Elemente werden im Folgenden beschrieben. Des Weiteren wird in Abschnitt 6.4 an einem Beispiel verdeutlicht, wie mit ihrer Hilfe Systeme durch Softwarekomponenten und ihre Kommunikationsbeziehungen modelliert werden können.

### 6.3.1     Softwarekomponente (Component)

Bei den Softwarekomponenten handelt es sich um Container (Struktur-elemente), die, um mit der Außenwelt in Verbindung zu treten, Ports besitzen. Verschiedene SW-Cs können über diese Ports miteinander kommunizieren.

*Abb. 6–3*
*Symbol einer*
*Softwarekomponente*

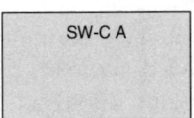

Softwarekomponenten werden, wie in Abbildung 6–3 zu sehen, durch einfache Rechtecke dargestellt. Unter dem Oberbegriff Softwarekomponente gibt es verschiedene Typen, die dann auch genauer durch spezielle Symbole unterschieden werden. Die wichtigsten sind im Folgenden aufgeführt. Neben diesen Typen können Softwarekomponenten auch näher durch spezielle Ports, die sie bereitstellen (PPort) oder benötigen (RPort), oder durch eine spezielle Aufgabe in der Basissoftware spezifiziert werden (siehe auch Abschnitt 6.4).

### 6.3.2     Anwendungssoftwarekomponente (Application Software Component)

Softwarekomponenten auf Anwendungsebene werden Anwendungssoftwarekomponenten genannt. Sie können atomar oder zusammengesetzt sein. Des Weiteren gibt es eine spezielle Untergruppe, die Sensor/Aktor-Softwarekomponenten. Auf die spezifischen Eigenschaften dieser Softwarekomponenten wird in den folgenden Abschnitten eingegangen.

### 6.3.3     Atomare Softwarekomponente (Atomic Software Component)

Atomare Softwarekomponenten werden, wie in Abbildung 6–4 zu sehen, durch ein Quadrat in der rechten oberen Ecke des allgemeinen Komponentensymbols gekennzeichnet. Sie werden als atomar bezeichnet, da sie im Gegensatz zu den Kompositionen keine weiteren Softwarekomponenten enthalten.

*Abb. 6–4*
*Symbol einer atomaren*
*Softwarekomponente*

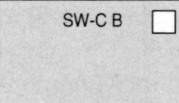

Das Verhalten dieser Komponenten wird durch Runnables realisiert. Auf Runnables wird im Anschluss an die Softwarekomponenten näher eingegangen.

### 6.3.4 Komposition (Composition)

Kompositionen fassen mehrere atomare Softwarekomponenten zusammen. Dieser Gedanke wird auch im dazugehörigen Symbol aufgegriffen und, wie in Abbildung 6–5 zu sehen, durch drei Quadrate in der rechten oberen Ecke veranschaulicht.

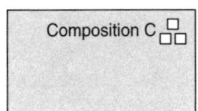

*Abb. 6–5*
*Symbol einer Komposition*

Kompositionen sind ein Strukturierungs- und Abstraktionsinstrument. Dabei existieren sie ausschließlich auf der grafischen Ebene (Modellierungsebene) und haben so keinen Einfluss auf den resultierenden Programmcode. Das bedeutet, dass durch die Verwendung von Kompositionen keinerlei Overhead zur Laufzeit entsteht.

### 6.3.5 Sensor/Aktor-Softwarekomponente (Sensor/Actuator Software Component)

Sensor/Aktor-Softwarekomponenten sind Softwarekomponenten, die auf der Anwendungsebene von den Eigenschaften eines speziellen Sensors oder Aktors abstrahieren. Das entsprechende Komponentensymbol, wie in Abbildung 6–6 dargestellt, besitzt in der rechten oberen Ecke eine Skala mit einem Zeiger.

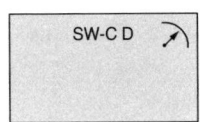

*Abb. 6–6*
*Symbol einer Sensor/Aktor-Softwarekomponente*

Durch die Auslagerung von Sensor/Aktor- und ECU-spezifischen Softwareteilen in Sensor/Aktor-Softwarekomponenten wird eine Systemunabhängigkeit der eigentlichen Algorithmenimplementierung, die dann in einer separaten Softwarekomponente erfolgt, erreicht.

### 6.3.6    Runnable Entity (Runnable)

Runnables sind Codesequenzen in den Softwarekomponenten, die durch Events, wie beispielsweise Timer oder den Empfang von Daten, aktiviert werden können. Sie bedienen die Ports der Softwarekomponenten und senden oder empfangen Daten und implementieren Serveroperationen.

Abbildung 6–7 zeigt das Symbol eines Runnables, das zur Verdeutlichung seines »aktiven Charakters« einen Pfeil in der rechten oberen Ecke besitzt.

*Abb. 6–7*
*Symbol eines Runnables*

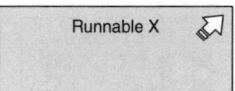

*Runnables beinhalten*
*»handgeschriebenen«*
*Code*

Der Code der Runnables ist die Stelle, an der ein AUTOSAR-Entwickler Code (meist C-Code) »schreibt«, ansonsten besteht die Aufgabe des Entwicklers vornehmlich darin, Anwendungssoftware auf VFB-Ebene zu modellieren und die Basissoftware entsprechend den Bedürfnissen der Anwendungen zu konfigurieren.

Abbildung 6–8 zeigt eine Softwarekomponente, die zwei Runnables beinhaltet, *Runnable 1* erhält Daten über seinen Port, diese verarbeitet es und legt das Ergebnis in der Interrunnable-Variable *X* ab, sodass *Runnable 2* auf das Ergebnis zugreifen und über seinen Port verschicken kann. Weiter Informationen zum Datenaustausch über Interrunnable-Variablen befinden sich in Abschnitt 7.2.

*Abb. 6–8*
*Runnables in einer*
*atomaren*
*Softwarekomponente mit*
*Interrunnable-Variable*

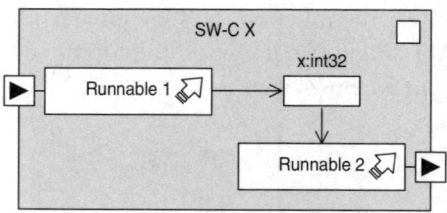

Die Ports, über die Runnables mit der Außenwelt kommunizieren, werden durch ein Quadrat auf dem Rand der Softwarekomponente dargestellt. Die Pfeile in den Ports zeigen in diesem Fall die Datenflussrichtung an.

### 6.3.7 Ports

Ports sind die Interaktionspunkte von Softwarekomponenten. Es gibt PPorts (provide ports) , die etwas bereitstellen, und RPorts (require ports), die etwas benötigen.

Tabelle 6–1 zeigt alle Porttypen, die in AUTOSAR existieren. Dabei ist zu beachten, dass die einzelnen Ports bestimmten Einsatzbereichen zugeordnet sind. Dabei handelt es sich um:

- *Anwendungssoftware*:
  Ports werden hier bei der Kommunikation von Anwendungen untereinander genutzt.
- *Kalibrierung*:
  Diese Ports werden ausschließlich genutzt, um Kalibrierungswerte bereitzustellen oder auszulesen.
- *AUTOSAR-Service*:
  Servicemodule der Basissoftware stellen über derartige Ports ihre Funktionen anderen Softwarekomponenten zur Verfügung.

In den Bereichen Anwendungssoftware und AUTOSAR-Service stehen jeweils die folgenden beiden Arten von Kommunikationsmechanismen zur Verfügung:

- *Sender/Receiver (S/R)*:
  Sender und Receiver tauschen Daten aus, dabei kann es sich auch um komplexe Datentypen wie Strukturen handeln.
- *Client/Server (C/S)*:
  Hier ruft der Client Funktionen beim Server auf. Mithilfe der Aufrufparameter können auch hier Daten ausgetauscht werden.

Jeder Port wird durch das Port Interface näher bestimmt. Bevor ein Port benutzt werden kann, muss ihm mittels Konfiguration ein Port-Interface zugeordnet werden.

*Tab. 6–1*

*Porttypen-Übersicht*

| Be-reich | Kommunika tionsmittel | Interaktionspunkte | |
|---|---|---|---|
| | | PPort (Provide Port) | RPort (Require Port) |
| Anwendungssoftwarekomponenten | Datenelemente | **Sender/Receiver** | |
| | | Sendet/stellt Anwendungsdaten bereit | Liest/empfängt Anwendungsdaten |
| | Operationen | **Client/Server** | |
| | | Implementiert/stellt Operationen bereit (Server) | Benutzt/ruft Operationen auf (Client) |
| Kalibrierung | Statische Parameter | **Calibration** | |
| | | Stellt statische Kalibrierungswerte bereit | Liest statische Kalibrierungswerte |
| AUTOSAR-Service | Datenelemente | **Sender/Receiver** | |
| | | Sendet/stellt Servicedaten bereit | Liest/empfängt Servicedaten |
| | Operationen | **Client/Server** | |
| | | Implementiert/stellt Service-operationen bereit (Server) | Benutzt/ruft Service-operationen auf (Client) |

### 6.3.8      Port Interface (Interface)

Jeder Port wird durch ein Port-Interface (oder kurz Interface) näher bestimmt. Damit dies möglich ist, gibt es analog zu den Ports auch hier die Typen: Client/Server (C/S), Sender/Receiver (S/R) und Calibration. Sie haben somit auch die Funktionen:

- *C/S-Interface*:
  Aufrufen und Bereitstellen von Operationen
- *S/R-Interface*:
  Senden und Empfangen von Daten
- *Calibration-Interface*:
  Bereitstellen und Nutzen statischer Kalibrierungswerte

Darüber hinaus haben Interfaces noch weitere Eigenschaften. So beschreibt ein spezielles Client/Server-Interface eine Menge von Operationen, die aufgerufen werden können, und ein Sender/Receiver-Interface eine Menge von Datenelementen, die damit ausgetauscht werden können.

### 6.3.9      Assembly Connector (Connector)

Mit einem Assembly Connector oder kurz Connector werden auf Modellierungsebene zwei Ports verbunden, dies wird durch eine Linie zwischen den Ports verdeutlicht.

So verbundene Ports können im Falle von S/R-Ports Daten austauschen und bei C/S-Ports kann der Client Operationen des verbundenen Servers ausführen. Auf die möglichen Multiplizitäten dieser Verbindungen wird in Abschnitt 7.2 eingegangen.

Dabei können immer nur Ports mit kompatiblen Interfaces verbunden werden. Kompatibel bedeutet bei S/R-Ports, dass sie nicht absolut gleich sein müssen, so darf der Sender eine größere Zahl Datenelemente bereitstellen, als der Empfänger erhält.

Bei C/S-Ports kann der Server mehr Operationen bereitstellen, als der einzelne Client verwendet. Die Signatur der Serveroperationen muss jedoch mit der auf der Clientseite benutzten übereinstimmen. Somit können beim Aufruf von Serveroperationen keine zusätzlichen oder gar weniger Datenelemente ausgetauscht werden, als zuvor festgelegt.

## 6.4    Beispiel: Warnblinkfunktion aus VFB-Sicht

Nachdem die grafischen Elemente beschrieben wurden, soll an dieser
Stelle ein Beispiel das Zusammenspiel dieser Elemente zeigen.

Abbildung 6–9 zeigt die mögliche Modellierung einer Warnblinkfunktion aus VFB-Sicht. Zunächst werden die groben Zusammenhänge erklärt, um danach einzelne Bereiche detaillierter zu betrachten.

*Abb. 6–9*

*Warnblinkfunktion aus*
*VFB-Sicht*

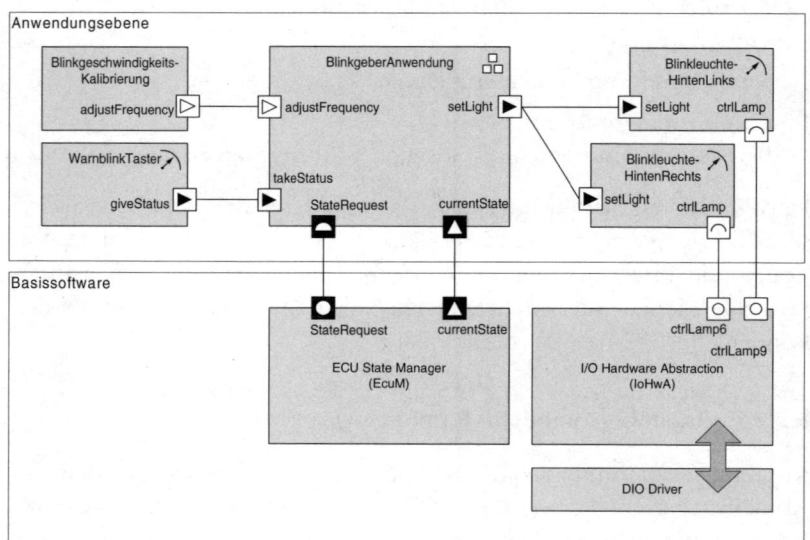

### 6.4.1    Übersicht

Das zentrale Element ist die *BlinkgeberAnwendung*. Sie erhält »auf der
linken Seite« Input zum einen von einer Kalibrierungsparameter-Kom-
ponente, die einen Faktor für die Abstimmung der Blinkgeschwindigkeit liefert, und zum anderen von einer Sensor-Softwarekomponente,
die eine Nachricht schickt, wenn sich der Zustand des Warnblinktasters ändert.

»Auf der rechten Seite« sendet sie eine Nachricht mit dem
gewünschten Zustand der Blinkleuchten (»an« oder »aus«). Diese
Nachricht wird von den beiden Aktorkomponenten: *Blinkleuchte-
HintenLinks* und *BlinkleuchteHintenRechts* empfangen. Diese beiden
Aktoren stehen hier stellvertretend für die Vielzahl der eigentlichen
Aktoren (wie »vorne« und »seitlich« oder auch die Blinkleuchten eines
Anhängers).

Die Blinkleuchten-Aktoren nutzen ein C/S-Interface, um mithilfe
der I/O-Hardwareabstraktion gezielt die Lampenausgänge der ECU zu

aktivieren oder wieder zu deaktivieren. Hierbei ist es typisch, dass die I/O-Hardwareabstraktion ihre Funktionen über Server-Ports bereitstellt.

Zu guter Letzt nutzt die *BlinkgeberAnwendung* die beiden Services des Basissoftwaremoduls ECU State Manager, und zwar *currentState* zur Abfrage des aktuellen Status der ECU und *StateRequest*, um den benötigten *RunMode* der ECU anzufordern.

Nach diesem groben Überblick soll noch etwas weiter ins Detail gegangen werden.

## 6.4.2   Detailbetrachtungen

In der Übersichtsdarstellung wurden schon wichtige Elemente der grafischen Notation verwendet und ihre Anwendung verdeutlicht. Mithilfe von Detailausschnitten wird jetzt bis auf die Runnable-Ebene gegangen oder es werden Interface-Spezifikationen betrachtet.

### Blick in die Blinkgeberanwendung

Wie am Symbol der *BlinkgeberAnwendung* zu erkennen ist, handelt es sich um eine Komposition. Abbildung 6–10 zeigt den inneren Aufbau. Sie besteht aus zwei atomaren Softwarekomponenten, die wiederum Runnables enthalten.

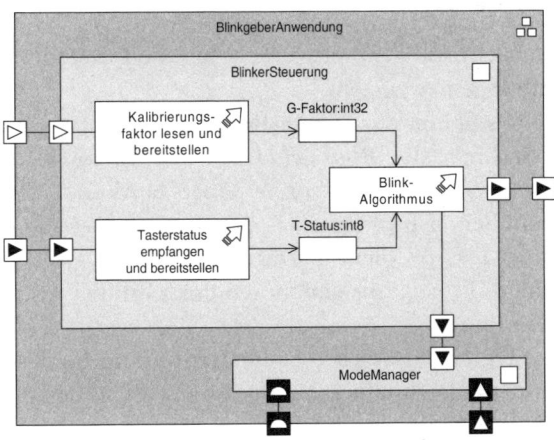

**Abb. 6–10**

*Blick in die*
*Blinkersteuerung*

In der *BlinkerSteuerung* liest ein Runnable über einen Kalibrierungsport den Kalibrierungsfaktor der Blinkgeschwindigkeit ein und stellt ihn in der Interrunnable-Variablen *G-Faktor* vom Typ *int32* bereit.

Ein zweites Runnable empfängt über einen Receiver-Port den aktuellen Zustand des *WarnblinkTasters*. Dieses Runnable stellt seinen

Wert ebenfalls mithilfe einer Interrunnable-Variablen (*T-Status*) den anderen Runnables zur Verfügung.

*T-Status* hat den Typ *int8*, da Boolean im Allgemeinen nicht ausreicht, sollen auch Informationen wie »ungültig« bereitgestellt werden.

Die beiden Werte der Variablen *G-Faktor* und *T-Status* werden vom Runnable, das den eigentlichen Algorithmus implementiert, gelesen und ausgewertet. Dieses Runnable sendet über seinen Sender-Port dann die Nachrichten an die Aktoren, die die Blinkleuchten schalten.

Ein S/R-Port hat an dieser Stelle den Vorteil, dass beliebig viele Empfänger hinzugefügt werden können (je nach Fahrzeugmodell), ohne dass die Softwarekomponente *BlinkerSteuerung* dafür geändert werden müsste. Würde man an dieser Stelle eine Client/Server-Kommunikation setzen, müsste für jeden Aktor, der angesprochen werden soll, ein Client-Port in der *BlinkerSteuerung* existieren.

Des Weiteren existiert noch eine atomare Softwarekomponente, die das Modemanagement mit dem ECU State Manager abstimmt. Sie fordert beispielsweise den Run-Modus an, um zu verhindern, dass die ECU in einen Sleep-Modus geht. Hier dient sie der Verdeutlichung, dass die Komposition tatsächlich aus mehreren atomaren Softwarekomponenten aufgebaut ist und dass Softwarekomponenten mit Services der Basissoftware verbunden sind.

### Interface-Spezifikationen

Diese Detailansicht soll genutzt werden, um die Darstellung von Interface-Beschreibungen zu zeigen.

Als Beispiel soll hier das Sender/Receiver-Interface dienen, das den Sender-Port *SetLight* der *BlinkgeberAnwendung* sowie den entsprechenden Receiver-Port der Aktoren näher bestimmt. Des Weiteren wird das Client/Server-Interface, das der Kommunikation der Blinker-Aktoren mit der *IoHwA* dient, betrachtet.

Abbildung 6–11 zeigt die genannten Ports mit den entsprechenden Interface-Notationen.

Das Interface *LichtInterface* beinhaltet nur ein boolesches Datenelement: *Light*, das letztendlich angibt, ob das Licht der Blinkleuchten an oder aus sein soll.

Das Interface *LampInterface* besitzt die Operation *setLamp*, diese Operation enthält das boolesche IN-Argument: *Lamp*. Es gibt an, ob die entsprechende Lampe an oder aus sein soll.

Client/Server-Interfaces haben drei Typen von Argumenten: *IN*, *OUT* und *INOUT*. Sie legen fest, in welche Richtung die Daten aus Sicht des Servers übertragen werden. IN bedeutet beispielsweise, dass der Server die Daten aufnimmt.

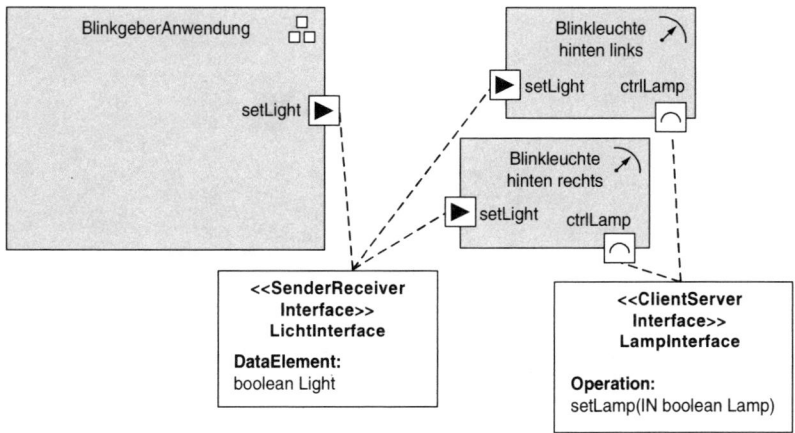

**Abb. 6–11**

*Interface-Notationen an Ports*

## Basissoftware

Um das Beispiel an dieser Stelle »sauber« abzuschließen, soll ein Blick in die Basissoftware dienen, auch wenn dies nicht zur VFB-Sicht gehört. Abbildung 6–12 zeigt, dass zur Verdeutlichung von Kommunikationsbeziehungen zwischen Basissoftwaremodulen ein Doppelpfeil genutzt wird.

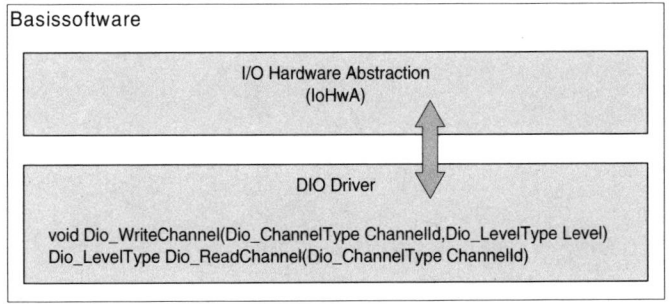

**Abb. 6–12**

*Kommunikation zwischen Basissoftwaremodulen*

In der Basissoftware werden nicht zunächst Ports abstrakt modelliert und dann generiert, wie es auf dem VFB der Fall ist, sondern es werden konkrete C-Schnittstellen spezifiziert. So kann die IoHwA unter anderem die API-Funktionen *Dio_WriteChannel()* sowie *Dio_ReadChannel()* des DIO-Drivers aufrufen.

# 7 Kommunikationsmechanismen

Der im vorherigen Kapitel beschriebene VFB dient der Modellierung von Kommunikationsbeziehungen zwischen Softwarekomponenten. Diese Beziehungen werden durch konkrete Kommunikationsmechanismen der RTE realisiert. Welche Eigenschaften diese besitzen, soll in diesem Kapitel näher betrachtet werden.

Als Basis für dieses Kapitel dienten [AS_VFB07] sowie [AS_RTE07], bei weiteren Detailfragen lohnt sich ein Blick in diese AUTOSAR-Dokumente.

## 7.1 Einordnung entsprechend der AUTOSAR-Methodik

Entsprechend der AUTOSAR-Methodik werden die Kommunikationsbeziehungen in der Komponentensicht (Component) implementiert (vgl. Abb. 7–1). Dies ist eine von drei Sichten in einem AUTOSAR-Entwicklungsprojekt (siehe auch Abschnitt 5.1).

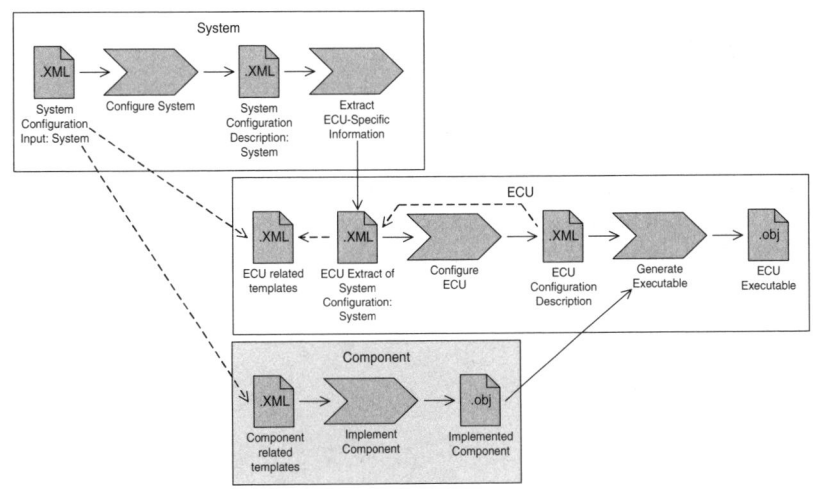

**Abb. 7–1**

*Einordnung der Komponentensicht entsprechend der AUTOSAR-Methodik*

Damit Komponenten miteinander kommunizieren können, sind drei Aktivitäten durchzuführen:

- Modellierung der Kommunikationsbeziehungen in der Systemsicht,
- Implementierung der Kommunikationsaufrufe in der Komponentensicht und
- Generierung der RTE und linken mit dem Komponentencode in der ECU-Sicht.

Welche Kommunikationsmechanismen auf Implementierungsebene zur Verfügung stehen, wird im Weiteren erläutert.

## 7.2    Kommunikation zwischen Softwarekomponenten

Wie bereits in Abschnitt 6.3.7 dargelegt, gibt es in AUTOSAR zwei Arten von Kommunikationsmechanismen zwischen Softwarekomponenten:

- *Sender/Receiver-Kommunikation* **und**
- *Client/Server-Kommunikation.*

Mithilfe von Sender/Receiver-Kommunikation können Datenelemente gesendet und empfangen werden und bei der Client/Server-Kommunikation bietet der Server Dienste in Form von Operationen an, die vom Client genutzt (aufgerufen) werden.

*Keine Codeunterschiede zwischen ECU-lokaler und Netzwerkkommunikation*

        Entsprechend dem AUTOSAR-Ziel, dass Softwarekomponenten verschiebbar sein sollen, gibt es keinen Unterschied, ob zwei Softwarekomponenten miteinander kommunizieren, die sich auf der gleichen ECU befinden (ECU-lokal) oder auf zwei ECUs verteilt sind (Inter-ECU). Falls sie sich auf zwei unterschiedlichen ECUs befinden, wird die Kommunikation über ein Netzwerk realisiert, somit ergibt sich natürlich ein verändertes Zeitverhalten.

        Die genaueren Eigenschaften der Kommunikationsmechanismen werden im Weiteren betrachtet. Speziell bei der Sender/Receiver-Kommunikation gibt es unterschiedliche Ausprägungen, die durch Konfigurationsparameter auf VFB-Ebene ausgewählt werden können.

        Die Betrachtung der Sender/Receiver-Kommunikation beginnt unmittelbar im nächsten Abschnitt. Die Client/Server-Kommunikation wird daran anschließend in Abschnitt 7.4 behandelt.

## 7.3 Sender/Receiver

Bei der Sender/Receiver-Kommunikation können ein oder mehrere Datenelemente übermittelt werden. Datenelemente können primitive und komplexe Datentypen (wie Strukturen) besitzen.

Die Übermittlung dieser Datenelemente ist unabhängig voneinander. Jedes Datenelement hat seinen eignen Kanal, durch den es in der Kommunikationsverbindung übertragen wird. Aus diesem Grund ist nicht sichergestellt, dass alle Elemente, die zu einem Port gehören, auf einmal übertragen werden. Um dies sicherzustellen, müssen die entsprechenden Datenelemente mit einer Struktur gekapselt werden.

Bei der Sender/Receiver-Kommunikation findet die Übermittlung nur in eine Richtung statt. Soll der Sender eine Antwort erhalten, so muss eine zweite Kommunikationsverbindung in der entgegengesetzten Richtung existieren.

Neben den möglichen Kommunikationsrichtungen ist die Multiplizität der Sender und Empfänger ein wichtiges Merkmal, das Auskunft gibt, wie effizient die Kommunikationsinfrastruktur durch die Software genutzt werden kann.

### 7.3.1 Multiplizität

Bei der Sender/Receiver-Kommunikation sind die folgenden beiden Multiplizitätsvarianten möglich (siehe auch Abb. 7–2):

▨ *1:m (Multicast)*
Ein Sender schickt seine Daten an mehrere Empfänger.

▨ *n:1*
Mehrere Sender schicken ihre Daten an einen Empfänger.

Die Kombination beider Varianten (*n:m*) ist bisher nicht vorgesehen, da sie einen hohen technischen Aufwand zur Koordinierung der Datenströme notwendig macht.

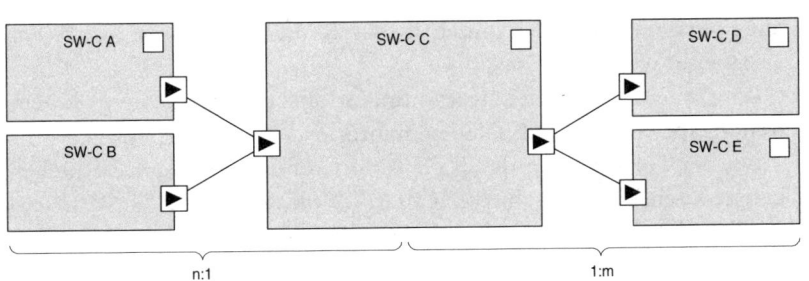

**Abb. 7–2**

*Multiplizität von Sender/Receiver-Kommunikationsbeziehungen*

Die 1:m-Kommunikation wird auch als Multicast bezeichnet. Sie hat eine besondere Bedeutung, da sie klare Effizienzvorteile bietet. So wächst die benötigte Bandbreite beim Sender nicht mit der Anzahl der Empfänger.

Nicht nur die Multiplizität der Kommunikationsverbindungen wird auf VFB-Ebene modelliert. Auch das Verhalten der Datenübertragung und die Bereitstellung wird durch Konfigurationsparameter beeinflusst.

So kann bei der Sender/Receiver-Kommunikation zwischen der expliziten und impliziten Variante gewählt werden. Im folgenden Abschnitt wird zunächst die explizite und im Anschluss daran (Abschnitt 7.3.3) die implizite Sender/Receiver-Kommunikation näher betrachtet.

### 7.3.2 Explizit

Bei der expliziten Kommunikation werden die Daten direkt (explizit) durch einen API-Aufruf versendet oder empfangen. Dabei gibt es auf der Empfängerseite einen Puffer in Form einer Queue.

Anhand der Queuelänge werden in AUTOSAR wiederum zwei Typen der expliziten Kommunikation unterschieden:

- *isQueued = false*:
  Die Queue hat eine Länge von eins.

- *isQueued = true*:
  Die Queue hat eine Länge größer eins.

*Datensemantik*    Bei einer Queuelänge von eins ergibt sich bei der Kommunikation ein »Last is Best«-Verhalten. Dies ist gut für die Übermittlung von Daten geeignet, wo nur der letzte (aktuelle) Wert von Interesse ist. Dies wird somit als Datensemantik bezeichnet.

*Eventsemantik*    Bei einer Queuelänge größer eins und einer ausreichenden Dimensionierung werden keine Werte überschrieben. Dieser Kommunikationstyp kombiniert mit einem FIFO-Verhalten der Queue schafft die Voraussetzungen für die Übermittlung von Events. Dabei gehen keine Events verloren und sie können in der Reihenfolge ihres Auftretens abgearbeitet werden.

Besitzt eine explizite Kommunikationsbeziehung diese Eigenschaften, spricht man von Eventsemantik.

Bei der Generierung der RTE resultieren diese unterschiedlichen Eigenschaften in unterschiedlichen API-Funktionen. Beide Varianten für *isQueued=false/true* sind im Folgenden dargestellt.

Bei den unten aufgeführten Schnittstellen haben die Bezeichner folgende Bedeutungen:

◾ *<p>*:
ist der Portname, über den die Kommunikation stattfindet.

◾ *<d>*:
ist der Name des zu sendenden oder zu empfangenden Datenelementes.

◾ *IN Rte_Instance <self>*:
ist ein Instance-Handle und dient der RTE dazu, die Instanz der sendenden oder empfangenden Softwarekomponenten zu identifizieren und den richtigen Datensatz zuzuordnen. Dies ähnelt dem This-Pointer in objektorientierten Programmiersprachen wie C++. Er ermöglicht dort die Mehrfachinstanziierung von Klassen in Form von Objekten.

◾ *IN <data>*:
ist das zu übermittelnde Datenelement. Datenelemente mit primitivem Datentyp werden by-value und komplexe Datentypen by-reference an die RTE übergeben.

Es ergeben sich die folgenden C-Schnittstellen, die im Code der Runnables benutzt werden können:

**Explizites Senden von Daten (isQueued=false)**

```
Std_ReturnType Rte_Write_<p>_<d>(IN Rte_Instance <self>, IN <data>)
```

**Explizites Empfangen von Daten (isQueued=false)**

```
Std_ReturnType Rte_Read_<p>_<d>(IN Rte_Instance <self>, OUT <data>)
```

**Explizites Senden von Events (isQueued=true)**

```
Std_ReturnType Rte_Send_<p>_<d>(IN Rte_Instance <self>, IN <data>)
```

**Explizites Empfangen von Events (isQueued=true)**

```
Std_ReturnType
   Rte_Receive_<p>_<d>(IN Rte_Instance <self>, OUT <data>)
```

Bei keiner der gezeigten Schnittstellen wird in irgendeiner Form eine Gegenstelle identifiziert. Das heißt, beim Senden existiert scheinbar kein Empfänger und beim Empfangen gibt es scheinbar keine Quelle.

Der mit *<p>* angegebene Port, ist der Port der Komponente selbst (die gerade empfangen oder senden möchte). Hierbei handelt es sich um ein wichtiges AUTOSAR-Prinzip.

Entwickler programmiert
gegen eigenen Port

Die Verbindung zum Empfänger wird ausschließlich auf VFB-Ebene modelliert und durch die generierte RTE hergestellt. Dies kann im einfachsten und effizientesten Fall mit einem Mapping eines Funktionsaufrufes durch ein Makro erfolgen.

Die Gegenstelle ist
unbekannt

So kann die Gegenstelle (Empfänger oder Sender) bei der Implementierung einer Softwarekomponente unbekannt sein und der Programmcode wird »automatisch« unabhängig von seiner Umgebung.

Auf diesem Wege erreicht AUTOSAR sein Ziel, dass die Verschiebbarkeit und Austauschbarkeit von Softwarekomponenten ermöglicht wird.

### 7.3.3 Implizit

Eine Besonderheit von AUTOSAR ist die implizite Kommunikation. Hier wird die Übermittlung oder der Empfang von Daten nicht durch einen Kommunikationsaufruf direkt ausgelöst, sondern wird »implizit« durch die RTE durchgeführt.

Sie übermittelt erst nach Terminierung des Sender-Runnables die Daten und stellt sie einem Empfänger vor Beginn seiner Ausführung bereit. Dabei hat die RTE sicherzustellen, dass die Daten beim Empfänger während seiner Abarbeitung nicht durch einen zweiten Sender überschrieben werden.

Einbindung von
Matlab/Simulink-
Modellen

Ein wichtiger Anwendungsfall der impliziten Kommunikation ist die Einbindung von Verhaltensmodellen, wie sie beispielsweise von Matlab/Simulink bekannt sind, da sie typischerweise zyklisch arbeiten. Sie lesen die zur Verfügung gestellten Eingabewerte ein, verarbeiten diese und liefern Ausgabewerte, die wiederum als Input für den nächsten Funktionsblock dienen.

Effizienzvorteile

Die Vorteile, die dieser Mechanismus bietet, können aber auch geschickt in C-Programmen eingesetzt werden.

Senden

Während das sendende Runnable arbeitet, kann es beliebig oft die zu übertragenden Daten bereitstellen. Diese werden jedoch nicht sofort übermittelt. Erst nachdem die Abarbeitung des Runnables abgeschlossen und so der Prozessor wieder freigegeben ist, nimmt die RTE den letzten Wert und stellt ihn dem Empfänger bereit.

Der Effekt/Vorteil, der sich daraus ergibt, ist, dass das Runnable nicht an jedem Terminierungspunkt das Ergebnis explizit übertragen muss. Dies kann die Implementierung von Algorithmen vereinfachen.

Empfangen

Aufseiten des empfangenden Runnables stellt die RTE vor Start des Runnables die Daten bereit und trägt Sorge dafür, dass sich diese während der gesamten Abarbeitung des Runnables nicht ändern (auch dann nicht, wenn zwischenzeitlich ein zweiter Sender Daten an diesen Empfänger schickt).

Dies hat den Vorteil, dass sich das Runnable keine Kopie von den Daten anlegen muss, es kann zu jedem Zeitpunkt die RTE danach fragen. Ist der Zugriff sehr effizient durch ein Makro implementiert, wirkt sich auch ein wiederholtes Zugreifen auf die durch die RTE bereitgestellten Daten nicht negativ aus.

Bei der Generierung der RTE ergeben sich für die implizite Sender/Receiver-Kommunikation die folgenden C-Schnittstellen. Das Kürzel *<re>*, das bei der expliziten Kommunikation nicht verwendet wurde, steht für den Namen des Runnables, das den Aufruf ausführt.

**Implizites Senden**

```
void Rte_IWrite_<re>_<p>_<d>(IN RTE_Instance <self>, IN <data>)
```

**Implizites Empfangen**

```
void Rte_IRead_<re>_<p>_<d>(IN RTE_Instance <self>, OUT <data>)
```

## 7.4    Client/Server

Bei der Client/Server-Kommunikation bietet der Server Dienste an, die von mehreren Clients genutzt werden können. Es handelt sich also um eine n:1-Kommunikationsbeziehung (siehe auch Abb. 7–3).

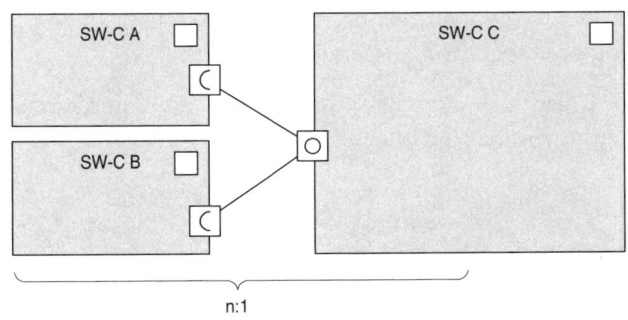

*Abb. 7–3*
*Multiplizität von*
*Client/Server-*
*Kommunikations-*
*beziehungen*

Um einen Dienst zu nutzen, führt der Client beim Server eine der angebotenen Operation aus. Da eine Operation auch Parameter besitzt, können auf diesem Wege auch Daten ausgetauscht werden.

Bei der Client/Server-Kommunikation besteht im Gegensatz zu der Sender/Receiver-Kommunikation nicht die Einschränkung, dass Daten nur in eine Richtung übertragen werden können. Man spricht hier auch von bidirektionaler Kommunikation.

*Client/Server ermöglicht*
*Kommunikation in beide*
*Richtungen*

So besitzt jeder Parameter ein Attribut, das seine Übertragungsrichtung aus Sicht des Servers angibt:

- *IN*:
  Beim Aufruf der Operation wird der so gekennzeichnete Parameter-wert vom Client zum Server übermittelt.
- *OUT*:
  Nach Abschluss der Operation wird der so gekennzeichnete Para-meterwert als Ergebnis zurück zum Client übermittelt.
- *IN/OUT*:
  Die Kombination der beiden vorherigen.

Bei der Übermittlung werden entweder die Werte direkt übertragen (by-value) oder durch eine Referenz (by-reference) dem Empfänger durch die RTE zur Verfügung gestellt. Die folgende Liste gibt an, wann welcher Mechanismus genutzt wird:

- *IN-Parameter* werden by-value übertragen, wenn es sich um primi-tive Datentypen handelt, ansonsten by-reference.
- *OUT-Parameter* und *IN/OUT-Parameter* werden immer by-refer-ence bereitgestellt.

Bei der Generierung einer RTE wird aus einer auf VFB-Ebene model-lierten Client/Server-Kommunikation der im Weiteren angegebene C-Code. Dabei stehen:

- *<p>* wieder für den Portnamen,
- *<o>* für die auszuführende Operation und
- *<data_1>* ... *<data_n>* für die Parameter (Daten), die bei der Aus-führung der Operation ausgetauscht werden.

Der vom Client genutzte Funktionsaufruf, um mit dem Server in Kontakt zu treten, hat die folgende Form:

**Aufruf auf Clientseite**

```
Std_ReturnType Rte_Call_<p>_<o> ( IN Rte_Instance <self>,
                                  [IN|IN/OUT|OUT] <data_1>
                                  [IN|IN/OUT|OUT] <data_n> )
```

Die auszuführende Operation auf der Serverseite wird durch ein Run-nable implementiert, das zum Konfigurationszeitpunkt der Server-operation zugewiesen wird. Dabei bezeichnet *<name>* den Runnable-Namen. Da Runnables durch C-Funktionen implementiert werden, bezeichnet *<name>* einen frei wählbaren Funktionsnamen.

Ein Server-Runnable, hat die folgende Signatur:

**Server-Stub (Runnable-Signatur), der implementiert werden muss**

```
Std_ReturnType <name> ( IN Rte_Instance <self>,
                        [IN|IN/OUT|OUT] <data_1>
                        [IN|IN/OUT|OUT] <data_n> )
```

## 7.5 Events

Um bei der Kommunikation nicht auf Polling oder synchrone (blockierende) Verfahren eingeschränkt zu sein, sieht AUTOSAR verschiedene Events vor, um Runnables beim Senden oder Empfangen von Daten zu aktivieren und asynchrone Client/Server-Kommunikation zu ermöglichen.

*Events ermöglichen asynchrone Kommunikation*

Events werden zur Konfigurationszeit Runnables zugeordnet, die dann bei Auftreten des Events aktiviert werden, um ihn zu behandeln. Die folgenden Events können in AUTOSAR bei der Sender/Receiver-Kommunikation genutzt werden:

- *DataReceivedEvent (DR)*:
  signalisiert, dass Daten zur weiteren Verarbeitung beim Empfänger bereitstehen.

- *DataReceiveErrorEvent (DRE)*:
  signalisiert, dass bei einer Datenübertragung (*isQueued=false*) ein Fehler aufgetreten ist. Mithilfe von *Rte_IStatus ()* kann der zugehörige Fehlercode abgefragt werden.

- *DataSendCompletedEvent (DSC)*:
  signalisiert, dass die Übertragung der Daten abgeschlossen ist, sodass der Rückgabewert (erfolgreiche oder nicht erfolgreiche Übertragung) mit *Rte_Feedback()* überprüft werden kann.

- *ModeSwitchEvent (MS)*:
  signalisiert einen Moduswechsel.

Neben den Events für die Sender/Receiver-Kommunikation gibt es die folgenden Events, die bei der Client/Server-Kommunikation auftreten können:

- *OperationInvokedEvent (OI)*:
  signalisiert, dass ein Client einen Aufruf getätigt hat, infolgedessen das konfigurierte Server-Runnable aktiviert wird.

- *AsynchronousServerCallReturnsEvent (ASCR)*:
  signalisiert, dass ein asynchroner Serveraufruf abgeschlossen ist. Der Client kann nun mit *Rte_Result()* den Status und das Ergebnis abfragen.

TimingEvent zum
zeitscheibenbasierten
Scheduling

Ein weiterer grundlegender Event ist der *TimingEvent (T)*. Hierbei handelt es sich nicht unmittelbar um einen Kommunikationsevent, sondern um einen Event, mit dem Runnables in einem festen Intervall aktiviert werden. Mit seiner Hilfe ist es in AUTOSAR möglich, neben eventbasierten auch zeitscheibenbasierte Softwaremodelle umzusetzen.

## 7.6  Einschränkungen

Bei der Nutzung der vorgestellten Kommunikationsmechanismen sind einige Randbedingungen zu beachten. So kann beispielsweise nicht jeder Event genutzt werden, um ein Runnable an einem Wait Point freizugeben. Es kann auch nicht jeder Runnable-Typ mit jedem Empfangsmechanismus kombiniert werden. Im Folgenden werden diese Einschränkungen näher erläutert.

### 7.6.1  Runnable-Aktivierungsmöglichkeiten

Runnables werden durch Events, wie Timing- oder Kommunikationsevents, aktiviert. Diese Aktivierung kann an zwei Stellen des Runnable-Codes erfolgen. Die erste Stelle ist der Eintrittspunkt des Runnables und die zweite ein Wait Point (Wartepunkt) im Runnable selbst.

Es sind jedoch nicht beliebige Kombinationen von Events und Eintrittspunkten zulässig. Tabelle 7–1 gibt Aufschluss über die Aktivierungsmöglichkeiten je Eventtyp.

*Tab. 7–1*
*Kombination von*
*Events und*
*Runnable-Aktivierungs-*
*möglichkeiten*

| Runnable-Aktivierungs-möglichkeiten | TimingEvent | DataReceived Event | DataReceive ErrorEvent | DataSend Completed Event | OperationInvokedEvent | Asynchronous-Server CallReturnsEvent | ModeSwitch Event |
|---|---|---|---|---|---|---|---|
| am Eintrittspunkt | X | X | X | X | X | X | X |
| an einem Wait Point | | X | | X | | X | |

Soll ein Runnable an einem Wait Point aktiviert werden, muss es diesen zuerst betreten. Die RTE stellt hierfür drei API-Funktionen bereit.

Welche API-Funktion dabei welchem Event zugeordnet ist, zeigt Tabelle 7–2.

| RTE Wait Point API | wartet auf Event |
|---|---|
| Rte_Receive() | DataReceivedEvent |
| Rte_Feedback() | DataSendCompletedEvent |
| Rte_Result() | AsynchronousServerCallReturnsEvent |

*Tab. 7–2*
*RTE* Wait Point *API*

### 7.6.2   Empfangsmechanismen und Runnable-Kategorien

In AUTOSAR gibt es drei Runnable-Kategorien, die sich durch ihre Ausführungsdauer unterscheiden:

- *1A*: kurze
- *1B*: endliche
- *2*: kann endlos laufen

Zugleich können Empfangsmechanismen blockierendes oder nicht blockierendes Verhalten aufweisen. Dies führt zu Einschränkungen der Kombinationsmöglichkeiten von Empfangsmechanismen und Runnables bestimmter Kategorien. Welche Einschränkungen im Speziellen existieren, zeigt Tabelle 7–3.

| Empfangsmechanismus | Runnable-Kategorie | | |
|---|---|---|---|
| | Cat 1A | Cat 1B | Cat 2 |
| Implizites Empfangen von Daten | X | X | X |
| Explizites Empfangen von Daten | | | X |
| Aktivierung an einem Wait Point | | | X |
| Aktivierung am Runnable-Eintrittspunkt | X | X | X |

*Tab. 7–3*
*Zulässige Kombinationen von Empfangsmechanismen und Runnable-Kategorien*

## 7.7   Kommunikation in Softwarekomponenten

Neben der Kommunikation zwischen Softwarekomponenten, die auch über Kommunikationsbusse wie CAN oder FlexRay stattfinden kann, bietet AUTOSAR Interrunnable-Variablen als Kommunikationsmechanismus innerhalb von Softwarekomponenten. Hierbei handelt es sich um einen Shared Memory oder vielmehr um eine gemeinsame Variable.

*Interrunnable-Variablen*

Der Zugriff auf diese Variable wird in AUTOSAR der Kommunikation zugeordnet, denn der Zugriff erfolgt nicht direkt, sondern über Zugriffsfunktionen, die die Konsistenz und Verfügbarkeit sicherstellen. Dies ist notwendig, denn:

- Runnables können ein konkurrierendes Scheduling besitzen,
- Runnables können in voneinander getrennten Speicherbereichen liegen und
- Softwarekomponenten können mehrfach instanziiert werden. Dabei ist sicherzustellen, dass die Runnables auf die Interrunnable-Variable der jeweiligen Softwarekomponenteninstanz zugreifen können.

Es liegt in der Verantwortung des RTE-Generators, unter Beachtung der Randbedingungen die effizienteste Implementierungsvariante einer Zugriffsfunktion auszuwählen. So kann im optimalen Fall, in dem nur eine Instanz der Softwarekomponente, kein Speicherschutz und keine konkurrierende Aktivierung der beteiligten Runnables vorliegt, der Aufruf durch ein Makro aufgelöst und durch einen einfachen Variablenzugriff realisiert werden.

Der Zugriff auf die Interrunnable-Variablen kann mit impliziten und expliziten Verhalten erfolgen (analog zur impliziten und expliziten Kommunikation zwischen Softwarekomponenten). Dementsprechend kann der RTE-Generator, je nach Modellierung auf VFB-Ebene, die folgenden vier Zugriffsfunktionen erzeugen.

Dabei haben die verwendeten Kürzel die folgenden Bedeutungen:

- *<return>*:
  Der Wert der Variablen, der bei Lesezugriff zurückgegeben wird.
- *<re>*:
  Der Name des Runnables, das die Interrunnable-Variable benutzt.
- *<name>*:
  Der Name der Interrunnable-Variable selbst.
- *<self>*:
  Das Handle zur Identifizierung der Komponenteninstanz.

Vom RTE-Generator erzeugte Zugriffsfunktionen:

**Implizites Lesen einer Interrunnable-Variablen**

```
<return> Rte_IrvIRead_<re>_<name>([IN RTE_Instance <self>])
```

**Implizites Schreiben einer Interrunnable-Variablen**

```
void Rte_IrvIWrite_<re>_<name>
   ([IN RTE_Instance <instance>], IN <data>)
```

**Explizites Lesen einer Interrunnable-Variablen**

```
<return> Rte_IrvRead_<re>_<name> ([IN RTE_Instance <instance>])
```

**Explizites Schreiben einer Interrunnable-Variablen**

```
void Rte_IrvWrite_<re>_<name>
   ([IN RTE_Instance <instance>], IN <data>)
```

## 7.8 Beispiele

Nachdem die AUTOSAR-Kommunikationsmechanismen vorgestellt worden sind, wird anhand des Blinkgeberbeispieles gezeigt, wie diese auf der C-Quellcodeebene benutzt werden. Zur Veranschaulichung sollen Teile der bereits bekannten Warnblinkfunktion dienen. So werden die explizite Sender/Receiver-Kommunikation zwischen *Warnblink Taster* und *BlinkerSteuerung* und die Client/Server-Kommunikation zwischen der *BlinkleuchteHintenRechts* und der *I/O Hardware Abstraction (IoHwA)* näher betrachtet.

### 7.8.1 Explizite Sender/Receiver-Kommunikation mit Datensemantik

Bei der Sender/Receiver-Kommunikation zwischen dem *Warnblink-Taster* und der *BlinkerSteuerung* handelt es sich um eine explizite Kommunikation mit Datensemantik. Dies bedeutet, dass die Daten unmittelbar beim Aufruf der Kommunikationsfunktionen übermittelt werden und dass für den Empfänger nur der letzte (aktuellste) Wert, den er erhält, von Interesse ist.

Der entsprechende VFB-Ausschnitt ist in Abbildung 7–4 zu sehen. In der Darstellung wurde auf die »umschließende« Komposition (*BlinkgeberAnwendung*) verzichtet, da sie nur eine strukturierende Wirkung auf der Modellierungsebene hat und sich nicht im Quellcode widerspiegelt.

So ist das *SensorRunnable* des *WarnblinkTasters* mit dem *TasterRunnable* der *BlinkerSteuerung* verbunden. Die Verbindung der Runnables wird mithilfe der Ports *giveStatus* (Sender) und *takeStatus* (Receiver) hergestellt. Voraussetzung für diese Verbindung ist die Kompatibilität der Sender- und Receiver-Ports. Im Beispiel ist die Kompatibilität dadurch erfüllt, dass sie das gleiche Interface *WTaster-Interface* besitzen.

Dieses Interface enthält ein Datenelement *TasterVal*, das zwischen den Ports übertragen wird. Es ist vom Typ *UInt8*.

**Abb. 7–4**

*Sender/Receiver-*

*Kommunikation*

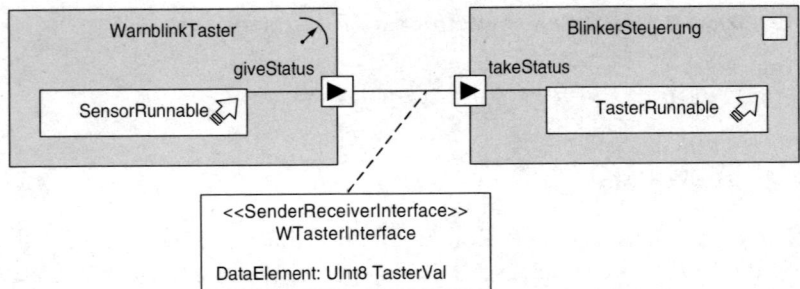

Der RTE-Generator erzeugt aus diesem Modell Code für die Sender-
(*WarnblinkTaster*) und die Empfängerseite (*BlinkerSteuerung*). Dabei
handelt es sich um Runnable-Stubs, die dann von einem Entwickler
implementiert werden, sowie um die Kommunikationsfunktionen, die
in dieser Implementierung benutzt werden können.

### Sender

Auf Senderseite ergibt sich folgender Code:

```
void SensorRunnable (const Rte_WarnblinkTaster* self)
{
    /* individuelle Implementierung beginnt hier */
    UInt8 TasterVal;

    ...

    /* Taster-Wert ermitteln */

    ...

    /* Taster-Wert versenden */
    Rte_Write_giveStatus_TasterVal(self, TasterVal);

    ...

    /* individuelle Implementierung endet hier */
}
```

Die RTE aktiviert entsprechend dem konfigurierten Scheduling das
Runnable: *SensorRunnable*. Es ermittelt den aktuellen Wert des Tas-
ters (an, aus oder undefiniert) und übermittelt diesen mithilfe der
generierten Funktion *Rte_Write_giveStatus_TasterVal*.

    An diesem Funktionsaufruf wird noch einmal deutlich, dass der
Sender den Empfänger nicht kennt. Weder im Funktionsnamen noch
in einem Parameter ist der Empfänger codiert. Die Verbindung zum
Empfänger und die notwendige Datenübermittlung werden ausschließlich von der RTE realisiert.

**Receiver**

Auf VFB-Ebene wurde als Empfänger des *WarnblinkTaster-Status* der Port *takeStatus* festgelegt, der wiederum mit dem Runnable *Taster-Runnable* verbunden ist.

Entsprechend dieser Modellierung erzeugt der RTE-Generator den Runnable-Stub *TasterRunnable* und die Funktion *Rte_Read_take-Status_TasterVal*, um diesen Wert zu empfangen. Der folgende Code-abschnitt deutet eine entsprechende Implementierung des Runnables *TasterRunnable* an:

```
void TasterRunnable (const Rte_BlinkerSteuerung* self)
{
    /* individuelle Implementierung beginnt hier */
    UInt8 TasterVal;
    …

    Rte_Read_takeStatus_TasterVal (self, &TasterVal);
    …
    /* Taster-Wert entsprechend Algorithmus verarbeiten */
    …
    /* individuelle Implementierung endet hier */
}
```

Betrachtet man die Funktionssignatur des Runnables *TasterRunnable* genauer, ist zu erkennen, dass es Teil der Softwarekomponente *BlinkerSteuerung* ist. Denn das Runnable erhält bei seiner Aktivierung den Pointer *self* vom Typ der »umschließenden« Softwarekomponente (*BlinkerSteuerung*). Dieser Pointer ist notwendig, da Softwarekomponenten mehrfach instanziiert werden können. Er dient dann der Identifikation der instanzlokalen Daten gegenüber der RTE.

So wird er beim Aufruf der Empfangsfunktion als Parameter mit übergeben. Die RTE kann daraufhin den entsprechenden Empfangspuffer der Softwarekomponenteninstanz zuordnen.

Neben der Sender/Receiver-Kommunikation ist die Client/Server-Kommunikation ein wichtiger Kommunikationsmechanismus in AUTOSAR. Wie diese auf der Implementierungsebene umgesetzt wird, zeigt der folgende Abschnitt.

### 7.8.2    Client/Server-Kommunikation

Als Beispiel soll hier die Kommunikation zwischen der Aktor-Softwarekomponente *BlinkleuchteHintenRechts* und der *I/O Hardware Abstraction (IoHwA)* dienen.

Die *IoHwA* stellt ihre Funktionen meist über Server-Ports Sensor- und Aktor-Softwarekomponenten bereit. Der Aktor *BlinkleuchteHintenRechts* ist hier mit dem Port *ctrlLamp6* verbunden. Über diese Verbindung hat er die Möglichkeit, den Lampenkontakt Nummer sechs der ECU ein- oder auszuschalten. Abbildung 7–5 zeigt nochmals den entsprechenden Modellausschnitt auf VFB-Ebene.

*Abb. 7–5*
*Client/Server-*
*Kommunikation*

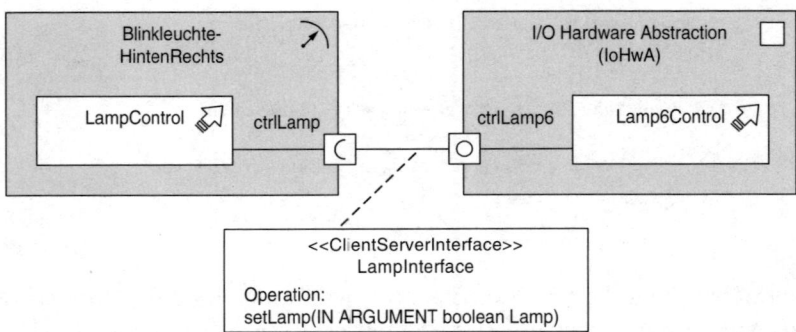

Damit der Client-Port *ctrlLamp* und der Server-Port *ctrlLamp6* miteinander verbunden werden können, müssen sie das gleiche Interface nutzen. Wie in Abbildung 7–5 ebenfalls dargestellt ist, handelt es sich hierbei um das Interface *LampInterface*, das die Operation *setLamp* bereitstellt.

Entsprechend dieses VFB-Modells erzeugt der RTE-Generator Code und Stubs, um diese Kommunikationsbeziehung auf der Implementierungsebene realisieren zu können.

**Client**

Auf der Clientseite ist der Runnable-Stub *LampControl* zu implementieren. Das Runnable *LampControl* hat über seinen Port *ctrlLamp* die Möglichkeit, einer anderen Komponente mitzuteilen, ob die Lampe an oder aus sein soll. Der RTE-Generator erzeugt zu diesem Zweck die Funktion *Rte_Call_ctrlLamp_setLamp*. Wie im folgenden Codeausschnitt zu sehen ist, kann über den zweiten Funktionsparameter der jeweils gewünschte Lampenzustand (*STD_HIGH* oder *STD_LOW*) mitgeteilt werden:

```
void LampControl (const Rte_BlinkleuchteHintenRechts* self)
{
    /* individuelle Implementierung beginnt hier */
    ...
    If (..)
        { Rte_Call_ctrlLamp_setLamp(self, STD_HIGH); }
    else
        { Rte_Call_ctrlLamp_setLamp(self, STD_LOW); }
    ...
    /* individuelle Implementierung endet hier */
}
```

Um die Anfrage des Clients (*Rte_Call_ctrlLamp_setLamp*) zu bearbeiten, ist die Implementierung eines Servers notwendig.

## Server

Im dargestellten Beispiel handelt es sich um das Server-Runnable *Lamp6Control*, das mit dem Port *ctrlLamp6* verbunden ist. Der folgende Codeausschnitt zeigt beispielhaft seine Implementierung:

```
Std_ReturnType Lamp6Control(const Rte_IoHwA* self, const boolean
Lamp)
{
    /* individuelle Implementierung beginnt hier */
    ...
    if (Lamp)
        { Dio_WriteChannel(PIN_42, STD_HIGH); }
    else
        { Dio_WriteChannel(PIN_42, STD_LOW); }
    ...
     return RTE_E_OK;
    /* individuelle Implementierung endet hier */
}
```

Entsprechend dem gewünschten Lampenzustand aktiviert oder deaktiviert der Server den I/O-Pin der CPU, der für den Lampenausgang 6 genutzt wird. Zu diesem Zweck nutzt die *IoHwA* die Funktion *Dio_WriteChannel* des DIO-Treibers.

Wie am Ende des Codeausschnittes zu sehen ist, bietet der Server einen Fehler-Rückgabewert (in diesem Fall *RTE_E_OK*), der vom Client unmittelbar ausgewertet werden kann.

Diese Möglichkeit existiert bei der Sender/Receiver-Kommunikation nicht. Sie muss dafür eine zweite Kommunikationsverbindung vom Empfänger zum Sender einrichten.

## Namensgebung von Ports, Runnables, Datenelementen und Operationen

Bei der Festlegung von Namen für Ports, Runnables, Datenelemente und Operationen sollten keine Unterstriche verwendet werden. Das Lesen der generierten Kommunikationsfunktionen wird nur unnötig erschwert, da auch die RTE Unterstriche für die Trennung der einzelnen Namensbestandteile nutzt.

## Hohes Optimierungspotenzial bei einmal instanziierten Softwarekomponenten

Werden Softwarekomponenten nur einmal instanziiert und ist dies bei der Generierung der Kommunikationsverbindungen (der RTE) bekannt, kann sehr stark optimiert werden. Eine ECU-lokale Kommunikation kann im Idealfall zu einem einfachen Zugriff des Empfängers in den Speicher des Senders werden und aus Client/Server-Verbindungen können simple Funktionsaufrufe werden.

# 8 Die Steuergerätesicht (ECU-Sicht)

Ein sehr großer Teil der Entwicklungstätigkeit wird beim Zulieferer auf Steuergeräteebene erbracht. In der AUTOSAR-Methodik handelt es sich hierbei um die Steuergerätesicht, die zuvor aus der Systemsicht des Fahrzeugherstellers extrahiert worden ist.

Dieses Kapitel bietet einen ersten Einstieg in die Softwarestruktur entsprechend der Steuergerätesicht. Vertieft wird dieses Thema dann in Kapitel 9 und Kapitel 14.

## 8.1 Einordnung entsprechend der AUTOSAR-Methodik

In der AUTOSAR-Methodik ist die Steuergerätesicht eine von drei Sichten, die Aktivitäten enthalten, die zu großen Teilen parallel durchgeführt werden können (siehe auch Abschnitt 5.1).

*Parallele Entwicklung*

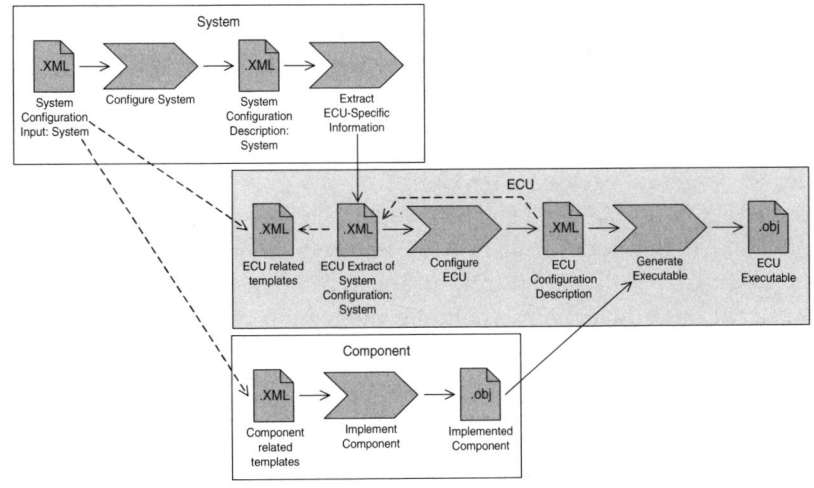

**Abb. 8–1**

*Einordnung der Steuergerätesicht entsprechend der AUTOSAR-Methodik*

*Abhängigkeiten bestehen* Trotz dieser Parallelisierung gibt es Aktivitäten, die von Arbeitsprodukten anderer Sichten abhängig sind. Wie Abbildung 8–1 zeigt, dient beispielsweise der ECU Extract of System Configuration (aus der Systemsicht) zur Konfiguration der Steuergerätesoftware als Eingabe, aber auch implementierte Softwarekomponenten fließen bei der nachgelagerten Aktivität Generate Executable ein.

## 8.2 Aktivitäten

Zur Erstellung der Steuergerätesoftware sind zwei grundlegende Aktivitäten in der AUTOSAR-Methodik vorgesehen:

- Configure ECU und
- Generate Executable.

Die Aktivität Configure ECU umfasst dabei die Konfiguration der gesamten Basissoftware. Dies betrifft alle Bereiche, vom I/O-Treiber über das Betriebssystem bis hin zum Kommunikations- oder Speicher-Stack (siehe auch Kapitel 9).

 Nachdem die Software des Steuergerätes konfiguriert ist, wird ein Executable generiert. Dies geschieht mithilfe von zielsystemspezifischen Compilern und Linkern. Hier werden auch die Softwarekomponenten, die bis zu diesem Punkt unabhängig vom Steuergerät entwickelt werden konnten, hinzugefügt. Das bedeutet, sie werden kompiliert und/oder nur dazugelinkt, wenn sie bereits im Objektformat bereitgestellt worden sind.

## 8.3 Die AUTOSAR-Schichtenarchitektur (AUTOSAR Layered Software Architecture)

*Architektur unterstützt Methodik* Um die Aktivitäten entsprechend der AUTOSAR-Methodik effizient durchführen zu können, ist eine wohlstrukturierte Softwarearchitektur der Steuergerätesoftware notwendig.

 AUTOSAR hat hier ein Schichtenmodell gewählt, das auch als AUTOSAR Layered Software Architecture bezeichnet wird. Dementsprechend wird die Software auf einem Steuergerät in verschiedene Abstraktionsschichten unterteilt, die aufeinander aufbauen.

*Abstraktion von Hardwareeigenschaften*  Grundlegend haben diese Schichten (Layer) die Aufgabe, verschiedene Hardwareaspekte wie:

- Prozessoreigenschaften,
- Eigenschaften des Steuergerätes selbst oder
- der Sensoren und Aktoren

auch in der Software zu trennen (siehe auch Abschnitt 9.2).

### 8.3.1   Anwendungssoftware (Application Layer)

Die oberste Schicht eines Steuergerätesoftware-Stacks bildet die Anwendungssoftware. Wie Abbildung 8–2 zeigt, liegen sie im AUTO-SAR-Schichtenmodell über der RTE und bestehen aus:

- Anwendungssoftwarekomponenten und
- Sensor/Aktor-Softwarekomponenten.

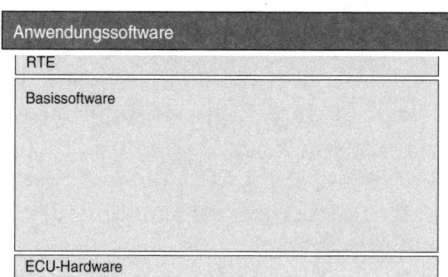

*Abb. 8–2*

*Einordnung der Anwendungssoftware in die Layered Software Architecture*

Im Gegensatz zu den Anwendungssoftwarekomponenten sind die Sensor/Aktor-Softwarekomponenten abhängig von angeschlossenen Sensoren und Aktoren und der Steuergerätehardware selbst. *Abhängige/unabhängige Teile*

Durch die Trennung der Anwendungssoftwarekomponenten von den hardwareabhängigen Sensor/Aktor-Softwarekomponenten wird die Portierbarkeit der Anwendung auf unterschiedlicher Hardware unterstützt. *Portierbarkeit*

Da die Software nicht monolithisch aufgebaut ist, sondern aus verschiedenen Softwarekomponenten besteht, müssen diese Software-komponenten auf geeignete Art und Weise miteinander kommunizieren. *Kommunikation ist notwendig*

Die Kommunikationsverbindungen zwischen Softwarekomponenten untereinander und Softwarekomponenten und der Basissoftware werden durch die RTE realisiert. Man spricht hier auch vom RTE-glue-code.

### 8.3.2   AUTOSAR Runtime Environment (RTE)

Um die Kommunikation zwischen den Softwarekomponenten oder zwischen Softwarekomponenten und Basissoftware zu ermöglichen, wird eine genaue Beschreibung der benutzten Schnittstellen (Funktionalität, Übergabeparameter, Rückgabewerte) in Form einer XML-Datei benötigt. *XML als Beschreibungsformat*

Mithilfe dieser Beschreibung (im XML-Format) wird durch einen RTE-Generator die RTE mit den geforderten Kommunikationsverbindungen erzeugt.

**Abb. 8–3**

*Einordnung der RTE in die
Layered Software
Architecture*

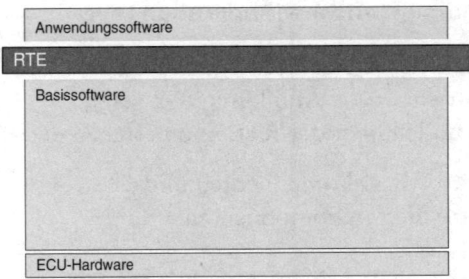

Wie Abbildung 8–3 zeigt, liegt die RTE zwischen der Anwendungs-software und der Basissoftware. Sie ist die Implementierung der VFB-Extrakte je Steuergerät (siehe auch Abschnitt 6.2).

*RTE wird generiert*

Dieser Extrakt wird in der ECU Configuration Description pro Steuergerät bereitgestellt. Aus ihr wird mithilfe des RTE-Generators C-Code erzeugt und übersetzt.

Obwohl die RTE für jedes Steuergerät spezifisch generiert wird, sind die Schnittstellen standardisiert (siehe auch Kapitel 7). Beides unterstützt die Verschiebbarkeit von Anwendungen zwischen Steuer-geräten.

Werden Anwendungen zwischen Steuergeräten verschoben, ändert sich die Systemsicht und somit der VFB. Was eine Neugenerierung der RTEs, der »betroffenen« Steuergeräte, zur Folge hat.

### 8.3.3    Die Generierung der RTE

Die Generierung der RTE geschieht mithilfe eines sogenannten RTE-Generators. Dies kann ein einzelnes oder ein Satz von Tools sein. Der Generator liest die ECU Configuration Description ein und generiert daraus den Code der RTE. Dieser Code wird dann mit den weiteren Softwarebestandteilen eines Steuergerätes (den Softwarekomponenten und der Basissoftware) zu einem Executable gelinkt.

Beim RTE-Code ist es stark vom jeweiligen Generator abhängig, wie effizient der resultierende Code ist. Beachtet der Generator Rand-bedingungen, wie das verwendete Speichermodell oder die genaue Zuordnung einzelner Runnables zu Tasks, so besteht ein großes Opti-mierungspotenzial, das er nutzen kann (siehe auch Kapitel 10).

So kann beispielsweise eine Kommunikationsverbindung, die durch die gesamten Schichten der AUTOSAR-Architektur geht, in der Implementierung durchaus auf einen einfachen Makroaufruf reduziert werden.

## 8.4 Basissoftware (Basic Software)

Wie Abbildung 8–4 zeigt, liegt unterhalb der RTE die Basissoftware. Sie abstrahiert von der Steuergerätehardware.

Die Basissoftware wird nochmals in verschiedene Layer unterteilt, die im Folgenden beschrieben werden.

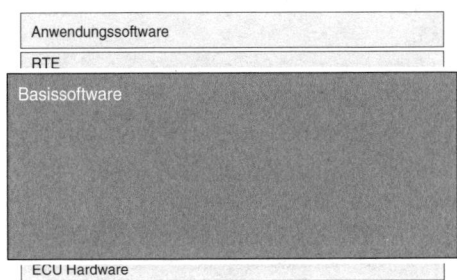

*Abb. 8–4*
*Einordnung der*
*Basissoftware in die*
*Layered Software*
*Architecture*

Die Basissoftware stellt momentan den Schwerpunkt der Spezifikationsbemühungen in AUTOSAR dar. Aus diesem Grund wird auf ihren Aufbau und ihre Module in Kapitel 9 nochmals gesondert eingegangen.

### 8.4.1 Serviceschicht (Services Layer)

Der Services Layer liegt in der Basissoftware auf der obersten Ebene und somit unmittelbar unterhalb der RTE (siehe auch Abb. 8–5).

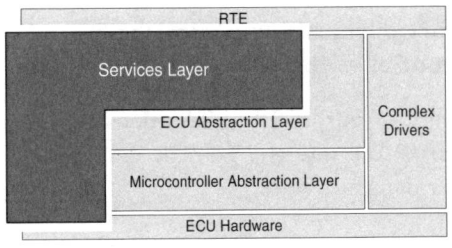

*Abb. 8–5*
*Der Services Layer in der*
*Basissoftware*

Die Aufgabe des Services Layers besteht darin, den Anwendungen und Basissoftwaremodulen grundlegende Dienste (Services) zur Verfügung zu stellen. Solche Services sind beispielsweise:

- Betriebssystem-,
- Speicherverwaltungs-,
- Diagnose- und
- Kommunikationsfunktionen.

Die Implementierung der Module des Services Layer ist zum Teil mikrocontroller- und steuergerätspezifisch. Die oberen Schnittstellen der Module sind jedoch hardwareunabhängig (vgl. Abschnitt 9.4.1).

### 8.4.2    Steuergeräteabstraktionsschicht (ECU Abstraction Layer)

Die Lage der Steuergeräteabstraktion in der Basissoftware ist in Abbildung 8–6 dargestellt.

*Abb. 8–6*
*Der ECU Abstraction Layer*
*in der Basissoftware*

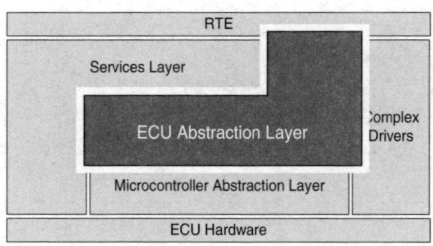

Der ECU Abstraction Layer dient der Abstraktion der steuergerätspezifischen Eigenschaften. Es wird beispielsweise von der Anzahl der verbauten CAN-Controller und deren genauem Ort (on-chip/on-board) auf dem Steuergerät abstrahiert.

In dieser Schicht befinden sich beispielsweise Interfacemodule für die darunterliegenden hardwareabhängigen Treiber (siehe hierzu auch Abschnitt 9.4.5).

### 8.4.3    Mikrocontrollerabstraktionsschicht
### (Microcontroller Abstraction Layer)

Wie in Abbildung 8–7 dargestellt, bildet der Microcontroller Abstraction Layer (MCAL) die unterste Schicht der Basissoftware und liegt somit direkt über der Hardware.

*Abb. 8–7*
*Der Microcontroller*
*Abstraction Layer in der*
*Basissoftware*

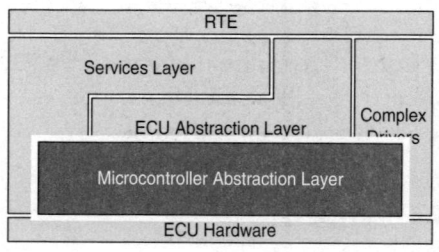

Seine Aufgabe besteht darin, vom Mikrocontroller zu abstrahieren. Dies umfasst die Konfiguration und die Initialisierung des Mikrocontrollers und integrierter Geräte.

Somit ist der MCAL controllerspezifisch und muss bei einem Austausch des Controllers ebenfalls ersetzt werden.

### 8.4.4   Complex Device Drivers

Wie in Abbildung 8–8 dargestellt, liegen die Complex Device Drivers (kurz Complex Drivers) »neben« der übrigen Basissoftware.

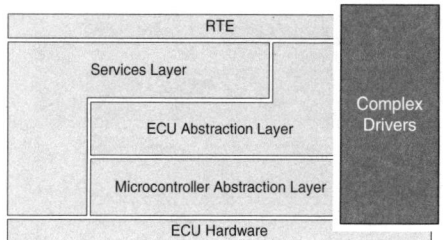

*Abb. 8–8*
*Die Complex Drivers in der Basissoftware*

Die Schicht der Complex Drivers durchschneidet alle Schichten der Basissoftware. Dies hebt die Abstraktion, die durch das Schichtenmodell geschaffen wurde, wieder auf.

Aus diesem Grund sollte so wenig Software wie möglich als Complex Driver umgesetzt werden. Dennoch haben Complex Drivers ihre Berechtigung, beispielsweise zum Ansteuern und Verwalten von Sensoren, bei denen die Software aus Zeitgründen direkt auf die Hardware zugreifen muss.

Complex Drivers können unter anderem eine Rolle bei der Migration existierender Software (siehe auch Abschnitt 15.4.4) oder beim Produktmanagement (siehe auch Kapitel 14) spielen.

## 8.5   Die Architektursymmetrie

Nachdem die einzelnen Schichten der Basissoftware erläutert wurden, soll an dieser Stelle auf ein besonderes Merkmal der AUTOSAR-Architektur eingegangen werden.

Dieses Merkmal verdeutlicht noch einmal die Aufteilung der Aufgaben auf die einzelnen Schichten und die Zusammenhänge zwischen den Schichten. Es handelt sich um die Symmetrie der Softwarearchitektur zur Hardware.

Abbildung 8–9 zeigt dies am Beispiel des I/O-Stacks (siehe auch Abschnitt 9.4.5), der diesen Zusammenhang im Besonderen widerspiegelt.

**Abb. 8–9**

*Die Architektursymmetrie*

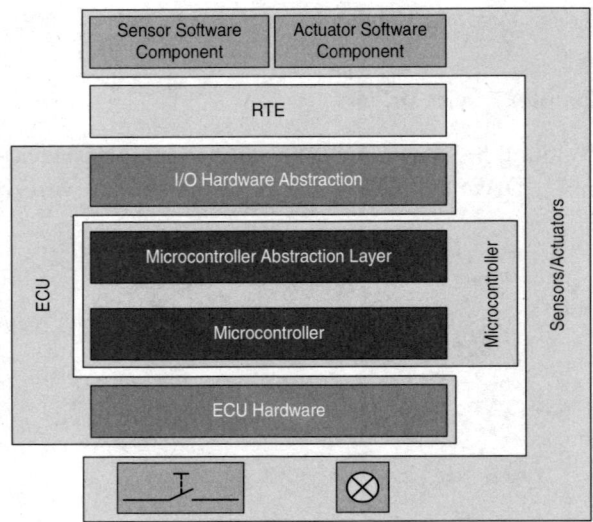

So abstrahiert

- der Microcontroller Abstraction Layer vom Microcontroller (»in der Mitte«),
- die I/O Hardware Abstraction, die Bestandteil des ECU Abstraction Layer ist, von der I/O-Hardware auf der Platine des Steuergerätes und
- die Sensor/Aktor-Softwarekomponenten von den tatsächlichen Hardwaresensoren und -aktoren (»außen«).

Nachdem dieses Kapitel einen ersten Überblick zur SW-Architektur von AUTOSAR-Steuergeräten und im Speziellen der Basissoftware gegeben hat, wird im folgenden Kapitel auf die weitere Unterteilung der Basissoftware in funktionale Gruppen und ihre Module eingegangen.

# 9 Die Basissoftware

Die AUTOSAR-Basissoftware (BSW) ist heute ein Schwerpunkt in den Standardisierungsbemühungen der AUTOSAR-Entwicklungspartnerschaft.

Zwar hat heute jeder OEM in seinem Haus bereits eine standardisierte Basissoftware (meist als Standard-Core bezeichnet), doch kann ein einheitlicher Core aller OEMs wesentlich zu Effizienzsteigerungen und Kosteneinsparungen bei der Steuergeräteentwicklung führen.

Grundlage für diese Annahme ist, dass Steuergeräte und ihre Software häufig von Zulieferern entwickelt werden und diese dann nur auf einen Standard, den AUTOSAR-Core, aufsetzen und nicht eine Vielzahl von Standard-Cores unterstützen müssen.

## 9.1 Einordnung der Basissoftware

Wie Abbildung 9–1 zeigt, ist die Basissoftware ein integraler Bestandteil der AUTOSAR-Architektur.

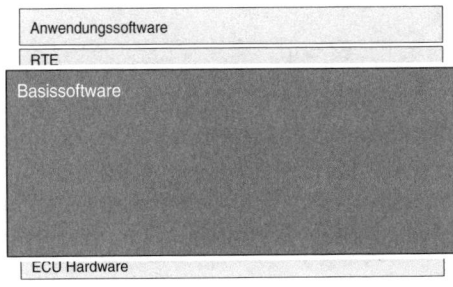

*Abb. 9–1*

*Einordnung der Basissoftware in die Layered Software Architecture*

Sie liegt über der ECU-Hardware und unterhalb der RTE (siehe auch Abschnitt 8.3.2). Die Basissoftware hat in der AUTOSAR-Architektur die Aufgabe, von der eingesetzten Hardware zu abstrahieren und so die Hardwareunabhängigkeit der Anwendungssoftware zu unterstützen.

*Abstraktion von der Hardware*

Die Spezifikation der Basissoftware umfasst heute 46 Module, deren Schnittstellen und das Verhalten an diesen Schnittstellen sowie ihre Konfigurationsmöglichkeiten festgelegt sind.

*Hoher Entwicklungsaufwand*  Aufgrund der zu erwartenden hohen Kosten ist die Entwicklung einer AUTOSAR-Basissoftware nur für wenige Unternehmen sinnvoll (siehe auch Abschnitt 14.3.5 und Abschnitt 16.3).

*Wichtig ist der Überblick*  Nichtsdestotrotz kann es in vielen Situationen hilfreich sein, einen Überblick über die Basissoftware und ihre Module zu haben, um beispielsweise:

- Integrationen durchzuführen,
- Module zu erweitern oder
- eine Basissoftware zu konfigurieren.

Diesen Überblick sollen die folgenden Kapitel vermitteln.

## 9.2 Aufbau der Basissoftware

Die AUTOSAR-Basissoftware kann in sechs vertikale Bereiche:
- Systemdienste,
- Geräte-Stack,
- Speicher-Stack,
- Kommunikations-Stack,
- I/O-Stack und
- Complex Drivers

unterteilt werden, die vom Zugriff auf die jeweilige Hardware abstrahieren.

Wie die Abbildung 9–2 zeigt, überspannen diese einzelnen Bereiche die folgenden horizontalen Abstraktionsschichten:

- Services Layer,
- ECU Abstraction Layer und
- Microcontroller Abstraction Layer.

*Service-Schicht*  Die Service-Schicht (Services Layer) abstrahiert von anwendungsunabhängigen Diensten, wie dem Betriebssystem, verschiedenen Kommunikationsprotokollen und der Speicherverwaltung. Dabei sind alle Module dieser Schicht völlig unabhängig von der verwendeten Hardware.

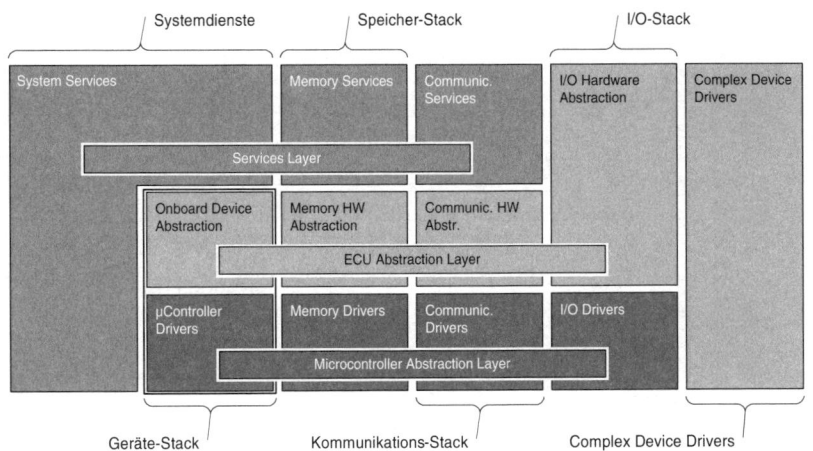

*Abb. 9–2*
*Horizontale und vertikale Gliederung der Basissoftware*

Der hardwarenahe Bereich der Softwarearchitektur ist in die beiden Bereiche ECU-Abstraktionsschicht und Mikrocontrollerabstraktionsschicht unterteilt.

*ECU-Abstraktionsschicht*

Während die ECU-Abstraktionsschicht den Zugriff auf verschiedene ECUs für die darüberliegende Schicht verallgemeinert, abstrahiert die Mikrocontrollerabstraktionsschicht (MCAL) von den unterschiedlichen Mikrocontrollern und integrierter Peripherie.

*Mikrocontrollerabstraktionsschicht (MCAL)*

Die Blöcke, die aus der horizontalen und vertikalen Gliederung entstehen, beispielsweise Memory Hardware Abstraction oder Memory Drivers, werden als funktionale Gruppen bezeichnet. Das Wort Gruppe bezieht sich dabei auf die Gruppe von Modulen, die dem jeweiligen Block zugeordnet sind.

*Funktionale Gruppen*

Auf die einzelnen Module und ihre Zuordnung zu funktionalen Gruppen wird im Folgenden näher eingegangen.

## 9.3 Einordnung der Basissoftwaremodule

Die 46 Basissoftwaremodule, die in AUTOSAR bisher spezifiziert wurden, sind in Abbildung 9–3 den Layern und den funktionalen Gruppen zugeordnet.

Sie unterteilen die Layer weiter. In einer funktionalen Gruppe sind Module zusammengefasst, die ähnliche Funktionen besitzen oder eng bei der Realisierung einer Aufgabe zusammenarbeiten.

*Funktionale Gruppen*

In der Abbildung 9–3 sind aus Platzgründen nur die Kurzformen der Modulnamen verwendet worden. Trotz dieser Einschränkungen ist der überwiegende Teil der Module leicht zu identifizieren.

**Abb. 9–3**
*Basissoftwaremodule und ihre Zuordnung zu funktionalen Blöcken in den Layern der AUTOSAR-Architektur*

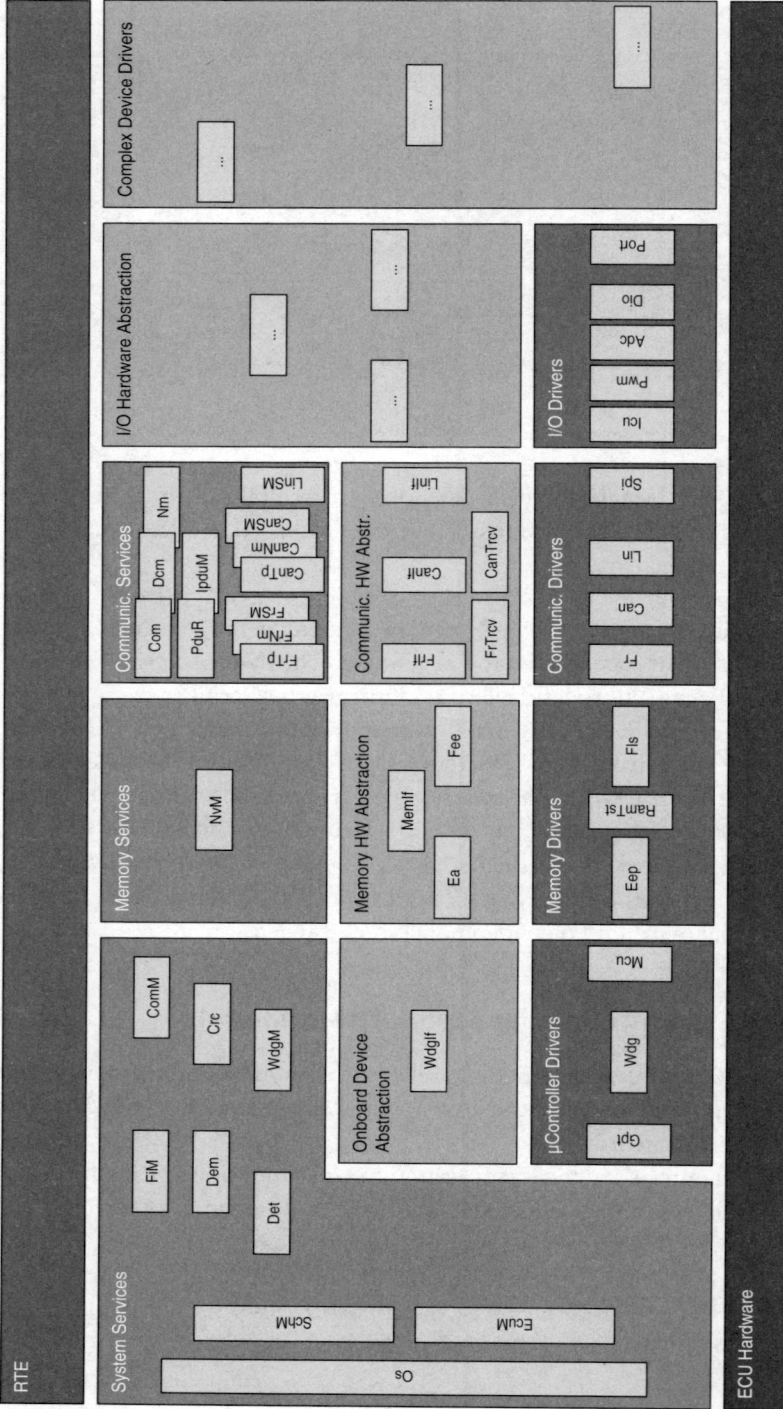

Ist dies einmal nicht der Fall, wie möglicherweise bei den Modulbe-zeichnungen *Ea* oder *Fee*, sind in den folgenden Kurzbeschreibungen jeweils die Kurz- und Langform der Modulnamen angegeben.

*Ea* steht übrigens für EEPROM-Abstraction und *Fee* für Flash-EEPROM-Emulation.

## 9.4 Funktionale Kurzbeschreibung der Basissoftwaremodule

Im Folgenden wird auf alle funktionalen Gruppen und die ihnen zugeordneten Module eingegangen. Diese Erläuterungen basieren auf [AS_BSW_LIST08] und den Softwarespezifikationen der Module selbst.

An dieser Stelle kann jedoch nur ein grober Überblick gegeben werden. Ein detailliertes Verständnis einzelner Module kann nur mit-hilfe der Spezifikationsdokumente selbst gewonnen werden (siehe auch Abschnitt 4.9).

### 9.4.1 Die Systemdienste

Die Systemdienste (System Services) stellen grundlegende Dienste für Anwendungssoftwarekomponenten und Basissoftwaremodule bereit. Dazu gehören Betriebssystem-, Netzwerk-, NVRAM-, Diagnose- und ECU-Statemanagement-Funktionen. Im Gegensatz zum Speicher- oder Kommunikations-Stack erstrecken sich die Systemdienste ausschließ-lich über einen Layer, den Services Layer.

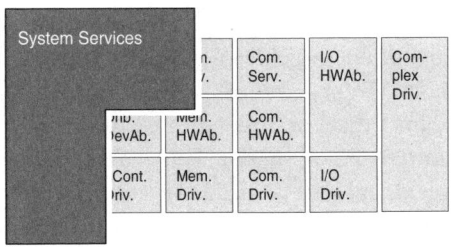

*Abb. 9–4*

*Einordnung der Systemdienste in der Basissoftware*

Abbildung 9–4 zeigt die Einordnung der Systemdienste in der Basis-software. Die Darstellung dieser funktionalen Gruppe verdeutlicht ihre besondere Bedeutung in der Basissoftware.

Denn zum einen liegt sie »neben« den anderen funktionalen Grup-pen und stellt allen Modulen in diesen Gruppen ihre »Dienste« bereit. Zum anderen liegt sie zum Teil »über« anderen Gruppen.

*Teils neben, teils über den anderen Modulen*

Die Systemdienste »schirmen« die übrige Basissoftware zum Teil vor dem direkten Zugriff der darüberliegenden RTE ab. Sie bilden somit eine Abstraktionsschicht innerhalb der BSW in Richtung der RTE.

Dabei spielt es keine Rolle, welche funktionalen Gruppen sie genau in der Darstellung »überspannt«. So beinhalten die Systemdienste auch den Communication Manager, ohne bei der grafischen Darstellung über dem Kommunikations-Stack zu liegen.

Die Systemdienste beinhalten acht BSW-Module, mit den folgenden Eigenschaften:

- Das *AUTOSAR OS (Os)* basiert auf einem OSEK-Betriebssystem mit zusätzlichen Funktionen, wie Speicherschutz, Deadline-Überwachung und erweiterten Zählern.

- Der *BSW Scheduler (SchM)* führt das Scheduling aller Basissoftwaremodule durch, indem er ihre *main*-Funktionen aufruft. Die Aktivierungszeiten und die Reihenfolge werden vom Integrator festgelegt.

- Der *ECU State Manager (EcuM)* dient dem Power-Management der ECU. Somit ist er für die Initialisierung aller Basissoftwaremodule verantwortlich und arbeitet »eng« mit anderen Managern wie Communication Manager, Watchdog Manager und NVRAM Manager zusammen.

- Der *Watchdog Manager (WdgM)* dient der Überwachung von Softwarekomponenten auf Anwendungsebene in Bezug auf Periodizität und Zeitverhalten. Zu diesem Zweck realisiert er eine Entkopplung dieser Überwachungsfunktion von den dazu genutzten Hardwaretriggern.

- Der *Diagnostic Event Manager (Dem)* dient zur Verwaltung von Fehlermeldungen. Diese Fehlermeldungen werden auch Diagnostic Trouble Codes (DTCs) genannt. Beim Eintreffen von Fehlern kann er zusätzliche Information, sogenannte Freeze Frames, abspeichern, die eine genauere Analyse der Fehlerursache ermöglichen. Eng verbunden mit dem Dem ist der Function Inhibition Manager, der die gespeicherten Fehlermeldungen auswertet und entsprechend seiner Konfiguration Funktionen der Anwendungs- und Basissoftware steuert (sperrt).

- Der *Function Inhibition Manager (FiM)* dient der Steuerung von Anwendungssoftwarekomponenten und der Basissoftware, abhängig von Fehlereinträgen im Diagnostic Event Manager. Dabei stoppt er die Ausführung von Funktionen nicht aktiv, vielmehr »fragen« Softwarekomponenten, ob die Ausführung einzelner Funktion auszusetzen ist.

- Der *Communication Manager (ComM)* kontrolliert den Status aller Kommunikationskanäle, die an die ECU angeschlossen sind. So fordern Anwendungssoftwarekomponenten Kommunikationsressourcen, wie die Aktivierung eines CAN-Kanals, an. Im Gegenzug gibt der ComM auch Informationen über den aktuellen Zustand der Kommunikationsressourcen, die beispielsweise durch Busstörungen eingeschränkt sein können.
- Der *Development Error Tracer (Det)* dient der Verarbeitung (zählen/weiterleiten) von Programmfehlern in der Basissoftware zur Entwicklungszeit. Um Ressourcen zu sparen, ist er im ausgelieferten System nicht vorhanden. Der gesamte Code, auch in den fehlermeldenden Modulen, wird mithilfe von Makro-Ersetzungen entfernt.
- Die *CRC Routines (Crc)* befinden sich in einer Bibliothek und stellen Funktionen zur Berechnung von CRC8, CRC16 und CRC32 bereit. Diese CRC-Funktionen werden beispielsweise vom NV-RAM Manager benutzt, um die Gültigkeit der NVRAM-Daten zu überprüfen.

## 9.4.2   Der Geräte-Stack

Der Geräte-Stack liegt gleichermaßen neben und unter den Systemdiensten. Er abstrahiert von Hardwarefunktionen, die vornehmlich in der Basissoftware, aber auch indirekt durch die RTE benutzt werden.

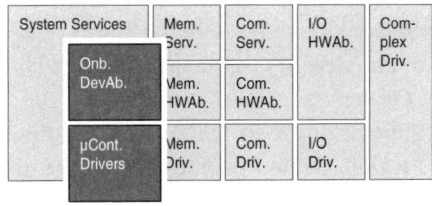

*Abb. 9–5*

*Einordnung des Geräte-Stacks in der Basissoftware*

Entsprechend Abbildung 9–5 wird der Geräte-Stack durch die beiden funktionalen Gruppen Onboard Device Abstraction und Microcontroller Drivers gebildet. Somit erstreckt er sich über die Layer ECU Abstraction und Microcontroller Abstraction.

### Onboard Device Abstraction

Die funktionale Gruppe Onboard Device Abstraction beinhaltet ein BSW-Modul mit den folgenden Eigenschaften:

- Das *Watchdog Interface (WdgIf)* bietet einheitliche Schnittstellen zum Zugriff auf Watchdog Drivers. Dabei abstrahiert es von der

Anzahl sowie der konkreten Ausprägung (interner/externer Watchdog Driver).

**Microcontroller Drivers**

Die funktionale Gruppe Microcontroller Drivers beinhaltet drei BSW-
Module mit folgenden Eigenschaften:

▪ Der *Watchdog Driver (Wdg)* dient dem Initialisieren und Ändern
  des Arbeitsmodus des Watchdogs. Des Weiteren ist er für die
  Triggerung des Watchdogs verantwortlich.
▪ Der *MCU Driver (Mcu)* oder auch Microcontroller Unit Driver
  stellt folgende Funktionen bereit:
  - Initialisierung der MCU, der MCU-Clock, der PLL-Clock und
    von RAM-Bereichen sowie
  - Aktivierung von Stromsparmodi und Reset der MCU per Soft-
    ware.
▪ Der *GPT Driver (Gpt)* nutzt Hardware-Timer, um Timer-Funktionen mit geringem Software-Overhead für das Betriebssystem und
  andere BSW-Module bereitzustellen. Typische Periodendauern rei-
  chen von 5µs bis 5ms.

### 9.4.3 Der Speicher-Stack

Der Speicher-Stack erstreckt sich über alle drei Layer der Basissoftware. Wie in Abbildung 9–6 zu sehen ist, besteht er aus den drei
funktionalen Gruppen Memory Services, Memory Hardware Abstraction und Memory Drivers.

Er dient der Speicherung von Daten in nicht flüchtigem Speicher,
wie Flash und EEPROM. Seine Funktionen werden den Anwendungssoftwarekomponenten mithilfe der Memory Services bereitgestellt.

*Abb. 9–6*
*Einordnung des Speicher-*
*Stacks in der*
*Basissoftware*

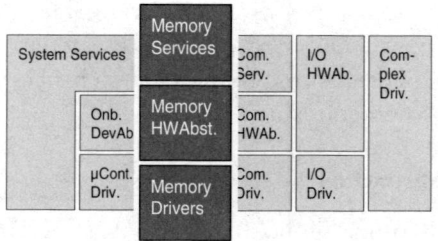

**Memory Services**

Die funktionale Gruppe Memory Services beinhaltet ein BSW-Modul, mit folgenden Eigenschaften:

▪ Der *NVRAM Manager (NvM)* dient dem Verwalten und Aufrechterhalten von Daten in nicht flüchtigem (non volatil) Speicher. Zu diesem Zweck stellt er folgende Funktionen bereit:

  ● Datenverschlüsselung,
  ● Spiegelung der Daten in den RAM,
  ● direktes und verzögertes Schreiben,
  ● Lese- und Schreibzugriffsschutz,
  ● redundante Datenhaltung,
  ● Überprüfung der Daten mithilfe von CRC-Checksummen etc.

**Memory Hardware Abstraction**

Die funktionale Gruppe Memory Hardware Abstraction beinhaltet drei BSW-Module, mit den folgenden Eigenschaften:

▪ Das *Memory Abstraction Interface (MemIf)* abstrahiert von den verschiedenen Speicherarten und deren Treibern auf einer ECU. Es ermöglicht dem NVRAM Manager einen Zugriff auf einen virtuell segmentierten linearen Adressraum.

▪ Die *Flash EEPROM Emulation (Fee)* abstrahiert von gerätespezifischer Adressierung und Segmentierung des EEPROM. Sie stellt den oberen Schichten folgende Eigenschaften virtuell bereit:

  ● Adressschema,
  ● Segmentierung und
  ● unbegrenzte Löschzyklen.

▪ Die *EEPROM Abstraction (Ea)* abstrahiert wie die Flash EEPROM Emulation von gerätespezifischen Adressierungen und Segmentierungen.

**Memory Drivers**

Die funktionale Gruppe Memory Drivers beinhaltet zwei BSW-Module für den Zugriff auf NVRAM und eines zum Testen des RAM. Die Module haben die folgenden Eigenschaften:

▪ Der *Flash Driver (Fls)* bietet Funktionen zum Lesen, Schreiben und Löschen des Flashspeichers. Außerdem besitzt er eine Schnittstelle, um den Schreibschutz des Flashspeichers zu konfigurieren, sofern dies von der Hardware unterstützt wird.

▨ Der *EEPROM Driver (Eep)* stellt, wie der Flash Driver, Funktionen zum Lesen, Schreiben und Löschen bereit. Des Weiteren bietet er die Möglichkeit, Datenblöcke des EEPROM mit Datenblöcken des RAM zu vergleichen.

Die Funktionen des EEPROM Driver werden asynchron ausgeführt.

▨ Der *RAM Test (RamTst)* ermöglicht den funktionalen Test der internen RAM-Zellen. Dabei stehen folgende Funktionen zur Verfügung:

- kompletter Test während des Start-up/Shut-down der ECU,
- kompletter Test, ausgelöst durch ein Diagnosekommando und
- zyklischer Test während des Normalbetriebs (Block für Block oder Zelle für Zelle).

### 9.4.4    Der Kommunikations-Stack

Der Kommunikations-Stack erstreckt sich wie der Speicher-Stack über alle drei Layer der Basissoftware. Wie in Abbildung 9–7 zu sehen ist, besteht er aus den drei funktionalen Gruppen Communication Services, Communication Hardware Abstraction und Communication Drivers.

*Abb. 9–7*
*Einordnung des*
*Kommunikations-Stacks*
*in der Basissoftware*

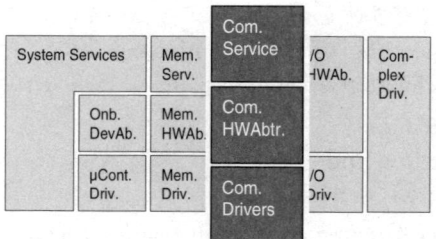

Er stellt der Anwendungssoftware sowie der Basissoftware Kommunikationsdienste zum Datenaustausch mit anderen ECUs zur Verfügung. Dabei abstrahiert er von kommunikationsbusspezifischen Eigenschaften, sodass Anwendungen unabhängig vom verwendeten Bussystem, wie CAN, LIN oder FlexRay, entwickelt werden können.

### Communication Services

Die funktionale Gruppe Communication Services beinhaltet zwölf BSW-Module zur Abstraktion und zum Management von busspezifischen Eigenschaften:

- *AUTOSAR COM (Com)* organisiert die Übermittlung von Nachrichten innerhalb einer ECU und zwischen ECUs. Dazu stellt es der RTE die folgenden Mechanismen bereit:

  - eine signalorientierte Datenschnittstelle (busunabhängig),
  - Packen und Entpacken von Signalen in und aus PDUs,
  - Kommunikationskontrolle (Start/Stopp),
  - Senden von Nachrichten entsprechend dem Übertragungstyp wie zyklisch oder ereignisgetriggert,
  - Überwachung von zu empfangenden Nachrichten (Timeout-Überwachung),
  - Bereitstellung von Flags wie *First Value* und *Changed*,
  - Filtermechanismen für eingehende und ausgehende Nachrichten,
  - Anpassung der Bytereihenfolge (Big/Little-Endian) etc.

- Der *PDU Router (PduR)* stellt Funktionen zum Verteilen (Routen) von I-PDUs bereit. Da die PDUs auch zwischen verschiedenen Kommunikationsbussen ausgetauscht werden, kann der PDU Router auch als Gateway bezeichnet werde. Er verteilt die I-PDUs zwischen folgenden Modulen:

  - Bus-Interfaces: CanIf, FrIf und LinIf,
  - Transportprotokolle: CanTp und FrTp,
  - dem Diagnostic Communication Manager,
  - AUTOSAR COM und
  - dem I-PDU Multiplexer.

- Der *I-PDU Multiplexer (IpduM)* dient zum Multiplexen von PDUs. So kann eine I-PDU ID des PDU-Routers mehrfach genutzt werden. Das Konzept des Multiplexens von PDUs wird vornehmlich in der CAN-Kommunikation eingesetzt.

- Der *CAN Transport Layer (CanTp)* stellt das CAN-Transportprotokoll gemäß ISO 15765-2 zur Verfügung. Seine Hauptaufgabe ist das Zerlegen und Wiederherstellen von CAN-I-PDUs, die länger als 8 Byte sind.

- Das *FlexRay TP (FrTp)* stellt das FlexRay-Transportprotokoll zur Verfügung. Seine Hauptaufgabe ist das Zerlegen und Wiederherstellen von I-PDUs, die nicht in die zugewiesenen FlexRay-PDUs passen.

- Ein *LIN TP* existiert aktuell nicht in AUTOSAR.

- Der *CAN State Manager (CanSM)* wird vom Communication Manager verwendet, um die Zustände der CAN-Kanäle abzufragen und zu steuern.

- Der *FlexRay State Manager (FrSM)* wird wie der CanSM für das Zustandsmanagement des FlexRay-Busses benutzt. Im Speziellen bietet er dem Communication Manager eine Schnittstelle, um die Kommunikation eines FlexRay-Clusters zu starten oder zu stoppen.

▪ Der *LIN State Manager (LinSM)* wird, wie zuvor der CanSM und der FrSM, genutzt, um Zustände zu kontrollieren. Im Besonderen bietet er folgende Funktionen:

  • Wechseln von Schedule-Tabellen und
  • Verwaltung von Go-to-sleep- und Wake-up-Modi.

▪ Das *Generic Network Management Interface (Nm)* stellt grundlegende Funktionen für das Netzwerkmanagement unabhängig vom eingesetzten Bus zur Verfügung. Dies kann beispielsweise das Herunterfahren eines Busses sein.

▪ Das *CAN NM (CanNm)* stellt die folgenden CAN-spezifischen Synchronisations- und Überwachungsalgorithmen für das Netzwerkmanagement zur Verfügung:

  • synchronisierter Übergang in den Bus-sleep,
  • Ermittlung der Netzwerkkonfiguration während des Start-up,
  • Überwachung der Netzwerkkonfiguration während des Betriebs,
  • Wiederherstellung der Kommunikation nach einem Bus-off und
  • Bereitstellung von Netzwerkstatusinformationen.

▪ Das *FlexRay NM (FrNm)* stellt FlexRay-spezifische Funktionen für das Netzwerkmanagement zur Verfügung.

▪ Ein *LIN NM* existiert aktuell nicht in AUTOSAR.

▪ Der *Diagnostic Communication Manager (Dcm)* stellt eine API für Diagnosedienste der Basissoftware bereit. Diese Funktionalität wird von externen Diagnosewerkzeugen in der Entwicklung, bei der Produktion und beim späteren Service genutzt. Der Dcm unterstützt die Diagnoseprotokolle UDS (gemäß ISO 14229-1) und OBD (ISO 15031-5).

**Communication Hardware Abstraction**

Die funktionale Gruppe Communication Hardware Abstraction beinhaltet fünf BSW-Module zur Abstraktion von busspezifischer Hardware mit folgenden Eigenschaften:

▪ Das *CAN Interface (CanIf)* stellt einheitliche Funktionen für den Zugriff auf alle CAN-Kanäle zur Verfügung. Dabei abstrahiert es von der »Position« des CAN Controller (intern oder extern). Im CAN Interface werden sämtliche hardwareunabhängigen CAN-Funktionen implementiert. Dadurch müssen im CAN Driver nur noch die hardwarespezifischen Funktionen implementiert werden.

▪ Das *FlexRay Interface (FrIf)* abstrahiert analog zum CAN Interface vom FlexRay Controller. Zusätzlich stellt es folgende FlexRay-spezifischen Funktionen zur Verfügung:

  ● Starten, Halten, Abbrechen von Übertragungen,
  ● Senden von Wake-up-Patterns,
  ● Setzen des Betriebsmodus,
  ● Abfragen von Statusinformationen und
  ● verschiedene Timer-Funktionen.

▪ Das *LIN Interface (LinIf)* stellt dem PDU Router LIN-spezifische Funktionen bereit:

  ● Verwaltung von Schedule-Tabellen, Sleep und Wake-up sowie
  ● Übertragung, Empfang und Timeout-Überwachung von LIN-Frames.

▪ Der *CAN Transceiver Driver (CanTrcv)* abstrahiert von der verwendeten CAN Tranceiver Hardware und stellt einheitliche Schnittstellen für den Zugriff darauf zur Verfügung. So kontrolliert er Wake-up- und Sleep-Modi der Hardware. Des Weiteren überwacht er die Hardware in Bezug auf Kurzschlüsse oder unterbrochene Leitungen.

▪ Der *FlexRay Transceiver Driver (FrTrcv)* abstrahiert analog zum CAN Transceiver Driver von der verwendeten FlexRay-Transceiver-Hardware.

▪ Ein *LIN Transceiver Driver* existiert aktuell nicht in AUTOSAR.

### Communication Drivers

Die funktionale Gruppe Communication Drivers beinhaltet vier BSW-Module zur Ansteuerung busspezifischer Hardware mit den folgenden Eigenschaften:

▪ Der *CAN Driver (Can)* stellt Funktionen zum Initiieren von Übertragungen und Callback-Funktionen für die Signalisierung eingehender Nachrichten an höhere Softwareschichten bereit. Dabei kann ein CAN Driver mehrere CAN Controller derselben CAN-Hardware ansteuern. Diese Funktionalität stellt er dem CAN Interface hardwareunabhängig zur Verfügung.

▪ Der *FlexRay Driver (Fr)* abstrahiert analog zum CAN Driver von unterschiedlichen FlexRay Controller.

▪ Der *LIN Driver (Lin)* stellt die Kommunikationsfunktionen hardwareunabhängig dem LIN Interface zur Verfügung. Dabei ermöglicht er die LIN-Kommunikation über interne asynchrone serielle Schnittstellen des Mikrocontrollers (SCI/UART).

  On-Chip-LIN-Geräte werden nicht unterstützt.

■ Der *SPI Handler Driver (Spi)* enthält Funktionen zum Datenaustausch mit Geräten, die an die SPI-Schnittstellen des Mikrocontrollers angeschlossen sind, wie ASICs oder Watchdogs. Des Weiteren stellt er Funktionen für die Konfiguration des SPI Controller bereit.

### 9.4.5    I/O-Stack

Der I/O-Stack dient dem Setzen und Auslesen von digitalen, analogen und PWM-I/O-Werten. Wie in Abbildung 9–8 dargestellt, besteht er aus zwei funktionalen Gruppen, der I/O Hardware Abstraction und den I/O Drivers.

Der I/O-Stack erstreckt er sich über die zwei Layer

■ ECU Abstraction Layer und
■ Microcontroller Abstraction Layer.

**Abb. 9–8**
*Einordnung des I/O-Stacks*
*in der Basissoftware*

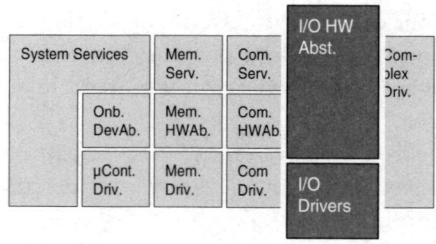

#### I/O Hardware Abstraction (IoHwA)

Die funktionale Gruppe I/O Hardware Abstraction (IoHwA) dient zur Abstraktion der Signalpfade auf der ECU-Hardware.

So abstrahiert die IoHwA beispielsweise von mehreren Mikrocontrollerpins, die logisch zu einer Motoransteuerung kombiniert werden. Des Weiteren abstrahiert sie davon, ob die I/O-Signale direkt an den I/O-Pins des Mikrocontrollers anliegen oder an einem zusätzlichen I/O-Baustein, wie einem ASIC. In einem solchen Fall ist es auch die Aufgabe der IoHwA, von der notwendigen Kommunikation mit dem ASIC zu abstrahieren. Mit höheren Softwareschichten werden nur die I/O-Werte ausgetauscht.

#### I/O Drivers

Die funktionale Gruppe I/O Drivers beinhaltet fünf BSW-Module zur Ansteuerung der I/O-Hardware (Pins) des Mikrocontrollers. Diese Module haben die folgenden Eigenschaften:

- Der *Port Driver (Port)* ermöglicht die Initialisierung der gesamten I/O-Ports des Mikrocontrollers. Sind I/O-Pins mehrfach belegt und können diese beispielsweise als Eingabe- oder Ausgabepins genutzt werden, ist es die Aufgabe des Port Driver, dies entsprechend seiner Konfiguration festzulegen.
- Der *DIO Driver (Dio)* stellt Funktionen zum Lesen und Schreiben von digitalen I/O-Pins zur Verfügung. Dabei arbeitet er Anfragen höherer Softwareschichten synchron ab und liest oder schreibt:
  - einzelne Kanäle (Pins),
  - Kanalgruppen (mehrere Pins) und
  - ganze Ports.
- Der *ADC Driver (Adc)* initialisiert und steuert den Analog-Digital-Konverter des Mikrocontrollers. Er kann synchron oder asynchron genutzt werden. Zur Steuerung der Umwandlung bietet er folgende Funktionen:
  - Starten und Stoppen,
  - Ein- und Ausschalten der Triggerquelle,
  - Ein- und Ausschalten des Benachrichtigungsmechanismus und
  - Abfragen des Status der Umwandlung.
- Der *PWM Driver (Pwm)* initialisiert und steuert die Pulsweitenmodulation des Mikrocontrollers. Er ermöglicht die Auswahl des Tastverhältnisses und der Signalperiode.
- Der *ICU Driver (Icu)* nutzt die *input capture unit* für die Demodulation eines PWM-Signals, um Pulse zu zählen sowie die Frequenz und das Tastverhältnis zu messen. Im Speziellen stellt er die folgenden Funktionen bereit:
  - Benachrichtigung bei Einzelflanken,
  - Kontrolle von Wake-up-Interrupts,
  - Zeitmessung periodischer Signale,
  - Flankenzeitstempel und
  - Flankenzähler.

## 9.4.6 Die Complex Device Drivers

Die Complex Device Drivers (kurz Complex Drivers) gehören keinem Layer der Basissoftware an. Vielmehr liegen sie, wie in Abbildung 9–9 zu sehen ist, »neben« den übrigen Layern und ihren Modulen.

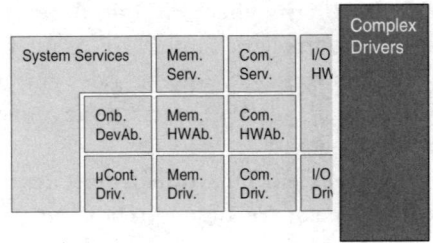

Sie sind in AUTOSAR nicht näher spezifiziert und bieten so die
Möglichkeit, solche Module in ein AUTOSAR-System zu integrieren:

- die bisher nicht vorgesehen sind,
- die Zeitanforderungen haben, die mit der AUTOSAR-Architektur
  nicht realisierbar sind,

oder

- bestehende Software als Complex Driver zu integrieren und so eine
  schrittweise Migration vorzunehmen.

Siehe auch Kapitel 15 und Abschnitt 14.3.5.

> **Hinweis:**
>
> Treiber des MCAL »wandern« in den ECU Abstraction Layer, wenn sich
> die Geräte nicht im Mikrocontroller (on-chip) befinden, sondern auf der
> ECU-Platine (on-board) und über SPI oder Ähnliches angeschlossen sind.

Damit die Basissoftwaremodule auch gemeinsam an einer Aufgabe
arbeiten können, müssen sie miteinander kommunizieren und Daten
austauschen.

Wie diese Kommunikation in AUTOSAR geregelt ist, wird im
folgenden Abschnitt erläutert.

## 9.5    Kommunikationsbeziehungen in der Basissoftware

Da die AUTOSAR-Basissoftware dem Konzept einer Schichtenarchitektur folgt, kann nicht jedes Modul mit jedem anderen Modul kommunizieren.

*Schichtenarchitekturen*      Die Kommunikationsbeziehungen in Schichtenarchitekturen weisen laut [HM08] folgende typische Eigenschaften auf:

- Schichten bauen aufeinander auf,
- es bestehen minimale Abhängigkeiten untereinander,
- jede Schicht abstrahiert von der darunterliegenden,

- die höhere Schicht kennt/nutzt die untere Schicht,
- die untere Schicht kennt darüberliegende Schichten nicht,
- Kommunikation von oben nach unten findet über bekannte Funktionsaufrufe statt und
- Kommunikation von unten nach oben findet über Events und Observer Patterns statt.

Aus einer konsequenten Umsetzung einer Schichtenarchitektur ergibt sich, dass Abhängigkeiten reduziert werden und dann klarer erkennbar sind. Dies verbessert/unterstützt:

*Weniger Abhängigkeiten*

- die Wartbarkeit,
- die Skalierbarkeit und
- das Variantenmanagement.

In AUTOSAR wurden unter der Vorgabe, eine wohlstrukturierte Schichtenarchitektur sicherzustellen, die möglichen Kommunikationsbeziehungen eingeschränkt. Abbildung 9–10 veranschaulicht dies anhand erlaubter und nicht erlaubter Kommunikationsbeziehungen in und zwischen den Layern.

*Einschränkung von Kommunikationsbeziehungen*

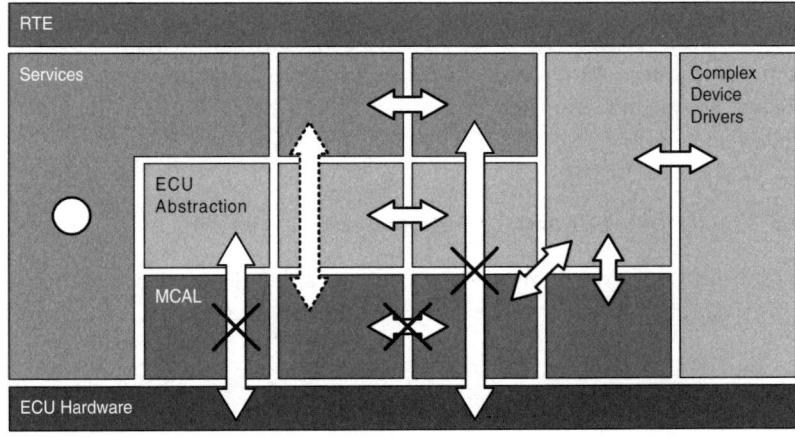

*Abb. 9–10*
*Zulässigkeit von Kommunikationsbeziehungen in der Basissoftware*

## 9.5.1   Erlaubte Kommunikationsbeziehungen

Die erlaubten Kommunikationsbeziehungen wurden mit diesem Pfeil dargestellt:

Dabei handelt es sich um die folgenden Beziehungen:

- horizontal im Service Layer,
- horizontal im ECU Abstraction Layer,
- ein Modul zu einem Modul in einem Layer unter ihm, auch wenn die funktionale Gruppe nicht unmittelbar unter ihm liegt, und
- ein Complex Driver zu allen anderen Modulen.

Zur Verdeutlichung, dass alle Module die System Services benutzen dürfen, wurde zusätzlich dieses Kreissymbol eingesetzt:

### 9.5.2    In Ausnahmefällen gestattete Kommunikationsbeziehungen

Die Kommunikationsbeziehungen, die in Ausnahmefällen gestattet sind, aber nach Möglichkeit vermieden werden sollten, wurden mit einem Pfeil mit gestrichelter Außenlinie dargestellt:

So ist es zulässig, einen Layer bei der Kommunikation zu überspringen. Es könnten Module des Services Layer mit Modulen des MCAL direkt kommunizieren und dabei den ECU Abstraction Layer dazwischen auslassen.

### 9.5.3    Verbotene Kommunikationsbeziehungen

Kommunikationsbeziehungen, die nicht zulässig sind, wurden mit einem durchkreuzten Pfeil gekennzeichnet:

Nicht erlaubt sind die folgenden Beziehungen:

- horizontal im MCAL,
- unter Auslassung des MCAL und
- unter Auslassung von zwei Layern.

## 9.6   Implementation Conformance Classes 1-3

Die starke Modularisierung der Basissoftware hat nicht nur Vorteile, sondern führt leider auch zu einem erhöhten Kommunikationsaufwand zwischen den Modulen. In manchen sehr zeitkritischen Anwendungen ist dieser Aufwand zu hoch.

Die Lösung, die AUTOSAR in dieser Situation anbietet, sind die Implementation Conformance Classes (ICCs). Mit ihrer Hilfe kann die Granularität der Basissoftware und somit der Kommunikationsaufwand reduziert werden.

*Reduzierung des Kommunikationsaufwandes*

Die ICC 3 beschreibt die höchste Granularität. Hier werden die Module genau so implementiert und integriert, wie sie im Einzelnen spezifiziert sind (siehe Abb. 9–11).

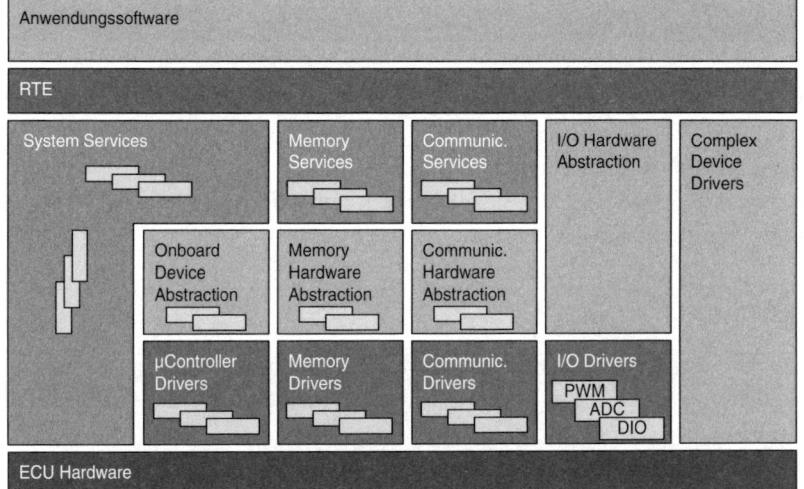

*Abb. 9–11*

*ICC 3*

Die ICC 2 erlaubt es, mehrere Module zu einem Cluster zusammenzufassen. In einem derartigen Cluster müssen die Schnittstellen zwischen den Modulen nicht mehr der Spezifikation entsprechen und können projektspezifisch optimiert werden.

Auch die genaue Einteilung in Cluster ist in der ICC 2 nicht vorgegeben und wird ebenfalls projektspezifisch vorgenommen (Abb. 9–12 zeigt eine mögliche Clusterung nach ICC 2).

**Abb. 9–12**

*ICC 2*

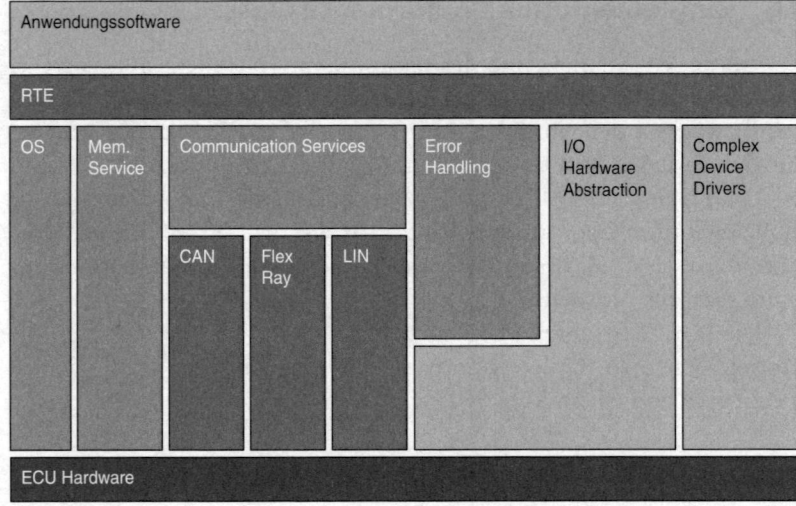

Bei der ICC 1 besteht die Basissoftware aus einem Cluster (man spricht hier auch von proprietärer Basissoftware). Die einzige Forderung, die diese Software erfüllen muss, ist, dass sie die Schnittstellen zur RTE entsprechend der Spezifikation bedient. Intern kann sie beliebig optimiert werden (siehe Abb. 9–13).

**Abb. 9–13**

*ICC 1*

Die ICC 1 bieten neben den Optimierungsoptionen auch die Möglichkeit, schrittweise bestehende Basissoftware in AUTOSAR-konforme Basissoftware zu migrieren (siehe auch Kapitel 15).

# 9.7    Beispiele

Nach diesem Überblick über die Basissoftwarearchitektur zeigen hier Beispiele (entsprechend [Me08]) funktionale Aspekte der Basissoftware auf.

*Zusammenarbeit von Modulen*

Dazu wird die Zusammenarbeit von Modulen in zwei Stacks beschrieben. Bei diesen Stacks handelt es sich um den Kommunikations-Stack und den Speicher-Stack. Da sich beide Stacks über die drei Schichten:

- Service,
- ECU-Abstraktion und
- Mikrocontrollerabstraktion

erstrecken, wird auch ihre Aufgabe nochmals verdeutlicht.

### 9.7.1    Das Zusammenspiel von BSW-Modulen im Kommunikations-Stack

In AUTOSAR besitzt der Kommunikations-Stack die höchste Komplexität. Aus diesem Grund wird von den drei Busabstraktionen (CAN, FlexRay und LIN) hier nur der CAN-Teil dieses Stacks betrachtet.

Die dazugehörigen AUTOSAR-Module sind entsprechend ihrer Zuordnung zur jeweiligen Softwareschicht in Abbildung 9–14 dargestellt.

*Signalorientierte Schnittstelle*

Gegenüber AUTOSAR-Anwendungen ist das Modul AUTOSAR-COM die für die Kommunikation zu verwendende signalorientierte Schnittstelle. Welche Signale zu einer Botschaft zusammengefasst werden und unter welchen Bedingungen diese zu versenden sind, wird bei der Konfiguration festgelegt.

Direkt unter dem Modul AUTOSAR-COM, aber noch innerhalb der Service-Schicht, liegt das Modul PDU Router. Hier werden die Botschaften unverändert, entsprechend der Konfiguration, an die jeweilige darunterliegende busspezifische Schnittstelle (CAN, LIN oder FlexRay) weitergeleitet. Gleichzeitig gibt der PDU Router ankommende Nachrichten an die darüberliegenden Module weiter.

*Ansprechen mehrerer CAN-Treiber*

Unter dem PDU Router liegt das Modul CAN Interface und repräsentiert die Schnittstelle zu den wiederum darunterliegenden CAN-Treibern. Durch dieses Modul ist die Möglichkeit gegeben, mehrere verschiedene CAN-Treiber im laufenden Betrieb anzusprechen. Das CAN Interface ist zuständig für:

**Abb. 9–14**
*Aufbau und Ablauf im*
*Kommunikations-Stack*
*am Beispiel CAN*

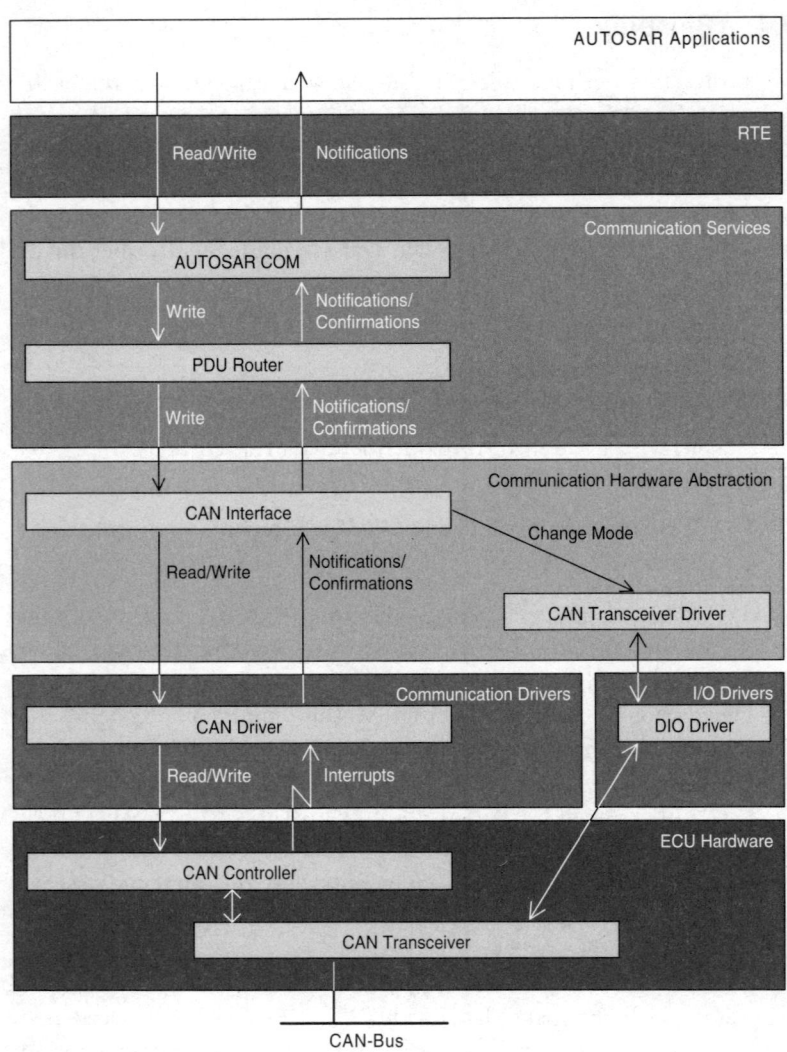

- die Initialisierung aller verwendeten CAN-Treiber,
- den Versand der Botschaften mit anschließender Rückmeldung über den Erfolg oder Misserfolg des Versandes,
- Fehlermeldungen und
- die Meldung von ankommenden Nachrichten.

*Direktes Schreiben in den Sendepuffer des CAN Controller*

Beim Senden mit der Funktion *CanIf_Transmit()* wird die Botschaft durch die CAN-Treiber-Funktion Can_Write() direkt in den Sendepuffer des CAN Controller geschrieben (synchroner Aufruf). Ist der Puffer jedoch voll, wird die Nachricht in einem Puffer innerhalb des CAN Interface gespeichert und zu einem späteren Zeitpunkt selbstständig in den Sendepuffer geschrieben (asynchroner Versand). Nach dem Aufruf von *CanIf_Transmit()* kehrt die Funktion sofort zur Aufrufumgebung zurück.

Zwischen der Kommunikationshardware und dem CAN Interface liegen die CAN-Treiber und CAN-Transceiver-Treiber. Der CAN-Transceiver-Treiber verbindet hierbei den CAN-Protokollbaustein mit dem physikalischen Busmedium (Busankopplung).

Im Wesentlichen besteht diese Busankopplung aus einem Sende- und Empfangsverstärker. Der CAN-Treiber ist die Schnittstelle zum Baustein des CAN Controller. Er bietet Services für das Auslösen des Versandes von Nachrichten und das Empfangen von Botschaften vom CAN Controller.

Die Rückmeldung des CAN Controller nach dem Absenden oder Empfangen von Nachrichten erfolgt entweder durch zyklisches Abfragen durch den CAN-Treiber (Polling-Betrieb) oder während des Betriebs mittels Hardware-Interrupts.

Für den Polling-Betrieb müssen verschiedene Funktionen des CAN-Treibers durch den Basissoftware-Scheduler aufgerufen werden. Diese müssen die Aufgaben, der sonst von Interrupts aufgerufenen Methoden, übernehmen (beispielsweise: *Can_MainFunction_Read()* für das Verarbeiten ankommender Botschaften). Neu eintreffende Botschaften werden mittels Rückruffunktionen an die darüberliegende Schicht weitergeleitet.

## 9.7.2 Das Zusammenspiel von BSW-Modulen im Speicher-Stack

Häufig ist es notwendig, Informationen der AUTOSAR-Anwendungen dauerhaft (im Sinn von »nicht flüchtig«) in ein geeignetes Speichermedium zu schreiben.

Dabei kann der nicht flüchtige Datenspeicher (NVRAM) aus einem mikrocontrollerinternen oder seriell beziehungsweise parallel angeschlossenen EEPROM bestehen. Dieser nicht flüchtige Datenspeicher kann auch durch ein internes oder externes Flash-EPROM simuliert werden.

Die Struktur des Speichermanagements ist in der Abbildung 9–15 gemäß der AUTOSAR-Softwareschichten dargestellt.

Die einzige Schnittstelle für AUTOSAR-Anwendungen zum NVRAM bietet das Modul NVRAM Manager in der Service-Schicht.

Dazu muss das Modul in der Lage sein, Anforderungen mehrerer Anwendungen gleichzeitig bearbeiten zu können. Hierbei werden alle Lese-, Schreib- oder Löschanforderungen, nach Prioritäten sortiert, in eine Warteschlange gelegt und hintereinander (Serialisierung) an die tieferen Schichten weitergegeben.

*Serialisierung von Anfragen*

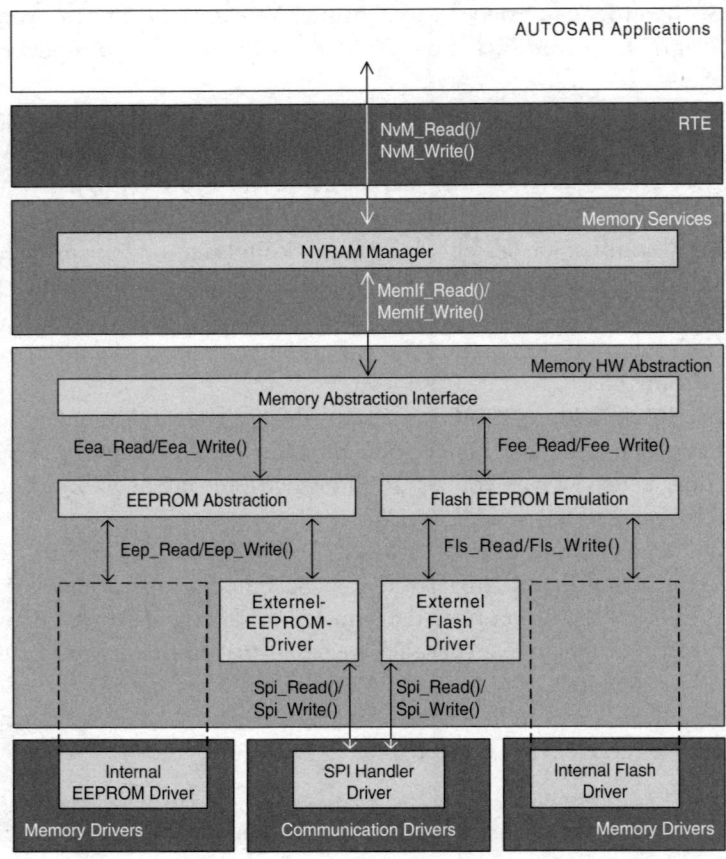

Die Anwendungen arbeiten indes weiter und müssen den Abschluss des Auftrages abwarten. Der Status der Bearbeitung kann durch einen Funktionsaufruf abgefragt werden.

*Asynchrone Abarbeitung*

Die asynchrone Bearbeitung der Aufträge ist notwendig, damit zum einen gleichzeitige Anforderungen von verschiedenen Anwendungen möglich sind, zum anderen dauert der Zugriff auf den EEP-ROM-Speicher teilweise mehrere Arbeitszyklen.

*Identifikation des*
*Speichers über Block-IDs*

Die Daten im nicht flüchtigen Speicher werden in Form von Blöcken verwaltet, die von den AUTOSAR-Anwendungen durch eine Block-ID ausgewählt werden können, ohne dass die Anwendungen den eigentlichen Speicherort kennen müssen.

*Daten werden im RAM*
*gespiegelt*

Bei der Initialisierung des NVRAM Managers werden für jeden mit »permanent« gekennzeichneten Datenblock Kopien erzeugt, auf denen die Anwendungen dann arbeiten können. Die Inhalte dieser RAM-Blöcke werden beim Herunterfahren des Systems wieder in den nicht flüchtigen Speicher zurückgeschrieben. Zusätzlich gibt es die

Möglichkeit, Daten sofort in den nicht flüchtigen Speicher zu schreiben, dort zu lesen oder zu löschen.

Durch eine entsprechende Konfiguration lässt sich das Überschreiben der Daten im nicht flüchtigen Speicher verhindern (Kopierschutz). Wahlweise können die Daten durch eine zyklische Redundanzprüfungssumme (CRC) geschützt werden. Der CRC-Service wird dabei in einem anderen AUTOSAR-Modul realisiert. Im ROM können optional redundante Kopien der Datenblöcke gespeichert oder Ersatzwerte abgelegt werden.

*Kopierschutz und CRC*

Direkt unter dem NVRAM Manager liegt das Modul Memory Abstraction Interface, das von den beiden EEPROM-Speicherarten abstrahiert.

Die Anforderungen an den Speicher werden an die darunterliegende Speicherabstraktionsschicht (EEPROM-Abstraktion und Flash-EEPROM-Abstraktion) weitergeleitet. Hier werden nach einer Adressumsetzung die entsprechenden Treiberfunktionen zur Bearbeitung der Anforderungen aufgerufen (interner/externer EEPROM-Treiber oder interner/externer Flash-Treiber).

# 10 Performance – oder »Was kostet AUTOSAR?«

Die Performance-Frage wird im Zusammenhang mit AUTOSAR immer wieder kontrovers diskutiert. So wird befürchtet, dass es durch die verschiedenen Abstraktionsschichten und die starke Modularisierung, die AUTOSAR einführt, zu einem hohen Ressourcenverbrauch in Bezug auf Rechenleistung und Speicherverbrauch kommt.

Diesen Befürchtungen muss sich AUTOSAR in einer offenen Diskussion stellen, um im Automotivbereich akzeptiert werden zu können.

## 10.1 Ressourcenverbrauch resultiert in Entwicklungs- und Herstellungskosten

Viel zu oft wird die Frage nach dem Ressourcenverbrauch von AUTO-SAR-Befürwortern falsch interpretiert. Sie wird häufig als Pauschalangriff auf AUTOSAR verstanden und mit der Sperrung gegenüber Neuem verbunden. *Die Performance-Frage*

In den meisten Fällen ist diese Annahme jedoch falsch, denn das eigentliche Ziel dieser Frage ist, herauszufinden, ob und wenn ja, mit welchen Entwicklungs- und Herstellungskosten die Einführung von AUTOSAR verbunden ist. *Die Frage nach den Kosten*

Da es sich beim Automobilmarkt, bis auf wenige Automarken, um einen Massenmarkt handelt, hat die Kostenoptimierung eine sehr hohe Priorität. Je früher im Entwicklungsprozess auf die Optimierung der späteren Herstellungskosten geachtet wird, umso höhere Effekte können erzielt werden.

Die Entwicklung und Einführung einer neuen Technologie wie AUTOSAR ist somit prädestiniert für eine kritische Kosten-Nutzen-Analyse.

### Aus 10 Cent werden 30 Millionen Euro

Angenommen, durch die Umstellung der Software einer existierenden ECU auf AUTOSAR-konforme Software wäre es notwendig, in die nächsthöhere Speicherklasse eines Prozessors zu wechseln.

*10 Cent*

Dies könnte beispielsweise bedeuten, dass das neue Modell statt wie bisher 128 kB RAM jetzt 256 kB RAM aufweist. Die Mehrkosten für dieses neue Prozessormodell betragen lediglich 10 Cent.

Dies scheint auf den ersten Blick ein geringer Betrag zu sein. Bei den hohen Stückzahlen, die die Automobilhersteller heute erreichen, können 10 Cent jedoch sehr schnell zu einem K.-o.-Kriterium werden.

Beispielsweise hat Volkswagen im Jahr 2007 über 6 Millionen Fahrzeuge ausgeliefert. Hier könnte die Umstellung nur einer einzigen ECU auf AUTOSAR-konforme Software mit einer Erhöhung der Produktionskosten um 600.000 Euro verbunden sein. Bei der Annahme, dass in einem Fahrzeug 50 ECUs verbaut sind, ergeben sich dann 30 Millionen Euro mehr an Produktionskosten pro Jahr.

*30 Millionen Euro mehr Produktionskosten*

**Beispielrechnung:**

10 Cent x 50 ECUs x 6 Millionen Fahrzeuge = 30 Millionen Euro

Kann zur Aufstockung des Speichers oder der Rechenleistung kein pinkompatibler Prozessor mit höherer Leistung genutzt werden, entstehen zusätzliche Hardwareentwicklungskosten, die in ähnlichen Größenordnungen wie die zuvor kalkulierten zusätzlichen Produktionskosten liegen können.

*Hardwareentwicklungskosten in ähnlicher Größenordnung*

Die zusätzlichen Entwicklungskosten entstehen zunächst durch die Überarbeitung des Schaltplanes und des Platinenlayouts. Dies wird Folgekosten aufgrund erneuter Tests von:

- Temperatur (»Heißland/Kaltland«),
- Elektromagnetische Verträglichkeit (EMV),
- Rütteltest oder
- Betauung

verursachen. In einzelnen Fällen kann eine Änderung des Platinenlayouts auch noch eine Überarbeitung mechanischer Komponenten wie

- Gehäuse oder
- Steckverbindungen

nach sich ziehen. Die so entstehenden Kosten bewegen sich ebenfalls schnell im Millionenbereich.

Diese Überlegungen verdeutlichen, weshalb sich AUTOSAR der Performance-Frage stellen muss. Es wird klar, dass eine Verdopplung des Speicherverbrauches oder der benötigten Rechenleistung nicht ohne Weiteres akzeptiert werden.

## 10.2 Kostenoptimierung durch Performance-Optimierung

Die in der Automobilindustrie so wichtige Kostenoptimierung resultiert in der Forderung, eine möglichst performante Software einzusetzen, um Hardwareentwicklungs- und Hardwareherstellungskosten zu minimieren.

*Kostenoptimierung*

Performance beschreibt im Softwarebereich das Verhältnis von auszuführenden Funktionen und der für ihre Ausführung benötigten Ressourcen. Ressourcen für die Ausführung von Softwarefunktionen sind dabei Rechenleistung und Speicher.

Es besteht somit das Ziel, den Funktionsumfang der Software zu maximieren und gleichzeitig den Ressourcenbedarf zu minimieren.

*Minimaler Ressourcenbedarf*

Den Funktionsumfang zu erhöhen, stellt im Allgemeinen kein »Problem« dar. Umso wichtiger ist es, gleichzeitig die benötigten Ressourcen zu optimieren.

*Maximaler Funktionsumfang*

Um den Ressourcenverbrauch optimieren zu können, muss er zunächst ermittelt werden.

### 10.2.1 Benchmarking – Ermittlung des Ressourcenbedarfs

Der Ressourcenverbrauch von Speicher und Rechenleistung kann durch Messen ermittelt werden. Dazu muss die zu analysierende Software zunächst übersetzt werden.

### Speicherverbrauch

Die Ermittlung des Speicherverbrauches kann unmittelbar nach der Erzeugung des Objektcodes durchgeführt werden. Ein Ausführen der Software auf dem Zielsystem ist dafür nicht notwendig.

Der Grund hierfür ist, dass Software für tief eingebettete Systeme keinen Speicher zur Laufzeit dynamisch alloziiert. Somit steht der gesamte ROM- und RAM-Bedarf bereits nach der Übersetzung des Quellcodes fest.

Zur Ermittlung des Speicherverbrauches stellen C/C++-Entwicklungsumgebungen üblicherweise ein Kommandozeilenprogramm bereit. Das Werkzeug heißt *size* und wird, unter diesem Namen oder leichten Abwandlungen, praktisch von alle Entwicklungsumgebungen bereitgestellt. Bei Produkten von »Green Hills Software Inc« ist es beispielsweise unter dem Namen *gsize* zu finden.

*Size* kann auf Objektdateien angewendet werden (*size test.o*) und erzeugt dann eine Ausgabe in der folgenden Form:

```
text    data    bss    dec    hex filename
 180       0      0    180     b4 test.o
```

Wie das Beispiel zeigt, ist die Angabe des Speicherverbrauches nicht unmittelbar in ROM und RAM unterteilt, sondern in einzelne Segmente. Die wichtigsten sind

- *text*: ausführbarer Code,
- *data*: globale Daten und
- *bss*: uninitialisierte Daten.

Durch den Linkvorgang werden diese Segmente üblicherweise wie folgt zugeordnet:

- ROM: *text*
- RAM: *data* und *bss*.

Somit ist die Ermittlung des Speicherverbrauches mit einem geringen Aufwand, dem Übersetzen und der Anwendung der *size*-Kommandos, verbunden.

### Rechenleistung

Die Ermittlung der benötigten Rechenleistung ist hingegen etwas aufwendiger. Hierfür ist die Ausführung der Software auf dem Zielsystem erforderlich.

Bei der Zeitmessung sind zwei Einflussfaktoren, die das Ergebnis stark verfälschen können, zu beachten:

- Unbemerkte Unterbrechung der Messung durch
  - Interrupts oder sogar
  - Taskwechsel
- und der Code zur Zeitmessung (»Messcode«).

Auf Möglichkeiten, diese unerwünschten Einflüsse zu vermeiden oder zumindest zu minimieren, wird im Folgenden kurz eingegangen.

### Interrupts

*Interrupts ausschließen*    Um die Verfälschung durch Interrupts auszuschließen, sind die Messungen mehrmals zu wiederholen und eventuelle Ausreißer, die durch einen Interrupt hervorgerufen wurden, zu ignorieren oder durch eine Durchschnittswertbildung mit in das Ergebnis einzubeziehen.

**Taskwechsel**

Ist eine Funktion »sehr lang« oder wird sie zur leichteren Zeitmessung vielfach in einer Schleife wiederholt, steigt die Wahrscheinlichkeit, dass die Messung nicht nur durch einen Interrupt, sondern durch einen Taskwechsel unterbrochen wird. Ein Taskwechsel wird das Messergebnis noch wesentlich stärker als ein Interrupt verfälschen. *Taskwechsel verfälschen Messergebnisse noch stärker*

Es gibt verschiedene Methoden, die Unterbrechung durch Interrupts und Taskwechsel auszuschließen, wie die Sperrung von Interrupts. Die Sperrung der Interrupts beinhaltet auch den Timer-Interrupt, der vom Betriebssystem zum Taskwechsel benutzt wird. Somit werden keine Taskwechsel durchgeführt, bis Interrupts wieder zugelassen werden. *Ausschließen durch Interrupt-Sperrung*

Ein derartiges Vorgehen setzt aber meist ein tieferes Verständnis des gesamten Softwaresystems voraus. Des Weiteren muss die Zeitmessung extern, beispielsweise mit einem Oszilloskop, vorgenommen werden, da mit Sperren des Timer-Interrupts auch die interne Zeitbasis fehlt.

Ein praktischer Ansatz ist es, die zu messende Zeitspanne möglichst kurz zu halten und nicht durch vielfaches Aufrufen der zu messenden Funktion, künstlich zu verlängern. Ausreißer, die mutmaßlich durch einen Taskwechsel hervorgerufen wurden, werden wie zuvor behandelt (ignoriert oder in einen Durchschnittswert einbezogen). *Zu messende Zeitspanne kurz halten*

**»Messcode«**

Wird die zu untersuchende Funktion nur einmal ausgeführt, um die Wahrscheinlichkeit der Unterbrechung durch Interrupts oder Tasks zu minimieren, entsteht das Problem, dass der Code zur Zeitermittlung, das Ergebnis stark verfälschen kann. *Verfälschung durch Messcode selbst minimieren*

Dennoch ist das Messen, auch kurzer Zeitabschnitte, ein praktikabler Weg. Dabei muss zunächst die Zeit ermittelt werden, die der »Messcode« selbst benötigt. Dieser Wert wird dann bei der Messung der eigentlich zu untersuchenden Funktion abgezogen.

Es ist wichtig, dass der »Messcode« eindeutig weniger Zeit benötigt als der zu untersuchende Codeabschnitt. Es macht wenig Sinn, »Messcode« einzusetzen, der selbst 100 µs benötigt, wenn der zu messende Codeabschnitt nur 1µs lang ist.

Eine gute Alternative zum Messen einer Zeitspanne per Software ist die Nutzung eines Oszilloskops. Hierzu wird der Start und das Ende des zu untersuchenden Codeabschnittes durch das Schalten eines I/O-Pins signalisiert. Dieser I/O-Pin wird mit einem Oszilloskop überwacht und so die Zeitspanne abgelesen. Diese Methode hat zwei Vorteile: *Zeitmessung mittels Oszilloskop*

- Auf dem System wird keine Zeitreferenz benötigt, gegen die die Messung vorgenommen wird, und
- der Code zum Setzen eines I/O-Pins ist kurz und verfälscht das Messergebnis kaum.

Diese Hinweise sollten beachtet werden, um *richtig zu messen*. Damit ist aber noch nicht sichergestellt, dass auch das *Richtige gemessen wurde*.

### Überprüfung durch Disassemblierung

*Messobjekt verifizieren durch Disassemblierung*

Zur Überprüfung, ob mit der Messung tatsächlich der beabsichtigte Codeabschnitt erfasst wurde, und um Hinweise auf weitere Optimierungsmöglichkeiten zu erhalten, ist es sinnvoll, den erzeugten Objektcode »von Zeit zu Zeit« zu disassemblieren.

Hierzu halten die Entwicklungsumgebungen ebenfalls ein Werkzeug bereit. Es heißt *objdump* (object-dump). Dieses Tool nimmt eine Disassemblierung der Objektcodes vor.

Die Ausgabe ist auch ohne tiefgreifende Assemblerkenntnisse gut nutzbar, da die ursprünglichen C-Funktionsnamen am dazugehörigen Assemblercode angegeben sind und eine gute Orientierung bieten.

### Mathematische Analyse

Die Ermittlung der benötigten Rechenzeit ist wesentlich aufwendiger als die Ermittlung des benötigten Speichers. Ein Weg, diesen Aufwand zu reduzieren, wäre die Rechenzeit auf mathematischem Wege festzustellen.

*Vielzahl von Faktoren macht mathematische Analyse zu aufwendig*

Dies ist zwar theoretisch möglich, der Aufwand scheint aber um ein Vielfaches höher als bei »einfachem« Messen zu sein. Zu viele Faktoren müssen in die Berechnung einbezogen werden. Deren Kombination lässt diesen Weg als nicht praktikabel erscheinen. Hier eine Auswahl von zu berücksichtigenden Faktoren:

- Ausführungszeiten der Befehle,
- Zugriffzeiten auf Cache und Speicher,
- aktueller Speicherort (im Cache oder Hauptspeicher) der:
  - Befehle,
  - Daten,
- Prozessor-Pipeline:
  - aktueller Zustand,
  - mögliche »Zerstörung« durch Verzweigung des Programms oder Interrupt-Behandlung,
  - »Blockierung« durch einzelne Befehle, die mehr als einen Prozessortakt benötigen.

Diese Liste zeigt schon die Komplexität einer möglichen mathematischen Zeitanalyse bei modernen Mikroprozessoren.

### 10.2.2  Angabe des Ressourcenbedarfs

Unabhängig von der Methode, die zur Ermittlung des Ressourcenbedarfs genutzt wurde, müssen die Werte in einer geeigneten Form abgelegt werden. Die Angabe des Speichers erfolgt wie üblich in Byte (kB/MB) für ROM und RAM.

Die benötigte Rechenzeit kann in Sekunden (ms/µs/ns) angegeben werden. Ein Vergleich mit anderen Prozessoren wird so aber erschwert. Es ist praktikabler, die Rechenzeit in Prozessortakte umzurechnen und diese anzugeben.

*Rechenzeit in Prozessortakten angeben*

## 10.3  Ressourcenanforderungen an eine AUTOSAR-ECU

Oft wird die Frage gestellt: »Wie viel kostet AUTOSAR denn jetzt mehr?«

Diese Frage kann leider nicht unmittelbar beantwortet werden. Richtig ist, dass Kosten entstehen durch:

- *Abstraktion*:
  Trennung der Software in Schichten,
- *Modularisierung*:
  Gruppierung zusammengehöriger Funktionen in Module und
- *RTE*:
  Entkopplung der Module.

Jede Abstraktion, Modularisierung oder Entkopplung resultiert in zusätzlichen Funktionsaufrufen, deren Kosten ganz klar gemessen und beziffert werden können. So kostet ein Funktionsaufruf:

*Abstraktion verursacht zusätzliche Funktionsaufrufe*

- zwischen 10 und 20 Prozessortakte,
- nochmals 10 bis 20 Bytes durch den Programmcode im ROM sowie
- Stack (im RAM) abhängig von der Größe der übergebenen Funktionsparameter.

Da Software für eingebettete Systeme heute bereits stark modularisiert ist, entsteht durch AUTOSAR nicht unmittelbar eine Verschlechterung des Ressourcenverbrauches. In Einzelfällen ist es sogar möglich, dass eine gewachsene Software durch die Umstellung auf AUTOSAR »entschlackt«wird und so Ressourcen geschont werden.

---

**Aussage:**

AUTOSAR-Software wird immer von einem klaren Design profitieren und »toter Code« wird weitestgehend vermieden.

Wie in jedem anderen Steuergerät hängt der Ressourcenverbrauch von einer Vielzahl weiterer Faktoren ab, wie beispielsweise:

*Vielzahl weiterer Faktoren*

- Anzahl I/Os,
- Art der I/Os (Analog, Digital, PWM),
- Anzahl von Bussignalen, die verarbeitet werden,
- absolute Zeitanforderungen (Echtzeitanforderungen) einzelner Funktionen wie:
  - maximal zulässige Startverzögerung oder
  - maximal zulässige Reaktionszeit,
- Anzahl von Interrupt-Quellen,
- Interrupt-Häufigkeit und Verteilung.

Starken Einfluss hat auch die Auswahl von Toolkette und Basissoftware. Es gibt hier durchaus große Unterschiede zwischen den Produkten der einzelnen Hersteller.

*Auf Skalierbarkeit der Basissoftware achten*

Der Ressourcenverbrauch hängt dabei nicht nur von der Anzahl der Module ab, sondern auch ganz wesentlich von der Skalierbarkeit der gesamten Basissoftware. Eine Basissoftware bereitzustellen, die so weit »reduziert« werden kann, dass sie tatsächlich nur die Funktionen enthält, die im Projekt benötigt werden, stellt eine besondere Herausforderung bei ihrer Entwicklung dar. Dies ist mit hohem Aufwand verbunden und schlägt sich dementsprechend im Preis der Software nieder.

*Den Ressourcenverbrauch durch Prototypen ermitteln*

Absolute Zahlen an zusätzlichem Speicherverbrauch oder zusätzlicher Rechenleistung können hier nicht angegeben werden. Es besteht vielmehr die Empfehlung, mithilfe von prototypischen Implementierungen zu überprüfen, ob die Umstellung auf AUTOSAR-konforme Software mit der geplanten Hardware realistisch ist (siehe auch Abschnitt 15.4).

### Richtwerte

Um einen Anhaltspunkt zu geben, in welchen Größenordnungen sich die Anforderungen an ein AUTOSAR-System bewegen, werden im Folgenden ein paar Richtwerte genannt.

Für eine ECU ohne besondere Anforderungen an Reaktionszeiten oder der Bedienung von Hochgeschwindigkeitsbussen wie FlexRay können folgende Leistungsparameter ausreichend sein:

- *Prozessor*: 32 Bit; 32 MHz,
- *Speicher*: 256 kB ROM und 32 kB RAM.

Eine derartige ECU würde beispielsweise Komfortfunktionen im Innenraum steuern.

Unter die genannten Richtwerte zu gehen, stellt in jedem Fall eine besondere Projektherausforderung dar und sollte sorgfältig analysiert und abgewogen werden.

## 10.4  Objektorientierung zur Performance-Steigerung

Performance-Optimierung hat im Bereich der tief eingebetteten Systeme einen besonders hohen Stellenwert. Auch das Softwaredesign wird zur Beherrschung komplexer werdender Systeme immer wichtiger. Dennoch wird häufig auf mögliche Vorteile, die die Objektorientierung und die Programmiersprache C++ bieten, »verzichtet«. C++ wurde entwickelt, um:

- Designvorteile der Objektorientierung zu nutzen und
- gleichzeitig performanten Zielsystemcode zu erzeugen.

Dass mithilfe von C++ beide Ziele erreicht werden können, wurde bereits auf der Embedded World Conference 2007 [FH07] an dem folgenden einfachen Beispiel gezeigt.

### Beispiel: I/O-Port

Zur Verdeutlichung der Vorteile, wie Design und Performance, soll im Folgenden die objektorientierte Umsetzung der Ansteuerung eines digitalen I/O-Ports genutzt werden.

Abbildung 10–1 zeigt ein UML-Diagramm, bestehend aus den zwei Klassen *CAddress* und *CDioPort*. Dabei ist *CDioPort* eine Spezialisierung von *CAddress*.

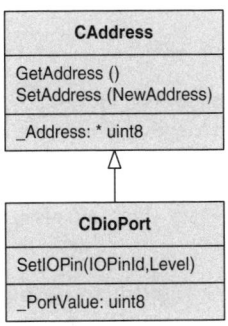

*Abb. 10–1*

*UML-Modell eines digitalen I/O-Ports*

*CAddress* abstrahiert von einer Portadresse. Dazu hält es den Pointer _Address und stellt zwei dazugehörige Zugriffsfunktionen bereit, *GetAddress ()* und *SetAddress (...)*.

*CAddress*

*CDioPort*      Die zweite Klasse *CDioPort* erbt die Eigenschaften von *CAddress* und stellt zusätzlich die Möglichkeit bereit, einen I/O-Pin zu schalten (*SetIOPin(IOPinId,Level)*). Beim zu schaltenden I/O-Pin handelt es sich um einen der acht Pins, die über den Zeiger der Portadresse (*_Address*) angesprochen werden können.

Zur Optimierung »merkt« sich *CDioPort* den aktuellen Zustand des Ports in der Variablen *_PortValue*. Dies hat zwei Vorteile:

- ▪ Soll der aktuelle Zustand des Ports abgefragt werden, muss der Wert dafür nicht von der Hardwareadresse gelesen werden.
- ▪ Das Setzen eines Pins kann zunächst in der »Kopie« des Ports (in *_PortValue*) vorgenommen werden und im Nachhinein das ganze Byte auf die Portadresse (*_Address*) geschrieben werden.

Eine Voraussetzung für dieses Vorgehen ist, dass es sich beim Port um einen *OUT*-Port handelt und nur von einer Stelle in der Software auf diesen Port zugegriffen wird.

Beide Klassen, *CDioPort* und *CAddress*, besitzen den üblichen objektorientierten »Zusatzcode« wie überladene Konstruktoren, um sie flexibel in verschiedenen Projekten nutzen zu können. Der C++-Code, der das gezeigte UML-Modell umsetzt, wird im Folgenden gezeigt.

### Umsetzung CAddress

Die Umsetzung der Klasse *CAddress* sieht in einer typischen C++-Umsetzung wie folgt aus:

```
class CAddress
{
 private:
   volatile uint8 * _Address;
 public:
   volatile uint8 * GetAddress () {return _Address;}
   volatile uint8 * SetAddress (volatile uint8 * NewAddress)
                    {_Address = NewAddress; return _Address;}
   CAddress () { _Address = (uint8 *) NULL; }
   CAddress (uint8 *NewAddress ){Address = NewAddress;}
};
```

Die im UML-Diagramm aufgeführten Zugriffsmethoden sowie der Pointer *_Address*, der das grundlegende Element der Klasse darstellt, sind im gezeigten Quellcode »fett« hervorgehoben.

**Umsetzung CDioPort**

Die Implementierung der Klasse *CDioPort* hat die folgende Form:

```
class CDioPort : public CAddress
{
private:
  uint8 _PortValue;
public:
  uint8 GetPortValue() {return _PortValue;}
  uint8 SetPortValue(uint8 NewPortValue)
        {PortValue = NewPortValue;return _PortValue;}
  uint8 SetIOPin(Dio_IOPinType IOPinId, Dio_LevelType Level)
        {
          if (Level == STD_HIGH)
            {
              switch (DIO_GET_PIN(IOPinId))
                { case 0: { _PortValue |= Bit1; break; } ...
                  case 7: { _PortValue |= Bit8; break; } }
            }
          else
            {
              switch (DIO_GET_PIN(IOPinId))
                { case 0: { _PortValue &= ~Bit1; break; } ...
                  case 7: { _PortValue &= ~Bit8; break; } }
            }
          *(GetAddress()) = _PortValue; return _PortValue;
        }
  void DioPortInit()
    {
      SetAddress( (volatile uint8 *) NULL);
      SetPortValue (0);
    }
  CDioPort(Dio_IOPinType IOPinId)
    {
      DioPortInit();
      SetAddress(Dio_PortList[GET_P_ID(IOPinId)].PortRegPtr)
    }
  CDioPort(uint8 * NewAddress)
    { DioPortInit(); SetAddress(NewAddress); }
};
```

Die wesentlichen Codestellen sind wieder hervorgehoben.

Wie am Quellcode zu erkennen ist, ist die Methode *SetIOPin* sehr einfach und ohne große Optimierungsbemühungen umgesetzt. So besitzt sie für jeden der acht möglichen Pins einen *switch-case*-Zweig zum Setzen (*HIGH*) und einen zum Zurücksetzen (*LOW*) des entsprechenden Bits.

Die teilweise »naiv« erscheinende Implementierung und der Umfang des Codes lässt vermuten, dass der resultierende Zielsystemcode ebenfalls sehr »groß« und ineffizient ist. Dass dies nicht so ist, wird gleich noch gezeigt.

### Aufruf in Testfunktion

Zunächst wird an dieser Stelle noch der Code der Testfunktion erläutert. Zu Beginn wird das Objekt *test_port* vom Typ *CDioPort* angelegt und mithilfe einer Port-ID initialisiert.

Danach wird ein Makro genutzt (*ten_times*), das die beiden Aufrufe zum Setzen des I/O-Pins auf *HIGH* und *LOW* zehnmal hintereinander in den Quellcode kopiert.

```
void test()
{
  CDioPort test_port(P1_OUT);
  ten_times(test_port.SetIOPin(P1_OUT, STD_HIGH);
            test_port.SetIOPin(P1_OUT, STD_LOW);)
}
```

Somit wird zum Testen der Implementierung ein I/O-Pin zehnmal in Folge erst auf *HIGH* und dann wieder auf *LOW* gesetzt.

### Erzeugter Assemblercode

Um zu zeigen, dass aus der angegebenen C++-Umsetzung ein hoch effizienter Zielsystemcode erzeugt wird, soll an dieser Stelle der resultierende Assemblercode dienen.

Der C++-Programmcode wurde mit einem Compiler von Green-Hills (Version 4.2.3) für den NEC-Prozessor V850 übersetzt. Abbildung 10–2 zeigt die Disassemblierung der Testfunktion.

Der Compiler war in der Lage, den gesamtem »C++-Overhead«, wie Zugriffsfunktionen auf gekapselte Variablen und Konstruktoren, durch Inline-Expansion zu entfernen.

Wie im Codeausschnitt zu sehen ist, wird zunächst etwas Platz auf dem Stack reserviert und dort die Portadresse abgelegt. Danach folgt der Code, der den I/O-Pin abwechselnd auf *HIGH* und dann wieder auf *LOW* setzt.

Dabei hat der Compiler »ganz nebenbei« einen Code erzeugt, der den effizientesten Weg nutzt, um speziell auf diesem Prozessor einen I/O-Pin zu schalten. Er hat eine Kombination gewählt aus:

◼ Setzen eines Pins (Bits) mit einem speziellen Assemblerbefehl (*set1*) und

◼ Rücksetzen durch Schreiben des ganzen Ports.

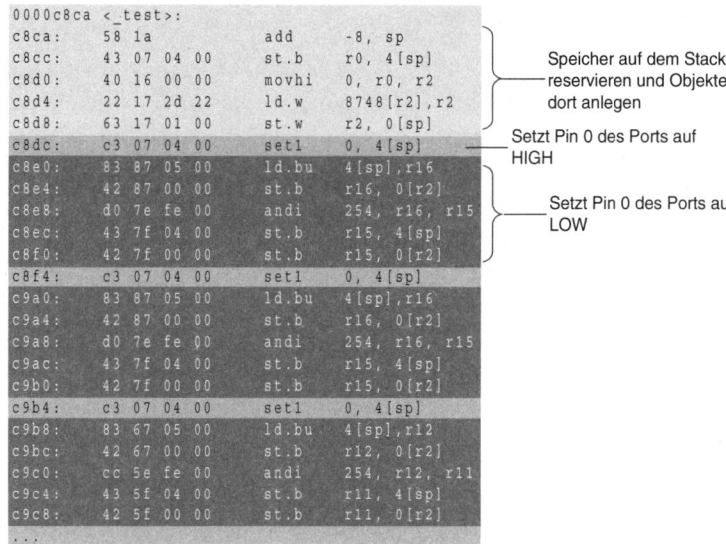

```
0000c8ca <_test>:
c8ca:    58 1a             add     -8, sp
c8cc:    43 07 04 00       st.b    r0, 4[sp]
c8d0:    40 16 00 00       movhi   0, r0, r2
c8d4:    22 17 2d 22       ld.w    8748[r2],r2
c8d8:    63 17 01 00       st.w    r2, 0[sp]
c8dc:    c3 07 04 00       set1    0, 4[sp]
c8e0:    83 87 05 00       ld.bu   4[sp],r16
c8e4:    42 87 00 00       st.b    r16, 0[r2]
c8e8:    d0 7e fe 00       andi    254, r16, r15
c8ec:    43 7f 04 00       st.b    r15, 4[sp]
c8f0:    42 7f 00 00       st.b    r15, 0[r2]
c8f4:    c3 07 04 00       set1    0, 4[sp]
c9a0:    83 87 05 00       ld.bu   4[sp],r16
c9a4:    42 87 00 00       st.b    r16, 0[r2]
c9a8:    d0 7e fe 00       andi    254, r16, r15
c9ac:    43 7f 04 00       st.b    r15, 4[sp]
c9b0:    42 7f 00 00       st.b    r15, 0[r2]
c9b4:    c3 07 04 00       set1    0, 4[sp]
c9b8:    83 67 05 00       ld.bu   4[sp],r12
c9bc:    42 67 00 00       st.b    r12, 0[r2]
c9c0:    cc 5e fe 00       andi    254, r12, r11
c9c4:    43 5f 04 00       st.b    r11, 4[sp]
c9c8:    42 5f 00 00       st.b    r11, 0[r2]
...
```

Speicher auf dem Stack reservieren und Objekte dort anlegen

Setzt Pin 0 des Ports auf HIGH

Setzt Pin 0 des Ports auf LOW

*Abb. 10–2*
*Assemblercode resultierend aus C++-Umsetzung einer objektorientierten I/O-Port-Modellierung*

Dies ist die optimale Umsetzung der gewünschten Funktion unter Berücksichtigung von Prozessoreigenschaften wie Befehlsausführungs-dauer und Pipeline-Ausnutzung.

Ein Entwickler mit guten Assemblerkenntnissen hätte möglicher-weise eine Kombination aus

▓ *set1*: Setzen eines Bits und

▓ *clr1*: Löschen eines Bits

gewählt. Dies wäre jedoch nicht die optimale Variante, denn ein Prozessor kann nur Bytes adressieren und keine Bits. Somit benötigt er für Bitmanipulationsbefehle mehrere Schritte:

1. Laden des gesamten Bytes,
2. Modifizieren des gewünschten Bits und
3. Zurückschreiben des resultierenden Bytes.

Das Beispiel zeigt, dass ein guter C++-Compiler ein »enormes« Opti-mierungspotenzial bereitstellt, das selbst durch »hand-optimierten« C- und Assemblercode schwer erreicht werden kann.

**Ergebnis:**

C++ macht es möglich, das Design der Software in den Vordergrund zu stellen. Aufwendige »händische« Codeoptimierung, die zudem oft ziel-systemabhängig ist, wird durch Optimierungsalgorithmen des Compilers ersetzt.

## 10.5  Schlussfolgerungen

Erfahrungen zeigen, dass AUTOSAR durchaus etwas kosten darf, denn mit AUTOSAR sind auch klare Vorteile verbunden wie ein gutes Design, das die Realisierung noch komplexerer Systeme unterstützt.

*Ressourcenerhöhung mit Faktor 1,2 bis 1,5 noch akzeptabel*

Letztendlich entscheidet eine klare Kosten-Nutzen-Analyse über den Einsatz von AUTOSAR. Erste Analysen ergeben offenbar eine Akzeptanzgrenze deutlich unter dem Faktor zwei. Das heißt, die Erhöhung des Ressourcenverbrauches durch AUTOSAR muss deutlich unter diesem Faktor liegen. Ziele von 1,2 bis 1,5 werden ganz klar angestrebt.

Aufgrund dieser hohen Anforderungen sollten »Ideen«, wie die Nutzung der Objektorientierung in Kombination mit hoch optimierenden C++-Compilern, nicht grundsätzlich abgelehnt werden.

# 11 Variantenmanagement

Wie auch in Abschnitt 14.1 beschrieben, besteht im Automotivbereich häufig die Herausforderung, verschiedene Varianten einer Software bereitzustellen. Wird dies erkannt und mit geeigneten Methoden umgesetzt, entsteht eine sogenannte Produktlinie.

Produktlinienentwicklung ist nicht nur eine Aufgabe des Zulieferers, der seine Software an mehrere OEMs vertreiben möchte, sondern auch für den OEMs selbst.

OEMs können durch den Einsatz einer Software in verschiedenen Fahrzeugmodellen Kosten einsparen. Diese Kosteneinsparung

- beginnt bei der Reduzierung der Entwicklungskosten des einzelnen Produktes,
- geht über die Vermeidung paralleler Pflege »verschiedener« Softwareprodukte
- bis zur Minimierung von Kosten des Updatemanagements in den Werkstätten.

Um einzelne Produkte (Varianten) einer Produktlinie bereitstellen zu können, ist ein Variantenmanagementprozess im Unternehmen zu etablieren.

## 11.1 Herangehensweise

Ist das Potenzial der Kostenoptimierung durch Variantenmanagement erkannt, müssen verschiedene Prozesse umgestellt werden. Dies beginnt beim Vertrieb und Marketing und betrifft nicht zuletzt den Softwareentwicklungsprozess.

Im Folgenden wird insbesondere der Softwareentwicklungsprozess betrachtet.

Zur Umstellung sind nicht unerhebliche Anfangsinvestitionen notwendig. Damit sich diese Investitionen wieder amortisieren, ist die

richtige Herangehensweise bei der Umstellung auf eine produktlinien-
basierte Softwareentwicklung notwendig.

### 11.1.1 Softwarebasis analysieren

Wie Abbildung 11–1 zeigt, muss zunächst die existierende Codebasis
analysiert werden. Dabei müssen seine Bestandteile in verschiedene
Kategorien eingeteilt werden. Diese Bestandteile sind häufig ganze
Module, können in speziellen Fällen aber auch einzelne Zeilen Programmcode sein.

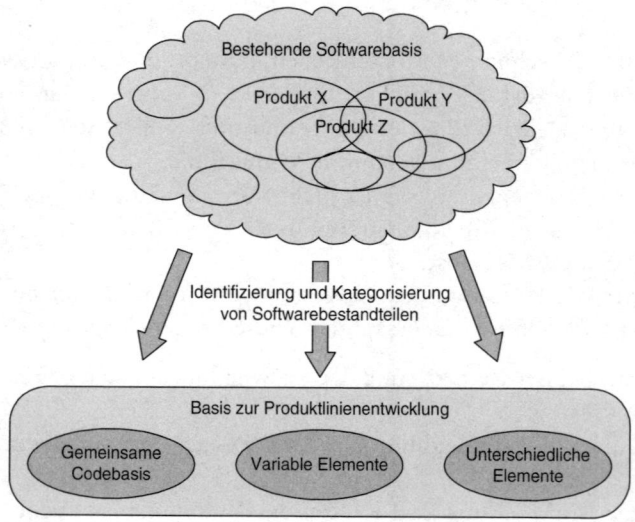

*Abb. 11–1*
*Identifizierung und*
*Kategorisierung von*
*Softwarebestandteilen*

Die verschiedenen Codekategorien bilden später die Basis für die
Produktlinienentwicklung. Konkret handelt es sich um:

- *gemeinsame Codebasis*:
  Bestandteile, die allen Mitgliedern der geplanten Produktlinie
  gemeinsam sind,

- *variable Elemente*:
  Elemente, die zwar in (fast) allen Produkten vorkommen, deren
  Eigenschaften aber variieren und

- *unterschiedliche Elemente*:
  Diese Elemente sind produktspezifisch.

Die naheliegende Idee, diesen Schritt von den Entwicklern der bereits
existierenden Produkte durchführen zu lassen, ist denkbar ungeeignet.
Folgende Randbedingungen sind zu beachten:

- Für die Einteilung der bestehenden Software in einzelne Kategorien muss die geplante Produktlinie bereits bekannt sein.
- Die Bewertung muss außerdem wertneutral in Bezug auf den existierenden Code vorgenommen werden, da sonst die Gefahr sehr hoch ist, dass der Code bewusst oder unbewusst falsch zugeordnet wird und so Konflikte/Inkonsistenzen bei der späteren produktlinienbasierten Entwicklung auftreten.

Die verantwortliche Abteilung hat also die Aufgabe, ein möglichst »unvoreingenommenes/neutrales« Team zusammenzustellen.

Der Schritt der Codeanalyse und Codeaufteilung hat einen wesentlichen Einfluss auf Erfolg oder Misserfolg bei der Umstellung auf einen produktlinienbasierten Ansatz. Deshalb ist bei diesem Schritt die Unterstützung durch einen externen Dienstleister zu empfehlen, der entsprechende Erfahrungen besitzt.

### 11.1.2 Weiterentwicklung parallelisieren

Nachdem die Software aufgeteilt ist, wird die Weiterentwicklung parallelisiert. Die Entwicklung teilt sich, wie dies in [Sc08] beschrieben ist, in die Domänenentwicklung und die Anwendungsentwicklung auf.

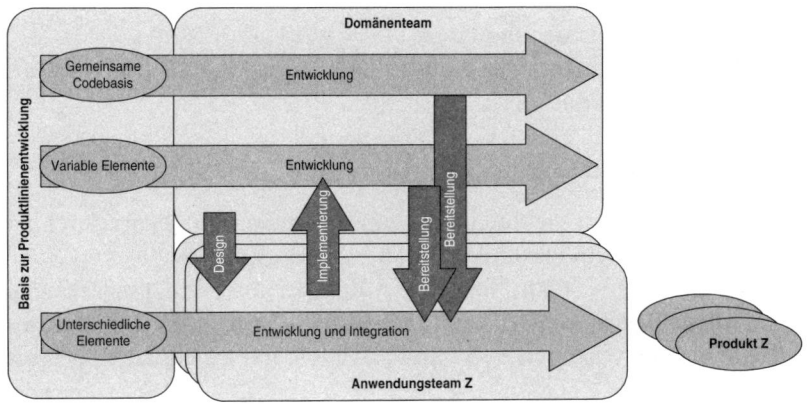

*Abb. 11–2*

*Parallele Domänen- und Anwendungsentwicklung*

Wie Abbildung 2–2 zeigt, gibt es

- ein Team, das für die Domänenentwicklung verantwortlich ist, und
- mehrere Teams, die für die Entwicklung der jeweiligen Anwendungen verantwortlich sind.

Was dies bedeutet, wird im Folgenden näher erläutert.

## Domänenentwicklung

Die Domänenentwicklung stellt Bestandteile, die für die jeweilige Anwendungsdomäne relevant sind, bereit.

Unter Domäne versteht man in diesem Zusammenhang einen größeren Bereich, für den die Produktlinie entwickelt wird. Wie groß dieser Bereich tatsächlich ist, ist relativ. Dies könnte allgemein der Automotivbereich oder auch »nur« der Bereich Fahrzeugfrontlicht sein.

Unabhängig von der Zieldomäne, die sehr unternehmensabhängig ist, hat das Domänenentwicklungsteam (Domänenteam) die Aufgabe, die Software, die für die gesamte Domäne relevant ist, zu entwickeln.

Entsprechend der Aufteilung der existierenden Software handelt es sich hierbei um die Weiterentwicklung der

- gemeinsamen Codebasis sowie
- der variablen Elemente.

Die als variabel identifizierten Elemente müssen jedoch nicht unmittelbar von diesem Team entwickelt werden. In jedem Fall hat es aber die Verantwortung, dass diese Elemente dem vorgegebenen Design entsprechen.

Das Domänenteam ist »Eigentümer« der Codebasis und der variablen Elemente und somit für ihren Lebenszyklus verantwortlich. Es

- verwaltet die Versionen und
- stellt »ihre Produkte« den Anwendungsentwicklungsteams (Anwendungsteams) bereit.

## Anwendungsentwicklung

Die Anwendungsentwicklung wird von verschiedenen Teams durchgeführt, die für einzelne Produkte verantwortlich sind.

Ein derartiges Team hat die Aufgabe, anwendungsspezifische Bestandteile weiterzuentwickeln. Das sind die Bestandteile, die bei der Analyse der bestehenden Softwarebasis als unterschiedlich eingestuft wurden.

*Ständig Interaktionen*    Die Anwendungsentwicklung läuft parallel zur Domänenentwicklung. Dabei gibt es ständig Interaktionen zwischen beiden Bereichen. So stellen sie sich gegenseitig die folgenden Elemente bereit:

- *ein Anwendungsteam*:
  die unterschiedlichen (anwendungsspezifischen) Elemente, die zu seinem Produkt gehören,

- *das Domänenteam*:
  die allen Produkten gemeinsame Codebasis sowie die variablen Elemente.

In diesem Prozess erstellt das Anwendungsteam eine Anwendung, indem es die anwendungsspezifischen Elemente mit der Codebasis und geeigneten Elementen der variablen Anteile integriert.

*Integration*

Bei dieser Integration werden oft neue Erkenntnisse gewonnen, so können neue Anforderungen an die Codebasis oder an die variablen Elemente entstehen. Diese werden an das Domänenteam gemeldet, sodass die notwendigen Anpassungen vorgenommen werden und dann auch allen anderen Anwendungsteams zur Verfügung stehen.

*Rückmeldung an Domänenteam*

### 11.1.3 Voraussetzungen schaffen

Um in diesem interaktiven und dynamischen Prozess Software erstellen zu können, ist die Erfüllung der folgenden Punkte eine Grundvoraussetzung:

1. Es gibt eine übergreifende Architektur, die durch ein klares Design aus spezialisierten Elementen (Modulen) umgesetzt wird.
2. Die Schnittstellen und das Verhalten der Module sind sauber spezifiziert.
3. Architektur und Design werden konsequent eingehalten.
4. Die Abhängigkeiten (eines setzt das andere voraus oder gegenseitiger Ausschluss) zwischen den variablen Bestandteilen sind bekannt und können durch die Anwendungsteams genutzt werden, um für ihre Produkte geeignete Elemente auswählen zu können.
5. Das Wissen über Abhängigkeiten wird stetig gepflegt.

Die Punkte eins und zwei werden in der Automotivdomäne durch AUTOSAR bereitgestellt. Punkt drei ist eine Frage des Qualitätsmanagements und die Punkte vier und fünf werden zwar nicht durch AUTOSAR geleistet, aber zumindest unterstützt.

## 11.2 AUTOSAR ermöglicht Variantenmanagement

AUTOSAR stellt mit seiner Layered Software Architecture die für das Variantenmanagement notwendige Architektur bereit. Diese hat im Besonderen den Vorteil, dass sie nicht unternehmensspezifisch ist, sondern einer Vielzahl von Firmen (OEMs, Zulieferer und Dienstleister) als Grundlage dient.

*Architektur*

Darüber hinaus beschreibt AUTOSAR mit seinen umfangreichen und detaillierten Modulspezifikationen:

*Design*

- die Codebasis und
- die variablen Elemente

durch ihre Schnittstellen und ihr Verhalten.

Auf Ebene der Basissoftware sind die Module sehr detailliert spezifiziert, auf Anwendungsebene gibt es für die Module »nur« Empfehlungen (siehe auch [AS_IMTAI07]). Die Standardisierung wurde auf Anwendungsebene etwas »abgeschwächt«, um den Wettbewerb und so das Innovationspotenzial sicherzustellen.

*Schnittstellen-*
*beschreibung in XML*

Um auch auf Anwendungsebene die Integration von Modulen (Anwendungen/Softwarekomponenten) verschiedener Hersteller zu unterstützen, werden in AUTOSAR die Schnittstellen auf Anwendungsebene mithilfe der AUTOSAR-XML beschrieben (siehe auch Abschnitt 8.3.2). Wie im Beispiel in Abschnitt 11.4 gezeigt wird, bildet diese Schnittstellenbeschreibung eine weitere wichtige Grundlage, um effizient Variantenmanagement zu betreiben.

*Abhängigkeiten*
*formulieren*

Was AUTOSAR in Bezug auf Variantenmanagement fehlt, ist die Möglichkeit, Abhängigkeiten zwischen Elementen formal zu beschreiben. Ziel von AUTOSAR ist es auch nicht, »alles« zu spezifizieren. Vielmehr schafft es durch standardisierte XML-Dateien die Grundlagen, spezialisierte Werkzeuge in den Entwicklungsprozess einzubinden. Somit existieren auch für Variantenmanagementsysteme ideale Voraussetzungen, um sie in AUTOSAR-Entwicklungsprojekten zu nutzen.

## 11.3  Variantenmanagementsysteme einsetzen

Um die Abhängigkeiten zwischen variablen Bestandteilen formulieren, pflegen und auswerten zu können, sind folgende Voraussetzungen zu schaffen:

- Es gibt die Möglichkeit, Abhängigkeiten zwischen Modulen zu formulieren.
- Es gibt ein Regelwerk, diese Abhängigkeiten zu analysieren.

Um das Variantenmanagement effektiv durchführen zu können, ist es wichtig, dass mit Abhängigkeiten und Regeln »explizit« gearbeitet werden kann und diese nicht im Quellcode »verborgen« sind.

Das bedeutet, dass das Variantenmanagement durch #*ifdef*- Statements (wie es häufig zu sehen ist) ungeeignet ist. Es ist im Quellcode verborgen und Abhängigkeiten zwischen verschiedenen Codeabschnitten können nur schwer formuliert (in diesem Fall programmiert) werden. Dies führt zu erhöhtem Wartungsaufwand der bestehenden Softwarebasis. Auf diese Thematik geht beispielsweise [FM08] detailliert ein.

## 11.4   Beispiel: Warnblinken und Variantenmanagement

Das folgende Beispiel soll die Anwendung von Variantenmanagement in einem AUTOSAR-Entwicklungsprojekt veranschaulichen.

Abbildung 11–3 zeigt die VFB-Sicht der Produktfamilie einer Blinkersteuerung.

Sie besteht aus der Anwendungssoftwarekomponente *Blinker-Steuerung*, wie sie in ähnlicher Form schon in Abschnitt 6.4 oder Abschnitt 7.8 verwendet wurde. Entsprechend wird der freie Sender-Port an der rechten Seite der *BlinkerSteuerung* mit den Aktoren der gewünschten Blinker verbunden.

Auf der linken Seite befinden sich zwei Softwarekomponenten, zum einen die aus den anderen Beispielen bekannte *WarnblinkTaster*-Sensorsoftwarekomponente und zum anderen die neu hinzugekommene *PreCrashDetection*-Softwarekomponente. Das Symbol von *PreCrashDetection* weist bereits darauf hin, dass es sich um eine Komposition handelt, die intern aus weiteren Softwarekomponenten zusammengesetzt ist.

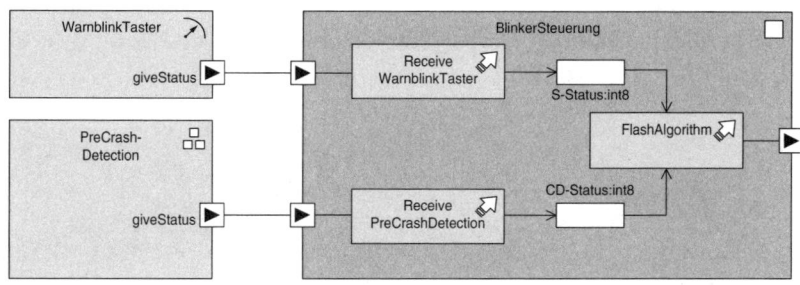

**Abb. 11–3**

*Blinkgebersteuerung mit Warblinktaster und PreCrashDetection*

Ein *PreCrashDetection*-System hat die Aufgabe, festzustellen, ob ein Unfall des Fahrzeuges kurz bevorsteht. Ist es zu diesem Schluss gekommen, sollte dies den anderen Verkehrsteilnehmern mitgeteilt werden. In diesem Fall erfolgt eine Signalisierung eines kurz bevorstehenden Unfalls über die Warnblinkanlage.

Da die Entwicklung einer derartigen Software mutmaßlich sehr aufwendig ist, soll sie in diesem Beispiel als optionales Produkt angeboten werden.

So wird aus dem Produkt, wie in Abbildung 11–3 dargestellt, eine Produktfamilie, die zwei Mitglieder hat. Beide Familienmitglieder (Produktvarianten) sollen separat bereitgestellt werden können:

■ Eine »Standardausführung«, die ausschließlich auf den *Warnblink-Taster* unterstützt wird (siehe Abb. 11–4) und

■ eine »erweiterte« Ausführung, die auch die *PreCrashDetection* beinhaltet.

**Abb. 11–4**
*Blinkgebersteuerung ohne Pre Crash Detection*

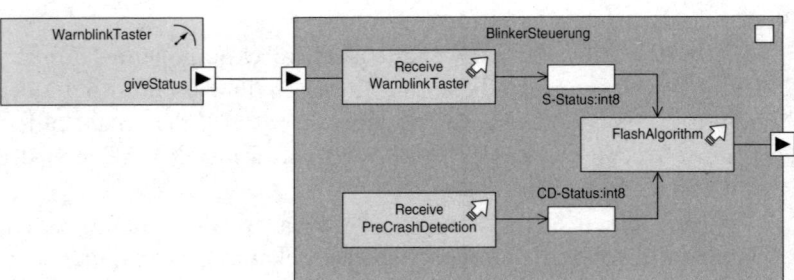

Wird durch das Variantenmanagement nicht nur auf Komponentenebene gearbeitet (Komponente existiert/existiert nicht), sondern auch die Komponenten selbst betrachtet, so ergibt sich die Möglichkeit, das System auf Ressourcenverbrauch zu optimieren.

Abbildung 11–5 zeigt eine optimale (minimale) *BlinkerSteuerung*, die nur die Funktionen bereitstellt, die für den konkreten Anwendungsfall benötigt werden.

**Abb. 11–5**
*Minimale Blinkgebersteuerung (ohne Pre Crash Detection)*

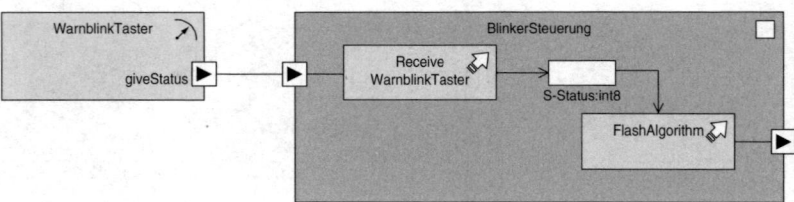

Auf AUTOSAR-XML-Ebene spiegeln sich die Kommunikationsbeziehungen von *BlinkerSteuerung* (aus Abb. 11–3) wie folgt wider:

```
<component name="BlinkerSteuerung" …>
    …
    <receive port="takeWarnblinkTasterStatus" …/>
    <receive port="takePreCrashDetectionStatus" …/>
    …
</component>
```

In dem stark vereinfachten XML-Ausschnitt sind die beiden Ports zum *WarnblinkTaster* und zur *PreCrashDetection* dargestellt.

Um den Port *PreCrashDetection* variabel »zu machen«, ist ein sogenannter Variationspunkt einzurichten. Im folgenden XML-Ausschnitt ist dies mithilfe der Kondition *pv:hasFeature('PCDetection')* erfolgt:

```
<component name="BlinkerSteuerung" …>
    …
    <receive port="t…
    <receive condition= "pv:hasFeature('PCDetection')"
                        port="takePreCrashDetectionStatus" …/>
    …
</component>
```

Ein Variationspunkt kann durch Variantenmanagementsysteme, in diesem Fall pure::variants (siehe [pure08]), ausgewertet werden. Nach dieser Auswertung ergibt sich für das »erweiterte Produkt«, wie in Abbildung 11–3, wieder der ursprüngliche XML-Code:

```
<component name="BlinkerSteuerung" …>
    …
    <receive port="t…
    <receive port="takePreCrashDetectionStatus" …/>
    …
</component>
```

Und für die einfachere »Standardvariante«, wie in Abbildung 11–4, ist der Empfangsport für die *PreCrashDetection* nicht vorhanden:

```
<component name="BlinkerSteuerung" …>
    …
    <receive port="t…
    ..NICHTS..
    …
</component>
```

## 11.5 Schlussfolgerung

Nachdem sich AUTOSAR immer mehr bei der Softwareentwicklung im Automotivbereich etabliert, reicht es nicht aus, AUTOSAR »halbherzig« in den Softwareentwicklungsprozess einzubinden. Sondern um einen Return on Investment zu erzielen, sollten die Vorteile, die AUTOSAR bietet, klar erkannt und genutzt werden.

So schafft AUTOSAR wichtige Voraussetzungen, das lange bestehende Variantenmanagementproblem in den Griff zu bekommen. AUTOSAR stellt die für das Variantenmanagement notwendige Referenzarchitektur mit klar begrenzten Modulen und Schnittstellenfestlegungen bereit.

Um mögliche Vorteile des Variantenmanagements tatsächlich nutzen zu können, sind einige Voraussetzungen zu schaffen. Die wichtigsten sind die folgenden organisatorischen Randbedingungen:

- Die Vertriebsstrategie muss angepasst werden.
- Das Unternehmensmanagement muss einen Produktlinienansatz wollen und
  - dies für alle Beteiligten wie beispielsweise für Entwicklung und Vertrieb vorgeben sowie
  - zu notwendigen Startinvestitionen bereit sein.
- Die Entwicklungsstrategie muss angepasst werden.

Neben diesen organisatorischen Randbedingungen sind auch auf technischer Ebene Voraussetzungen zu schaffen, ohne die eine Umsetzung der Managementziele nicht möglich ist. Zumindest folgende Voraussetzungen müssen erfüllt sein:

- *Architekturzentrierte Entwicklung*:
  Eine klare Architektur ist vorgegeben und wird auch immer eingehalten.
- *Anpassung der Entwicklungsmethodik*:
  Aus einer Produktentwicklung wird eine Produktlinienentwicklung.
- *Einführung eines Variantenmanagementsystems*:
  Ein toolgestütztes Variantenmanagement wird eingeführt, das die Abhängigkeiten der einzelnen Elemente explizit macht und diese nicht im Quellcode oder in *Makefiles* versteckt (siehe auch [FM08]).

# Teil III

## Management

# 12  AUTOSAR kritisch betrachtet

AUTOSAR bedeutet mehr, als nur ein Werkzeug kaufen. Nach der Installation geht die Arbeit erst los. In diesem Kapitel werden Aspekte der automotiven Softwareentwicklung kritisch beleuchtet, die immer schwierig bleiben werden, unabhängig davon, wie gut AUTOSAR letztendlich ist.

## 12.1  Neue Abhängigkeiten im Entwicklungsprozess

Eine der größten Herausforderungen in der Arbeit mit modernen Entwicklungswerkzeugen liegt darin, dass kein Werkzeug alle Anforderungen des Unternehmens – oder auch nur des Teams – erfüllen kann. Sie werden im gesamten Entwicklungsprozess auf mehrere Werkzeuge zurückgreifen müssen. Für eine durchgängige Werkzeugkette müssen alle diese Werkzeuge zusammenarbeiten und untereinander Daten austauschen können.

### 12.1.1  Bindung an einen Werkzeughersteller

Die notwendigen Spezialwerkzeuge für die Konfiguration sind teuer. Das schränkt spätere Wechselbestrebungen stark ein. Hinzu kommen Schulungen und Beratungsleistungen für die Einführung der Werkzeuge, die zusätzlich eine spürbare Bindungsenergie zum gewählten Werkzeughersteller erzeugen. Der Effekt wird später noch verstärkt, wenn die im Einsatz gewachsene Erfahrung mit dem Werkzeug dazukommt.

### 12.1.2   Werkzeugintegration

Mit der Integration aller Werkzeuge und der Schaffung geeigneter Filter, Konverter und Importfunktionen könnten bei einem Zulieferer eigene Abteilungen beschäftigt werden. Falls diese nicht zeitnah Ergebnisse liefern, wird der Mangel vielfach durch selbstgebaute Import-Werkzeuge und Adapter kompensiert.

*Integration im Selbstbauverfahren*

Der Aufwand für die Pflege dieser Selfmade-Tools wird dabei gerne unterschätzt. Üblicherweise haben ihre Erschaffer in erster Linie bezahlte Projektaufgaben zu erledigen, da bleibt wenig Zeit für den Support der nebenbei als »U-Boot-Projekt« programmierten Werkzeuge. Spätestens mit dem nächsten Update vom Hersteller des Hauptwerkzeugs wird Anpassungsaufwand generiert, der sich selten glatt in die Terminpläne pflegen lässt.

Bezieht man den AUTOSAR-Wahlspruch »cooperate on standards, compete on implementation« auf die Werkzeuge, kann das also für die Anwender schnell zum Fluch werden.

Im Wettbewerb entwickelte Werkzeuge müssen sich in den Leistungsmerkmalen unterscheiden. Selbst wenn sie auf einem gemeinsamen Standard basieren, werden sie in einigen Details trotzdem unterschiedliche Ergebnisse liefern. Nichts kann einfach auf einem Standard basieren, ohne ihn zu interpretieren. Bei C-Compilern lassen sich diese Effekte seit Jahren beobachten.

Die schwer zu überprüfenden Detailunterschiede bei gleichzeitig hohen Kosten der Werkzeuge machen die Entscheidung für einen Werkzeughersteller häufig endgültig.

### 12.1.3   Austauschbarkeit der AUTOSAR-XML-Dateien

Um die Austauschbarkeit von AUTOSAR-Dateien zwischen den Werkzeugen unterschiedlicher Hersteller gewährleisten zu können, wäre so etwas wie ein Konformitätstest für die Werkzeuge notwendig. So ein Test würde den Werkzeugherstellern mindestens zwei Dinge bereitstellen:

1. Eine Sammlung von Beispieldateien zusammen mit einer genauen Beschreibung der Bedeutung der Dateiinhalte
2. Ein Referenzleser zur Analyse erzeugter Dateien. Dabei genügt es nicht, nur die Wohlgeformtheit der XML-Datei zu überprüfen, auch die Semantik, z. B. Zusammenhänge und Vollständigkeit von Referenzen, muss geprüft werden.

Da das nicht der Fall ist, besteht die Möglichkeit, auf einen Industriestandard zu warten oder zu hoffen, dass die Werkzeughersteller sich hier selbst einigen.

Solange die Werkzeughersteller jedoch herstellerspezifische Erweiterungen in ihren Dateien aufnehmen, dürfte das schwierig werden. Schon bei vergleichsweise einfachen OIL-Dateien von OSEK hat sich gezeigt, wie schwierig eine zuverlässige Austauschbarkeit zwischen den Werkzeugen unterschiedlicher Hersteller in der Praxis umsetzbar ist.

**Die AUTOSAR Tool Platform User Group (Artop)**

Eine Gruppe von lizenzierten AUTOSAR-Nutzern hat daher Ende 2008 eine User Group namens Artop gegründet. Ziel ist es, die Aktivitäten für eine eigene Plattform zur Entwicklung von AUTOSAR-Werkzeugen zu bündeln.

Konkret gemeint ist damit die Entwicklung und Verbreitung einer gemeinsamen Basisfunktionalität für AUTOSAR-Entwicklungswerkzeuge auf der Basis von Eclipse.

Die Ergebnisse stehen allen registrierten Nutzern zur Verfügung.          *www.artop.org*
Nähere Informationen finden Sie auf der Artop-Webseite unter www.artop.org.

### 12.1.4   Releases und Revisions des Standards

Es gibt unterschiedliche Releases des Standards:

- Release 2.0, Release 2.1
- Release 3.0, Release 3.1
- in Vorbereitung: Version 4.0

Wenn eine Softwarekomponente entwickelt und integriert werden soll, muss klar sein, welches Release von AUTOSAR auf dem Zielsystem gefordert ist. Das kann dazu führen, dass zu einer Softwarekomponente mehrere Varianten zu unterschiedlichen AUTOSAR-Releases gepflegt werden müssen. Zu den inhaltlichen Unterschieden der einzelnen Releases erhalten Sie Information in Abschnitt 4.6.

Die einzelnen AUTOSAR-Releases existieren parallel noch in          *Revisions*
unterschiedliche Revisions. Zwar ist Revision 19 von AUTOSAR 2.1 eine direkte Weiterentwicklung von Revision 18. Mit Erscheinen von Release 3.0 werden jedoch die vorangegangenen Releases nicht zwangsläufig obsolet. So ist AUTOSAR Release 2.1 Revision 19 neuer als alles von AUTOSAR Release 3.0.

*Integration in einer*
*Schichtenarchitektur*

Hierbei handelt es sich um ein grundsätzliches Problem der Softwareintegration in einer Schichtenarchitektur. Solange an allen Schichten parallel weitergearbeitet wird, kommt die Integration zu keinem Ende. Das ist kein AUTOSAR-spezifisches Problem, sondern ein Problem jeder Schichtenarchitektur.

*Branch oder Code-Freeze*

Als Projektleiter haben Sie nur die Möglichkeit mit Branches oder Code-Freezes bei den Schichten zu reagieren und die Integration Schritt für Schritt von unten nach oben durch die Architektur vorzunehmen. Nur so lässt sich verhindern, dass jede Änderung an einer Schicht die Integrationsbemühungen der darüberliegenden Schichten torpediert.

Jede nachträgliche Umstellung bei der Basissoftware oder bei zugekauften Softwarekomponenten erfordert anschließend eine genaue Analyse der Schnittstellen und eine bewusste Entscheidung. In der Regel sollten diese Umstellungsaktionen als eigenständiges Projekt gekapselt werden.

Die Werkzeughersteller können nur mit Variantenmanagement reagieren. Nicht alle Anwender können zu jedem Zeitpunkt jeweils auf dem neuesten Release arbeiten. Bis zur Abkündigung einzelner Releases durch die OEMs werden also alle Releases parallel existieren. Im oben skizzierten Fall müssen die Anwender von Release 2.1 folglich ein Update erhalten, obwohl andere Anwender zum gleichen Zeitpunkt bereits Release 3.0 einsetzen.

## 12.2   Modellierung und Integration

Modellierung und Integration sind im Entwicklungsprozess die Tätigkeiten, die die eigentliche Implementierung einrahmen. Hier haben die vergangenen Jahre viele Verbesserungen für die Softwareentwicklung gebracht und AUTOSAR gehört zweifelsfrei dazu. Modellierung und Integration können die Implementierung aber nicht ersetzen, damit bleiben uns auch einige Probleme der Implementierung erhalten – oder wurden nur an die andere Disziplinen vererbt. Wenn die Schnittstellen passen, passt die Semantik noch lange nicht.

### 12.2.1   Schnittstelle und Semantik

Den ersten Kontakt mit einer Schnittstelle hat der Nutzer mit ihrer syntaktischen Beschreibung. Wie heißt die Funktion? Wie heißen ihre Parameter und von welchem Typ sind diese? Was erhalte ich anschließend als Funktionsergebnis? Ohne syntaktische Korrektheit sind

Gedanken über die Integration und Inbetriebnahme einer Software irrelevant.

Da Syntax ein statisches Konstrukt ist, ist sie leicht zu kommunizieren. Schriftlich, in Bildern, notfalls auch in Excel-Dateien. Genauso leicht ist ihre exakte Einhaltung überprüfbar – das übernehmen schon lange die Compiler. Mit Mitteln der statischen Codeanalyse kann, wo erforderlich, noch einmal zusätzlich nachgelegt werden.

*Statische Aspekte sind leicht überprüfbar*

Mit der Semantik ist das nicht so einfach. Hier geht es jetzt nicht mehr darum, wie der Funktionsaufruf aussieht, sondern darum, was er bedeutet und mit welchen Seiteneffekten er das Systemverhalten beeinflusst. Verhalten ist immer etwas Dynamisches. Sobald auch noch Parallelität ins Spiel kommt, wird es endgültig unübersichtlich.

*Dynamisches Verhalten ist schwer spezifizierbar*

Häufig wird erst bei der Inbetriebnahme deutlich, ob eine Komponente wirklich das tut, was der Entwickler meinte. Selbst UML 2.0 konnte keine anschauliche Darstellung zur dynamischen Modellierung liefern. Auch bei den AUTOSAR-Schnittstellen wird man mit der Unschärfe leben müssen, dass ein syntaktisch korrekter Aufruf auf der semantischen Ebene falsch sein kann. Das ist immer noch ein grundsätzliches Problem der Informatik. Eine wirklich brauchbare formale Beschreibung von dynamischem Verhalten liefert nur Quellcode.

Die einzigen Hilfen sind ein guter Build-Prozess, der kontinuierliches Testen ermöglicht, oder ein modellbasierter Ansatz mit ausführbaren Modellen. In diesem Zusammenhang ist ein wichtiger Verdienst von AUTOSAR natürlich die strikte Trennung von fachlichem und technischem Code.

*Continuous integration*

## 12.2.2   Das Problem der Modellierung dynamischer Abläufe

Die Beschreibung von dynamischen Abläufen erfordert Sprachmittel für Schleifen und bedingte Ausführung. Selbst einfache Algorithmen füllen grafisch dargestellt schnell mehrere DIN-A4-Seiten. Für Programmierunerfahrene mag ein Programmablaufplan noch eine angemessene Darstellung sein. Für eine ernsthafte Modellierung sind sie schon aufgrund ihrer Größe wenig geeignet – zur Darstellung von Nebenläufigkeit sogar unbrauchbar.

Nebenläufigkeit lässt sich selbst in UML 2.0 nur mit den Petri-Netz-ähnlichen Aktivitätsdiagrammen modellieren. Die Sequenzdiagramme können nur die exemplarische Interaktion von Objekten entlang einer Zeitachse zeigen.

Das Verstehen von Petri-Netzen verlangt vom Leser sehr viel Erfahrung. Eine Notation, die das vollständige dynamische Verhalten eines Systems darstellen kann und trotzdem noch allgemeinverständlich ist, fehlt bis heute. Auch die Werkzeuge und XML-Dateien von AUTOSAR bringen hier keine Entspannung.

### 12.2.3 Von der Integrationsnot in die Konfigurationsnot

Der Funktionsumfang eines Steuergeräts programmiert sich auch mit AUTOSAR nicht von allein. Um beispielsweise 1000 Anforderungen zu erfüllen, muss jede mindestens einmal betrachtet werden. Auch mit AUTOSAR werden das 1000 Anforderungen bleiben.

*Frontloading*  Allerdings verschieben sich die Tätigkeiten spürbar: vom Ende des Projekts in Richtung Anfang. Im Prozessmanagement nennt sich dieser Vorgang »Frontloading«. Leider werden die Tätigkeiten dabei auch gleichzeitig anspruchsvoller. Sicherlich ist es ein Vorteil, Schwierigkeiten im Projekt früh zu erkennen. Durch die anspruchsvoller gewordenen Tätigkeiten fällt der Gewinn jedoch meistens geringer aus als erhofft.

Der Aufwand, der früher notwendig war, die einzelnen Teile des Steuergeräts zunächst untereinander und anschließend mit dem restlichen Fahrzeug zu integrieren, wird zwar deutlich überschaubarer. Der Preis dafür ist aber ein nun erheblich gestiegener Aufwand für die Konfiguration des Systems.

Natürlich führt ein unzureichend vorbereiteter Integrationsprozess immer zu stressigem Folgeaufwand. Es ist aber gar nicht so einfach, zahlenmäßig nachzuweisen, dass die neue Arbeitsweise diesen unplanmäßigen Integrationsaufwand gegenüber den Altprojekten wirklich reduziert. Der Nachweis ist nur einfach, solange der unplanmäßige Integrationsaufwand fairerweise in den Projektplänen der Altprojekte auch eingerechnet war. In der Regel steht unplanmäßiger Aufwand aber nicht in einem Plan ... Er wird spontan an Wochenenden und nachts vor der Projektabgabe geleistet.

Wenn Sie unplanbaren versteckten Aufwand durch neue planbare Tätigkeiten ersetzen, wird das Projekt auf dem Papier entsprechend teurer. Dabei haben Sie lediglich die Planungssicherheit erhöht. Die am Ende tatsächlich aufgelaufenen Kosten können sogar niedriger sein als in der Vergangenheit, aber die Diskussion über den zusätzlichen Aufwand der neuen Tätigkeiten ist da.

### 12.2.4 Die Dokumentation einer Konfiguration

Grafische Konfigurationsoberflächen haben den Vorteil, dass man sie mit der Maus bedienen kann. Häufig haben sie jedoch den Nachteil, dass man sie mit der Maus bedienen *muss*. Was früher mehrere Zeilen

Code waren, lässt sich heute zwar schnell mit einem Mausklick realisieren, die damit verbundenen Entwurfsentscheidungen haben sich
aber nicht verändert. Früher war es möglich, Hintergründe zu einer
schwierigen Entscheidung an der zugehörigen Stelle im Quelltext zu
hinterlegen. Wenn es viele Überlegungen zu einem Aspekt gab, war das
am Quelltext auch unmittelbar zu erkennen.

In einem grafischen Konfigurator sind dies nur noch Klicks in
einer Konfigurationsmaske, die bereits mit einem Satz von Defaultpa-
rametern vorbelegt ist. Dieser Parametersatz ist für sich genommen
schon kompliziert genug ist. Wenn er dann anschließend inkrementell
mit einzelnen Klicks noch einmal »verfeinert« wird, bleibt die Dokumentation darüber, warum – und vor allem wo – von der Standard-
konfiguration abgewichen wurde, meistens auf der Strecke.

Richtig ist natürlich, dass die gesamte Konfiguration in eine XML-
Datei exportierbar ist. Richtig ist außerdem, dass es sich bei diesen
XML-Dateien um Textdateien handelt. Falsch ist es jedoch, anzuneh-
men, dass diese Dateien für Menschen lesbar wären. Sicherlich lassen
sie sich mit einem Texteditor betrachten. Aber lesen oder gar verstehen
kann ein Mensch die ihm dort zwischen allerlei spitzen Winkeln
dargebotene Information kaum.

## 12.2.5   Das Prinzip der stabilen Abhängigkeit

Schichtenarchitekturen bieten viele Vorteile zur Strukturierung umfangreicher Systeme. Die Integration von Schichtenarchitekturen beginnt
üblicherweise an der Basis und arbeitet sich zu den höheren Schichten
vor. Als Grundregel hat es sich außerdem bewährt, die Integration des
Gesamtsystems immer mit den stabilsten Elementen zu beginnen.

Es ist also von Vorteil, wenn das System so konstruiert ist, dass
Komponenten nur von Komponenten abhängen, die stabiler sind als
sie selbst. Das bezeichnet das *Prinzip der stabilen Abhängigkeit*.

Bei Schichtenarchitekturen muss die unterste Schicht daher »rock-
solid« sein. Nach oben hin können Sie Ihre Ansprüche zurückschrau-
ben. Wenn aber schon das Fundament nicht trägt, auf dem Ihre
Anwendungen thronen, bekommen Sie riesige Probleme.

*Das Fundament muss tragen*

Lose Kopplung beinhaltet das Prinzip, dass der Verwender einer
Komponente nichts über seinen internen Aufbau wissen muss. Das
heißt aber auch gleichzeitig, dass er sich auf das, was in der Komponente passiert, blind verlassen können muss. Ein Anwendungsentwickler in einer Schichtenarchitektur hat keine Chance, wenn sich die von
ihm betreute Schicht nicht nachvollziehbar verhält, nur weil in den
Schichten darunter noch gravierende Stabilitätsprobleme existieren. Er

*Lose Kopplung*

darf sich nicht mit den dort gekapselten Mechanismen beschäftigen, also sollte er durch widrige Umstände auch nicht dazu gezwungen werden.

Achten Sie als Projektleiter darauf, dass beim Entwurf und bei der Implementierung der einzelnen Schichten mehr Gewicht auf die Stabilität der unteren Schichten gelegt wird als auf die der oberen. Das gilt analog natürlich auch für Schichten, die zugekauft werden. Die nach unten immer weiter zunehmenden Anforderungen an die Stabilität der einzelnen Schichten ist eine Grundeigenschaft von Schichtenarchitekturen.

### 12.2.6　Architekturerosion

Architektur soll Ordnung in ein Softwaresystem bringen. Grundsätzlich nimmt die Entropie des Universums aber ständig zu. Das heißt, ohne weiteres Zutun geht ständig Ordnung verloren. Eine Architektur erfordert daher laufende Pflege und Energie. Selbst dann, wenn das Qualitätsniveau lediglich auf konstantem Niveau gehalten werden soll.

Architekturmodellierung ist damit eine Tätigkeit, die sich nicht auf die frühen Phasen eines Projekts begrenzen lässt. Jede Änderung des Systems kann auch Auswirkungen auf die Architektur haben. Wird bei Änderungen und Anpassung des Systems der Blick auf mögliche Architekturauswirkungen vernachlässigt, dann droht die sogenannte Architekturerosion (vgl. [PW92]). Das heißt durch kleine, zunächst unbedeutend erscheinende Verletzungen der Architektur gehen schleichend alle der Architektur zugrunde liegenden Prinzipien verloren.

Jedes Architekturelement benötigt also Pflege und sollte grundsätzlich Ernst genommen werden. Ein »bisschen Architektur« ist so unmöglich wie ein »bisschen schwanger«. Den teuer bezahlten Softwarearchitekten sollten Sie also nicht gleich nach dem ersten Meilenstein nach Hause schicken.

## 12.3　Besondere technische Aspekte

In Abschnitt 4.7 wurde bereits auf die Einsatzmöglichkeiten von AUTOSAR eingegangen. Natürlich kann AUTOSAR kein Allheilmittel darstellen, das alle Probleme der Softwareentwicklung löst. In den folgenden Abschnitten sollen einige der technischen Aspekte beleuchtet werden, die aus unserer Sicht besonders schwierig umzusetzen sind.

## 12.3.1 Sensorfusion

Ein wichtiges Thema im High-End-Bereich ist die Nutzung komplizierter Sensortechnik wie Kameras und Radar. Im Fahrerassistenz- und Sicherheitsumfeld lässt sich für diese Sensoren schnell mehr als nur ein Anwendungsbereich finden.

Dem steht entgegen, dass Sensor und Steuergerät häufig eine Einheit bilden. Dieser Schritt wird begründet mit der notwendigerweise feinen Abstimmung zwischen Sensorsignal und Sensorauswertung. Das Steuergerät liefert dann ein Signal, das bereits für einen bestimmten Zweck aufbereitet ist. Das rohe Signal des Sensors ist somit aber für andere Auswertungszwecke nicht mehr verfügbar, was in der Folge zu einer ganzen Batterie gleichartiger Sensoren im Fahrzeug führen kann. Gleichartige Sensoren wieder zusammenzuführen, fällt in den Bereich der Systemarchitektur und damit automatisch in die Kerndomäne von AUTOSAR.

Für Video- und Audiodaten bietet AUTOSAR jedoch keine Lösung. Eine MOST-Integration ist nicht geplant. Das notwendige Realtime-Streaming von Sensordaten über den synchronen Kanal erfordert dazu Anpassungen, die weit über die Konfiguration eines PDU-Routers hinausgehen.

*Video- und Audiodaten*

Der hohe Rechenaufwand für eine 2D-Bildverarbeitung erfordert außerdem häufig spezielle Hardwareunterstützung sehr weit vorne in der Verarbeitungskette. Die Hardwarekomponenten sind zwangsläufig entsprechend stark über speziell abgestimmte Signalwege gekoppelt. Ein solches Design ist durch den geringen Spielraum beim Abstraktionsgrad mit dem Konzept der beliebig verschiebbaren Softwarekomponente nicht vereinbar.

## 12.3.2 Bandbreiten und andere Engpässe

Als Vorteil von AUTOSAR wird immer wieder die Möglichkeit genannt, Komponenten zwischen Steuergeräten verschieben zu können. Das ist ein wichtiger Vorteil, wenn der zur Verfügung stehende Bauraum bei der Fahrzeugentwicklung erst spät feststeht. Die Entwicklung der Komponenten kann so trotzdem früh starten.

Eine verstärkte Verteilung von Komponenten hat aber immer erhöhten Kommunikationsaufwand zur Folge. Da die Bandbreite der verfügbaren Busse aber begrenzt ist, sind einer beliebigen Verteilung der Komponenten Grenzen gesetzt.

*Grenzen der Verteilbarkeit*

Umgekehrt erfordert eine verstärkte Konzentration von Komponenten auf einem Steuergerät eine entsprechend leistungsfähige Hardware. Wenn die Grenze der Hardware-Leistungsfähigkeit erreicht ist, endet damit die frei wählbare Verteilbarkeit der Komponenten. Eine beliebig späte Festlegung des Ortes für eine Funktionalität ist deshalb nicht möglich.

### 12.3.3    Dynamik zur Laufzeitt

Mit *Dynamik zur Laufzeit* sind hier die folgenden Konzepte gemeint:

- dynamisches Binden von Komponenten und
- dynamische Speicheranforderung.

Diese Konzepte sind in automotiven Systemen immer noch unerwünscht. Dafür werden vor allem folgende Gründe angeführt:

1. Sie stehen im Widerspruch zu einer exakten Planung des Ressourcenverbrauchs (Speicher, CPU-Last).
2. Sie beinhalten die Möglichkeit, dass zur Startzeit nicht alle Referenzen erfüllt werden können und das System nicht startet.
3. Sie vergrößern die Startzeiten des Systems, da die abhängigen Systeme nicht mehr zur Compilezeit gebunden werden.
4. Caching könnte die Startzeiten zwar verringern, würde jedoch erheblichen zusätzlichen Speicherbedarf und Aufwand kosten.
5. Sie sind mit Realzeitbedingungen nur schwer vereinbar.

Auch AUTOSAR fordert die vollständige Konfiguration des Systems zur Entwicklungszeit. Für ein System mit Realzeitanforderungen ist das nachvollziehbar.

Generell führt das jedoch zu einer Unsymmetrie im konzeptionellen Vorgehen. Während nämlich auf der Entwurfsseite des V-Modells mit modularen Konzepten und Schnittstellen Flexibilität groß geschrieben wird, ist davon auf der spiegelbildlichen Integrationsseite nichts mehr übrig. Am Ende steht ein monolithisches Gesamtsystem.

Die Idee der losen Kopplung (vgl. Abschnitt 2.5.1) ist in den Systemkomponenten umgesetzt. Eine fraktale Dimension höher – im Entwicklungsprozess – wird sie aber aufgegeben, da dort prinzipiell alles mit allem fest bekannt gemacht wird.

Das System ist nur in den schon zur Konstruktionszeit bekannten Grenzen in der Lage, mit der Umwelt zu interagieren. Es wird sich zeigen, inwieweit sich zukünftige Interaktionskonzepte zwischen Fahrzeug, Umfeld und Fahrer damit ausreichend umsetzen lassen (siehe auch Abschnitt 4.7.2).

## 12.3.4   Timing und Multitasking

Eine nicht ganz ernst gemeinte Faustformel der Informatik sagt für mehrere Realisierungsvarianten einer Funktionalität Folgendes aus: »Speicherplatz mal Rechenzeit ist eine Konstante.«

In Wirklichkeit handelt es sich dabei lediglich um eine mathematisch getarnte Variation von Murphy's Law. Die Gültigkeit der Aussage verblüfft trotzdem in der Praxis immer wieder: Wenn es zu einem sachverständig realisierten Algorithmus eine Variante gibt, die weniger CPU-Zeit benötigt, dann braucht diese Variante dafür mehr Hauptspeicher.

Für die hardwarenahe Entwicklung mit ihren Ressourcenengpässen spielt das eine große Rolle. Die Timing-Schwierigkeiten im Projekt hat das Team gerade behoben, da tauchen plötzlich Speicherprobleme auf. Solche Wechselwirkungen kann auch moderne Softwarearchitektur nicht aufbrechen. *Timing/Speicher*

Es gibt noch weitere Probleme im Zusammenhang mit Nebenläufigkeit (*Multitasking*). Besonders hervorzuheben sind: *Multitasking*

- Scheduling,
- Synchronisation,
- Race-Conditions,
- Reentrancy-Fähigkeit und
- Verklemmungen (Deadlocks).

Hierbei handelt es sich um die vermutlich anspruchsvollsten Themen in der Implementierung und im Debugging von Softwaresystemen überhaupt. Auch mit AUTOSAR bleiben die Entwickler weiterhin auf diesen Problemen sitzen. Für sie stellt es keinen Unterschied dar, ob sie einen Deadlock nun programmiert oder konfiguriert haben.

## 12.3.5   Beliebige Verschiebbarkeit von Komponenten

Ein direkter Funktionsaufruf auf einer CPU wird bei syntaktischer Korrektheit auch immer mit einem Ergebnis zurückkehren. Es müssen schon massive Hardwarestörungen auftreten, um das zu verhindern.

Schon bei der Kommunikation über Task-Grenzen hinweg wird es schwieriger. Hier kann es zu Verklemmungen kommen. Besonders anspruchsvoll sind sogenannte Remote Procedure Calls, bei denen das Ziel der Kommunikation gar nicht mehr innerhalb des eigenen CPU-Raums liegt. Es kann sein, dass das Ziel der Kommunikation gar nicht existiert oder die Verbindung mitten in der Kommunikation abbricht.

*Fehlerbehandlung bei Remote Procedure Calls*

Je weiter das Kommunikationsziel entfernt ist, desto mehr Fehler können auftreten. Das heißt, abhängig von der Entfernung des Funktionsaufrufs werden sich die einzelnen Fehlerbehandlungsmaßnahmen an der Aufrufstelle massiv unterscheiden. Teilweise muss sogar das gesamte Kommunikationsprotokoll auf diese Fehlerbehandlung angepasst werden und eine Strategie anbieten, wie die Kommunikation im Fehlerfall wieder neu aufgesetzt werden kann.

Diese Fehlerbehandlungsstrategien müssen gezielt implementiert werden. Hier ist also mehr notwendig als lediglich das Umlegen eines Konfigurationsschalters. Wenn bei AUTOSAR also von der beliebigen Verschiebbarkeit von Komponenten die Rede ist, dann ist damit immer nur das Verschieben von bereits fern angebundenen Komponenten gemeint.

## 12.4  Verwaltung mit technischem Sachverstand

Management bedeutet immer auch Verwaltung. Verwaltung ist das Gegenteil schöpferischer Tätigkeit. Mit Verwaltungsarbeiten können Sie daher die schöpferische Kraft von Ingenieuren beliebig bremsen oder auch komplett lahmlegen.

Ein Projekt besteht nicht nur aus Entwicklung. Jedes Projekt hat immer auch einen Verwaltungsanteil. Der besteht insbesondere darin herauszufinden, was überhaupt gemacht werden soll und diese Arbeit zielführend zu verteilen. Der Rest umfasst Änderungen, Anpassungen, reagieren auf Unerwartetes oder kurz: »Ärger«.

Die zeitliche Aufteilung eines klassischen Projektverlaufs ist in Abbildung 12–1a anschaulich dargestellt. Die Zeichnung ist allerdings nicht maßstabsgetreu – falls Sie auf der Suche nach Kennzahlen sind, können Sie sich das Ausmessen also sparen.

*Abb. 12–1*

*Mehr Verwaltung heißt nicht weniger Entwicklungszeit*

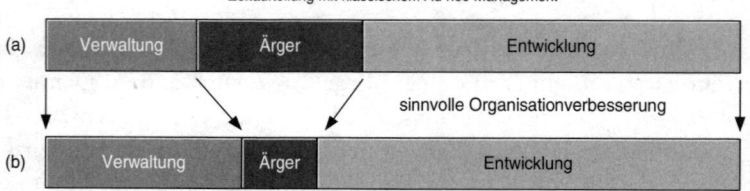

Ein Vorurteil, das sich im Zusammenhang mit Maßnahmen zur Prozessverbesserung hartnäckig hält, ist die Behauptung, dass alle Organisationsmaßnahmen zu mehr Papier führen. Tatsächlich ist das in der Vielzahl der Projekte auch der Fall, da immer noch die meisten Projekte an mangelhafter Kommunikation leiden. Wichtige Informationen stehen den Teammitgliedern dann nicht zur Verfügung und führen zu ärgerlichen Fehlentscheidungen.

Falsch ist die Schlussfolgerung, dass die Zeit für größere Dokumentationsmaßnahmen immer der tatsächlichen Entwicklungsarbeit geraubt werden muss. Tatsächlich ist das Gegenteil der Fall. In Abbildung 12–1b wurde der Verwaltungsanteil im Projekt erhöht, trotzdem steht mehr Zeit für kreative Aufgaben zur Verfügung.

*Mehr Verwaltung schafft kreative Freiräume*

Der Anteil des Ärgers im klassischen Projekt wird nur deshalb geringer empfunden, weil er fragmentiert auftritt und sich über die gesamte Projektlaufzeit verteilt. Die iterative Entwicklung hat das nebenbei zum Prinzip erhoben.

*Fragmentierter Ärger ist nur in der Summe schlimm*

### Ist Dokumentation ein Verwaltungsakt?

Die Antwort auf diese Frage muss *ja* lauten, auch wenn es um technische Sachverhalte geht. Jedenfalls solange, wie die Dokumentation nach festen Vorschriften erfolgt und einen vorher entstandenen kreativen Gedanken nur noch festhält.

Das trifft für eine Dokumentation von Modulschnittstellen in XML-Dateien sicherlich zu. Auch, wenn diese XML-Dateien letztendlich mit einem mehr oder weniger komfortablen Editor und grafischer Oberfläche entstehen – Es ist ein formaler Vorgang nach festem Schema.

In Zukunft wird immer mehr Dokumentation in Entwurfsumgebungen entstehen, die den kreativen Prozess direkt unterstützen. Die Entwurfsumgebung liefert dann wichtige Informationen direkt in den kreativen Vorgang. Alle Designentscheidungen manifestieren sich so Schritt für Schritt simultan im selben Werkzeug. Mit Abschluss des Designvorgangs ist seine Dokumentation ebenfalls abgeschlossen.

*Design mit Simultandokumentation*

Dieses symbiotische Verhältnis von Verwaltung und kreativem Denken erfordert natürlich eine neue Mitarbeiterqualifikation. Technische Defizite lassen sich durch Schulungen noch relativ einfach korrigieren. Viele Programmierer aus klassischen Hardwareentwicklungsabteilungen halten jedoch UML und Objektorientierung für Teufelswerk; und für viele fähige Kreativköpfe ist jede Form von Verwaltungsarbeit eine Demütigung.

*Eine neue Mitarbeiterqualifikation*

## 12.5 Anforderungen an den Architekten

Neben den Werkzeugen selbst benötigen Sie natürlich auch ein Team, das diese Werkzeuge bedienen kann. Insbesondere für die Architekturaufgaben brauchen Sie Mitarbeiter, die neben entsprechendem Wissen über die Anwendungsdomäne (vgl. [PBG07]) auch noch eine Reihe meist weicher Fähigkeiten mitbringen. In den folgenden Absätzen haben wir ein Profil dieser weichen Fähigkeiten zusammengestellt.

### Methodische Fähigkeiten

- *Analysefähigkeit*:
  Komplexe Sachverhalte strukturieren und in handhabbare Elemente zerlegen (vgl. Abschnitt 2.5). Ursache-Wirkungs-Beziehungen erkennen und daraus Schlussfolgerungen ziehen.

- *Konzeptionsvermögen*:
  Konzepte erarbeiten, komplizierte Informationen beschaffen und Abstraktionsvermögen anwenden (vgl. Abschnitt 2.4).

Dies sind die Kernqualifikationen an einen Architekten: Systeme zerlegen und aus den Fragmenten abstrakte Blöcke bilden.

Analysefähigkeit, also die Fähigkeit, einen Sachverhalt in seine Bestandteile zerlegen zu können, sollte im Grunde bei jedem Mitarbeiter eines Softwareprojekts ausgeprägt sein. Es gibt jedoch Entwickler, die lieber Dinge zusammensetzen, als sie zu zerlegen. Sie sind meist leicht an Schwierigkeiten mit der Fehlersuche erkennbar. Für eine Tätigkeit als Architekt sind diese Mitarbeiter in keinem Fall geeignet.

### Überfachliche Eigenschaften

- *Konfliktlösungsfähigkeit*:
  Ursachen von Konflikten erkennen und benennen sowie positive Lösungen für alle Beteiligten finden.

- *Moderationsfähigkeit*:
  Gruppen zur gemeinsamen Lösung von Problemen anleiten. Diskussionen und Meetings zielorientiert leiten. Fragetechniken, Kreativitätstechniken und Visualisierungstechniken einsetzen.

- *Präsentationsfähigkeit*:
  Eigene Arbeitsergebnisse, Standpunkte, Teamergebnisse und Leistungen der Architektur verständlich und wirkungsvoll darstellen.

Manchmal ist Architektur auch ein Kompromiss. Ein hoher Verteilungsgrad der Komponenten und Rahmenbedingungen mit geringer Bandbreite widersprechen sich. Dann gilt es, trotzdem eine gute Lösung zu finden und diese auch als solche erfolgreich darstellen zu können.

**Persönliche Anforderungen**

- *Teamfähigkeit*:
  Kooperativ in einer Gruppe zusammenarbeiten, Kollegen helfen, Wissen teilen, eigene Vorschläge beisteuern, Vorschläge anderer akzeptieren können.

- *Kundenorientierung*:
  Die eigenen Ergebnisse so gestalten, dass die Träger der nachfolgenden Aktivitäten zufriedengestellt werden.

Hinter dem Begriff »Kunden« werden meistens die Auftraggeber des Projekts vermutet. Allerdings fährt mit Architektur allein kein Auto. Architektur ist lediglich ein Mittel, um die Arbeit des Teams zu unterstützen. Zu den Kunden einer Architektur zählen damit vor allem die Entwickler.

*Kunden einer Architektur*

Der Softwarearchitekt ist kein Architekturpolizist, sondern hilft den Projektbeteiligten, ihre Aufgaben zu erfüllen. Er muss Architekturentwicklung als Dienstleistung mit dem Ziel begreifen, den Entwicklern ein Grundgerüst für ihre Arbeit bereitzustellen.

*Architektur als Dienstleistung für das Team*

Dazu zählt speziell die kontinuierliche Pflege der Architektur. Insbesondere, wenn von den Entwicklern Erkenntnisse gewonnen werden, die im ursprünglichen Entwurf nicht berücksichtigt waren. Ein Architekt ist für das Team untragbar, wenn er in solchen Situationen stur auf seinem ursprünglichen Entwurf beharrt.

**Zum Schluss**

Vergessen Sie nicht, dass bei allen Architekturüberlegungen das Produkt trotzdem noch fachkundig gebaut werden muss. Selbst ein Produkt mit brillanter Architektur lässt sich durch eine erbärmliche Implementierung immer noch ruinieren.

Wenn plötzlich alle Projektmitglieder nur noch Architekten sind, fehlt also etwas. Qualifizierte Entwickler werden weiterhin gefragt sein.

# 13 Betriebswirtschaftliche Aspekte

AUTOSAR stellt eine große Hilfe zur technischen Strukturierung von Steuergerätecode dar. Aber AUTOSAR kann noch mehr. Eine Änderung der technischen Arbeitsweise bietet immer auch kaufmännisches Potenzial. Natürlich ist es schwer vorstellbar, als Endkunde AUTOSAR als wählbare Mehrausstattung in den hochglänzenden Verkaufsprospekten der OEMs wiederzufinden. Nur wo soll dann das Geld zum genannten Potenzial herkommen, wenn nicht von den Kunden? Das folgende Kapitel diskutiert einige der positiven Effekte, die technologische Neuerungen, wie AUTOSAR, über die Technik hinaus mit sich bringen können.

## 13.1 AUTOSAR aus mikroökonomischer Sicht

Für den Käufer eines Fahrzeugs ist der Nutzen von AUTOSAR nicht direkt sichtbar. Jedenfalls nicht so, wie man das z. B. von einer Komfortklimaanlage kennt. Der Nutzen ist für den Endkunden ähnlich schwer zu begreifen wie z. B. bei einer elastokinematisch optimierten Vierlenker-Hinterachse im Alltagsgebrauch.

Auf diese Weise lässt sich die erfolgreiche Nutzung von AUTOSAR nicht in ein kaufmännisches Umfeld einbetten, das diesen Erfolg auch messbar widerspiegelt. Jedenfalls nicht bei einer rein marketingorientierten Betrachtung.

Auf der anderen Seite stellt AUTOSAR aber sehr wohl eine technologische Änderung in der Herstellung von Software dar. Vom Standpunkt der Mikroökonomie aus betrachtet, sollten aber Änderungen der Technologie die Produktionsfunktion eines Produkts durchaus beeinflussen.

Mit Herstellung der Software ist hierbei der kreative Part des Entwurfs gemeint. Hier unterscheidet sich Software deutlich von der Produktion materieller Güter. Der analoge Vorgang zur Produktion eines materiellen Guts spielt bei Software nämlich kaum eine Rolle: Fertige Software lässt sich quasi beliebig ohne weiteren Materialeinsatz kopieren und vervielfältigen. Der eigentliche Herstellungsaufwand äußert sich damit fast ausschließlich im Entwurf.

Die Faktoren Arbeitseinsatz – im Ingenieurumfeld äquivalent zu Zeit und Ausbildungsstand – und eingesetztes Kapital für die Entwicklung sind über die verwendete Technologie aneinander gekoppelt. Daher lässt sich dieses Verhältnis auch durch Technologieänderung aufbrechen.

Wichtig ist, dass es sich hierbei um langfristige Effekte handelt. Die Kosten, die im Zusammenhang mit der Technologieänderung selbst stehen, haben dabei nur kurzfristig einen bremsenden Einfluss. Technologische Veränderungen waren seit jeher mit Kosten verbunden. Sei es nun die Dampfmaschine, die Einführung der Elektrizität oder die Mikroelektronik – überall waren zunächst Investitionen notwendig. Auch wenn es kaum angemessen erscheint, AUTOSAR auf dieselbe Stufe mit diesen epochalen Erfindungen zu stellen, alle boten zu ihrem Zeitpunkt eine Lösung zu einem bereits existierenden Mangel. Durch die Investition in Technologie war es möglich, diesen Mangel zu bekämpfen.

Im Fall von AUTOSAR ist der adressierte Mangel der schwindende Überblick über die Struktur der Elektronikfunktionalität im Fahrzeug. Dieser Mangel ist existent. In Zukunft werden also die Unternehmen profitieren, die es schaffen, mit diesem Mangel am besten umzugehen, und das ist nur durch Investition in die E/E-Architektur möglich.

## 13.2  Der Nutzen von AUTOSAR in der Entwicklung

Obwohl also AUTOSAR für den Fahrer eines Fahrzeugs später nicht sichtbar ist, hier also keinen unmittelbaren Nutzen präsentiert, liefert es für die Entwicklungsparteien durchaus einen Nutzen. Dieser stellt sich nach [FBH06] wie in Tabelle 13–1 gezeigt dar.

| Organisation | Nutzen |
|---|---|
| OEM | ▢ OEM-überlappende Wiederverwendung von Softwaremodulen<br>▢ Verbesserte Wettbewerbsfähigkeit bei innovativen Funktionen und erhöhte Designflexibilität durch bessere Wartbarkeit<br>▢ Vereinfachung bei der Systemintegration<br>▢ Reduktion der Gesamtkosten in der Softwareentwicklung |
| Zulieferer | ▢ Verringerung der ausufernden Versionsvielfalt<br>▢ Verteilte Entwicklung über mehrere Zulieferer<br>▢ Effizienzverbesserung in der Funktionsentwicklung<br>▢ Neue Geschäftsmodelle |
| Werkzeug-hersteller | ▢ Gemeinsame Schnittstellen im Entwicklungsprozess<br>▢ Nahtlose, handhabbare, aufgabenoptimierte Toolumgebungen |
| Dienstleister | ▢ Liefert Schulungen<br>▢ Bietet Entwicklungsunterstützung<br>▢ Unterstützt bei Test und Integration |

*Tab. 13–1*
*Industrieller Nutzen von AUTOSAR*

Mit den neuen Geschäftsmodellen beschäftigt sich das Kapitel 14 noch einmal ausführlich.

## 13.3 Wiederverwendung

Wiederverwendung ist ein Gut, dem die Informatik bereits seit Anbeginn ihrer Zeitrechnung hinterher jagt. Einzelne Strömungen (objektorientierte Analyse, serviceorientierte Architekturen usw.) sehen dieses Problem inzwischen als gelöst an. Einem Auftraggeber eines IT-Entwicklungsprojekts kommen dagegen schnell Zweifel. Spätestens bei der Angebotspräsentation ist plötzlich alles wieder eine Individualentwicklung. Keine Spur von Wiederverwendung.

Die Ursache liegt darin, dass ein Softwaremodul nicht gleichzeitig speziell verwendbar und allgemein verwendbar sein kann. Da der Begriff allgemeine Verwendbarkeit nichts anderes als Wiederverwendbarkeit meint, entsteht so ein Widerspruch zwischen Verwendbarkeit und Wiederverwendbarkeit bzw. Usability und Reusability (vgl. Abb. 13–1).

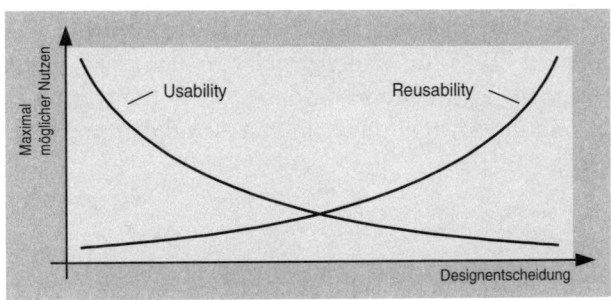

*Abb. 13–1*
*Das Verhältnis von »Usability« zu »Reusability«*

Das soll nicht heißen, dass wiederverwendbarer Code grundsätzlich unbenutzbar ist, er ist nur nicht direkt für einen speziellen Zweck nutzbar. Oder umgekehrt: Je weiter ein Softwaremodul durch Designentscheidungen an die direkte Verwendbarkeit durch einen Nutzer angepasst ist, desto mehr sinkt der Grad seiner Wiederverwendbarkeit für andere Nutzer und Anwendungen.

Wiederverwendbarkeit um jeden Preis und auf allen Ebenen eines Steuergeräts kann also nicht das Ziel sein. Das Ergebnis wären funktional weitgehend inhaltsleere und unkonkrete Komponenten. Irgendwann muss schließlich auch konkreter Code entstehen. Wenn es um die Wiederverwendbarkeit von Komponenten geht, dann ist das Ergebnis nur aussagekräftig, wenn gleichzeitig die konkrete Nutzbarkeit der Komponenten mitbetrachtet wird. Das gilt sowohl für den Anbieter solcher Komponenten als auch für den Käufer.

Jeder Anbieter hat natürlich ein Interesse daran, einen möglichst großen Markt zu bedienen. Einen großen Markt erreicht er nur mit flexiblen hochwiederverwendbaren Komponenten, die die Bedürfnisse einer breiten Käuferschicht ansprechen. Das führt nach Abbildung 13–1 für den Anbieter zu der kuriosen Situation, dass er im Grunde nicht nutzbare Komponenten anbieten wird. Diese möglichst flexiblen und auf viele Anwendungsfälle passenden Komponenten erfordern in der Regel auf der Seite des Käufers viel Arbeit, um sie in einem konkreten Umfeld einsetzen zu können.

### 13.3.1　Wiederverwendbarkeit auf Anwendungsebene

Um die Wiederverwendbarkeit von Anwendungen wie Zentralverriegelung, Diebstahlwarnanlage usw. zu gewährleisten, hat AUTOSAR spezielle Anwendungsschnittstellen definiert (WP10).

Auf den ersten Blick erscheint das sinnvoll, schließlich ist dieser Teil von AUTOSAR der einzige, bei dem ein direkter Bezug zu einem Mehrwert beim Fahrzeugkäufer existiert. Genau diese Schnittstellen zu normieren hieße aber auch, diesen Mehrwert zu normieren. Damit wäre jede Innovation erst einmal an eine Anpassung des Standards gebunden und anschließend bei allen OEMs identisch. Das steht natürlich bei den OEMs im Widerspruch zur Suche nach wettbewerbsdifferenzierenden Elektronikfunktionen. Um Innovation nicht zu behindern, sind die Anwendungsschnittstellen daher nur als Vorschläge zu sehen.

### 13.3.2   Schutz des geistigen Eigentums – Intellectual Property

Ein Anbieter, der wiederverwendbare Komponenten vertreiben möchte, muss zwangsläufig eine bestimmte Mindestfunktionalität bieten, die der Käufer nicht trivial selbst nachbauen kann. Solche Komponenten zeichnen sich häufig durch anspruchsvolle Algorithmen aus.

Meistens wurde nicht nur bei der Implementierung hoher Aufwand getrieben. Schon im Vorfeld der tatsächlichen Entwicklung waren viel Erfahrung und aufwendige Voruntersuchungen erforderlich, um die passenden Algorithmen zu finden und zu parametrieren. Solche herausragende Engineering-Leistungen lohnen sich aber nur bei entsprechendem Schutz des dahintersteckenden Know-hows.

Bei einer im Quelltext vertriebenen Komponente sind diese Algorithmen für den Nutzer unmittelbar erkennbar. Er erhält damit die gesamte Engineering-Leistung des Komponentenanbieters quasi auf einem Silbertablett. Das geistige Eigentum an der Entwicklungsleistung ist so nicht effektiv schützbar. Für den ursprünglichen Erschaffer ist das jedoch ein wichtiger Gesichtspunkt, wenn er die Entwicklungskosten auf mehrere Nutzer verteilen möchte. Diese Kostenverteilung ist unvermeidbar, wenn die Komponente zu einem attraktiven Preis am Markt angeboten werden soll.

Für solche Komponenten kommt schließlich nur eine Distribution in einem Binärformat infrage (vgl. auch Seite 205). Das heißt:

- Die Eigentumsrechte bleiben beim Erzeuger.
- Die Grenzen unterschiedlicher Eigentumsrechte bleiben auch im fertigen Produkt erkennbar.

Ein gezielt und systematisch betriebenes Reverse Engineering lässt sich natürlich auch durch eine Objektcode-Distribution nicht aufhalten, sondern bestenfalls erschweren.

### 13.3.3   Die Qualität wiederverwendbarer Komponenten

Ein anspruchsvolles Modul mit aufwendigem Innenleben ist auch meistens mit einem entsprechend hohen Testaufwand verbunden.

Dieser Testaufwand kann natürlich indirekt ebenfalls wiederverwendet werden. Am Ende kann sich dies sogar zum entscheidenden Aspekt weiterentwickeln: Eine Komponente wird nicht durch ihre Funktionalität interessant, sondern dadurch, dass sie diese Funktionalität bereits in vielen Anwendungsfällen zuverlässig unter Beweis gestellt hat. Nichts ist ärgerlicher, als mit der Wiederverwendung von Funktionalität auch die bei ihr gemachten Fehler wiederzuverwenden.

*Wiederverwendung von Tests*

Der Aspekt der Modulqualität hat hier einen wirklich hohen Stellenwert. Die Fehler einer selbst entwickelten Komponente lassen sich in der Regel leicht selbst finden. Schließlich sitzen die für die Fehler verantwortlichen »Experten« meist nicht weit entfernt.

*Fremdkomponenten müssen qualitativ hochwertig sein*

Eine als Blackbox beschaffte Fremdkomponente ermöglicht dagegen häufig kaum Einblicke. Wenn so eine Komponente später fehlerhaft funktioniert, kann dies schnell den Erfolg des eigenen Projekts gefährden.

Einerseits wird also die Verwendung von Fremdkomponenten durch diesen Qualitätsdruck nicht unbedingt begünstigt. Auf der anderen Seite lassen sich mögliche Schwierigkeiten durch gewissenhaftes Lieferantenmanagement, insbesondere bei der Lieferantenauswahl, leicht in den Griff bekommen. Wenn es gelingt, eine etablierte Komponente mit erfahrenem Support zu erwerben, dann lohnt sich das in zweierlei Hinsicht:

- Die Integration fehlerarmer Komponenten verkürzt die Integrationszeit.
- Die höhere Qualität der Komponenten steigert die Gesamtqualität des fertigen Systems.

## 13.4  Wiederverwendbarkeit der Basissoftware

Dieser Aspekt erscheint zunächst trivial. Basissoftware muss zwangsläufig um den Gedanken der allgemeinen Verwendbarkeit herum konstruiert sein. Das ist schließlich die Bestimmung eines Betriebssystems. Niemand würde ein Betriebssystem dafür infrage stellen, dass es für konkrete Steueraufgaben erst um entsprechend konkrete Anwendungen ergänzt werden muss.

Somit können nach der Theorie in Abbildung 13–1 alle Designentscheidungen leicht auf maximale Wiederverwendbarkeit ausgerichtet werden. Betriebssysteme sind ein Paradebeispiel für erfolgreich etablierbare Wiederverwendung.

Da die wichtigste Aufgabe eines Betriebssystems in der Verwaltung der knappen Betriebsmittel wie z. B. Speicher, I/O oder CPU-Leistung liegt, ist Wiederverwendbarkeit eines Betriebssystems natürlich unmittelbar mit Portierbarkeit verknüpft.

*Wiederverwendbarkeit für mehrere Anwendungen*

Ein Betriebssystem kann seine Wiederverwendbarkeit also umso mehr ausspielen, wenn es nicht nur für unterschiedliche Anwendungen auf einer Hardwareplattform genutzt werden kann, sondern darüber hinaus auch bei einem Wechsel der Hardwareplattform immer noch das gleiche Gesicht zeigt.

Wenn also diese Programmierschnittstelle selbst bei einem Wechsel der Hardware unverändert bleiben kann, dann minimiert sich der Lernaufwand für den Umgang mit einer Basissoftware dramatisch. Während gleichzeitig das Erfahrungspotenzial steigt. Genau diese Erfahrung mit einer Entwicklungsumgebung macht heute einen Großteil der Effizienz einer Entwicklungsabteilung aus.

*Wiederverwendbarkeit für mehrere HW-Plattformen*

## 13.5   Austauschbarkeit

Austauschbarkeit und Wiederverwendbarkeit einer Komponente sind zwei Seiten ein und derselben Medaille. Austauschbarkeit orientiert sich nicht daran, die Komponente selbst wiederzuverwenden, sondern ihr Umfeld. Das kann Folgendes bedeuten:

- Ein OEM wählt zwischen den Lösungen mehrerer Zulieferer.
- Austauschbarkeit ist über Fahrzeugplattformen hinweg möglich.
- Ein Zulieferer bedient mehrere OEMs.

Für einen OEM ist der Aspekt der Austauschbarkeit häufig interessanter als der der Wiederverwendbarkeit. Die bei vielen OEMs verfolgte Plattformstrategie strebt bereits auf einer Ebene oberhalb der Software, also auf Systemebene, Wiederverwendbarkeit an.

## 13.6   Geschäftsmodelle

Neben der Herstellung von Werkzeugen und Basissoftware gibt es weitere Ansatzpunkte, um Wertschöpfung mit AUTOSAR zu betreiben.

### 13.6.1   Modell 1: Entwicklungsdienstleister

Da der Vernetzungsgrad der Komponenten im Fahrzeug immer weiter steigt, sind an der Entwicklung der einzelnen Systeme auch immer mehr Parteien beteiligt. Aufgabe des OEMs ist es, diese Parteien zu koordinieren. Zusätzlich zur steigenden Vernetzung kommt gleichzeitig immer mehr Spezial-Know-how ins Spiel, das an vielen Stellen die Kernkompetenz der OEMs weit übersteigt. Dieses tiefe Know-how ist ebenfalls zu managen. Ohne Unterstützung durch Entwicklungsdienstleister sind diese beiden Aufgaben heute kaum noch zu bewältigen.

Die Entwicklungsdienstleister können an mehreren Stellen unterstützen. Hauptsächlich, indem sie Defizite in den Know-how-Bereichen ausgleichen, die nicht zum Kernkompetenzbereich auf Auftraggeberseite gehören, aber auch indem sie Ressourcenengpässe qualifiziert ausgleichen (vgl. Abb. 13–2).

*Abb. 13–2*

*Rolle der*

*Entwicklungsdienstleister*

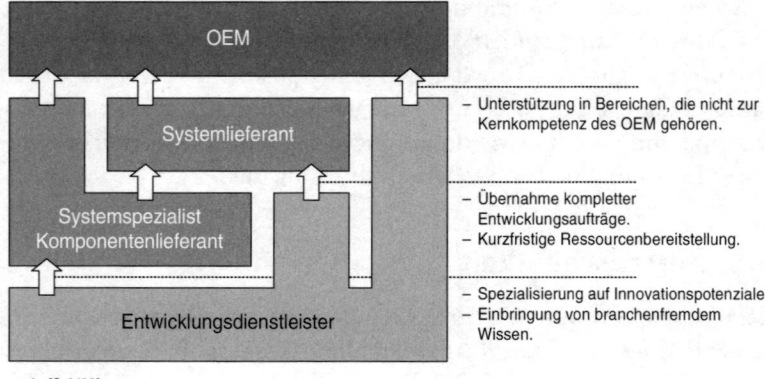

nach: [Schl08]

Da durch die Bündelung von Funktionalitäten die klaren Grenzen zwischen den Gewerken aber immer mehr verschwimmen, muss die Kommunikation in der firmenübergreifenden Zusammenarbeit intensiviert werden. Hier sind klare Schnittstellen und technisch aussagekräftige Vereinbarungen über den Inhalt dieser Schnittstellen erforderlich. Die Austauschbasis dafür kann AUTOSAR bereitstellen.

### Chancen für die Zusammenarbeit zwischen Lieferanten

Beim Zukauf einer fertigen Komponente ergeben sich häufig zwei Probleme. Entweder die Komponente ist elektrisch sehr aufwendig anzusteuern oder aber nur in Kombination mit einem weiteren Steuergerät zu handhaben (vgl. Abb. 13–3a).

*Abb. 13–3*

*Zusammenarbeit von*

*Lieferanten*

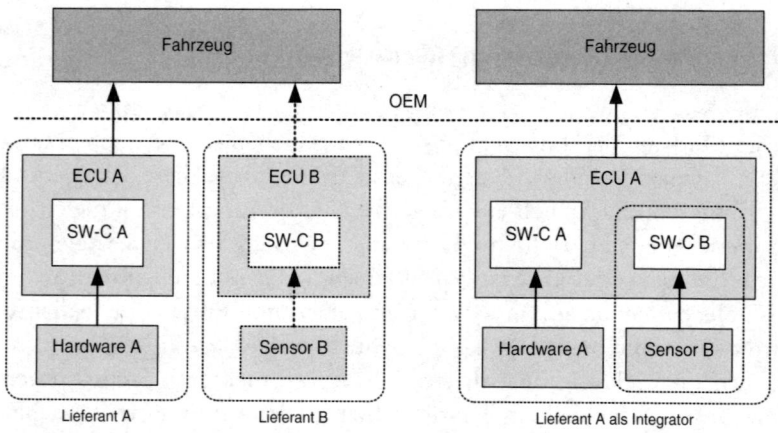

Da eine Erweiterung der ECU-Landschaft für den OEM häufig nicht infrage kommt, scheitern Vorhaben in der Folge an dem zu hohen Aufwand für die Integration der neuen Komponente in ein bereits bestehendes Steuergerät. AUTOSAR erleichtert diesen Vorgang durch entsprechende XML-Dateien. Damit wird ein Szenario wie in Abbildung 13–3b möglich.

### 13.6.2   Modell 2: Software als Gratisbeilage zur Hardware

Von jeder im PC-Bereich erhältlichen Grafikkarte aus Fernost ist dieses Prinzip bekannt. Im Karton zur Karte liegt selbstverständlich auch ein passender Grafiktreiber. Ein Käufer käme gar nicht auf die Idee, den Treiber gegen zusätzliches Geld zu besorgen.

Einerseits ist die Grafikkarte für ihn zwar ohne den Treiber komplett wertlos, was durchaus finanzielle Leidensfähigkeit vermuten ließe. Auf der anderen Seite besteht keine Möglichkeit, über den Treiber besondere Begeisterungsmerkmale zu vermitteln. Um den Treiber im Zielsystem betreiben zu können, muss er zwingend bestimmte Anforderungen erfüllen. Diese sind aber durch das Betriebssystem fest vorgegeben. Es gibt hier keinen Spielraum, in dem sich unterschiedliche Treiber positionieren könnten. Ein Wettbewerb wäre nur über den Preis möglich. Für den Kunden interessiert damit nur noch der Preis des Gesamtpakets.

Der Deckungsbeitrag wird nicht mit der Software erwirtschaftet, sondern allein über die Hardware transportiert. Dieses Modell ist insbesondere für die Halbleiterhersteller interessant.

Auch Sensorhersteller können profitieren, indem sie die entsprechende Sensor-Softwarekomponente zu einem physikalischen Sensor mitliefern (vgl. zur technischen Umsetzung auch Abschnitt 14.4.4). Für den Integrator vereinfacht sich die Aufgabe, wenn er in der Anwendung bereits mit physikalisch plausiblen Werten arbeiten kann und sich nicht um Kennfelder, linear oder logarithmische A/D-Wandlung und ähnliche Probleme kümmern muss. Diese Vereinfachung kann auch einen möglicherweise leicht höheren Preis rechtfertigen.

### 13.6.3   Modell 3: Verkauf fertiger Bibliotheken

Dieses Geschäftsmodell beschäftigt sich mit der Vermarktung von AUTOSAR-Komponenten als Produkt (vgl. Abschnitt 14.4.5). Es wird typischerweise mit wiederverwendbaren Komponenten in Verbindung gebracht, die bei einem Zulieferer entstanden sind, die aber für eine größere Gruppe von Nutzern interessant sein könnten. Voraussetzung hierfür ist in jedem Fall eine entsprechende Schöpfungshöhe der Software.

Der Begriff »fertige« Bibliothek ist dabei mit Blick auf den in Abschnitt 13.3 beschriebenen Usability-Reusability-Widerspruch differenziert zu betrachten. Je nach gewählter Designentscheidung bietet es sich an, zwischen zwei Produktformen zu unterscheiden:

- *Vollprodukt*:
  Eine direkt nutzbare und vollständig implementierte Anwendung (z. B. Diebstahlwarnanlage). Eine Anpassung an Kundenwünsche erfolgt über Konfiguration.

- *Halbprodukt*:
  Eine unvollständig implementierte Anwendung. Es sind nur wesentliche Teile, z. B. die Kernalgorithmen, einer Anwendung enthalten. Das Halbprodukt ist erst nach weiteren individuellen Implementierungsarbeiten auf Kundenseite in einem Steuergerät nutzbar.

Für den Auftraggeber ist der Erwerb eines Vollprodukts in der Regel bequem. Er erhält sofort eine genau definierte Funktionalität. Dies bildet jedoch gleichzeitig den größten Nachteil. Begeisterungsmerkmale für den Endkunden lassen sich auf diesem Weg nicht einkaufen.

Wenn es darum geht, innovative Funktionen bereitzustellen, ist es für den Lieferanten günstiger, nur ein Halbprodukt mit den Kernalgorithmen als sogenanntes Framework anzubieten. Das Halbprodukt wird anschließend individuell erweitert und an die Bedürfnisse des Auftraggebers angepasst.

Diese Anpassungsarbeiten kann der Produktlieferant natürlich auch im Rahmen einer Individualentwicklung anbieten. Auf diese Weise verbindet das Halbprodukt die Vorteile einer fertigen Lösung mit denen einer Individualentwicklung.

# 14 Produktmanagement mit AUTOSAR

Das Produktmanagement muss auf zukünftige AUTOSAR-Produkte angepasst werden, denn der Produktfokus wird stark durch AUTO-SAR beeinflusst. Dabei sind folgende Fragen besonders interessant:

- Wie ändert sich der Produktfokus?
- Welche Herausforderungen sind zu erwarten?
- Welche Chancen ergeben sich daraus?

Die Betrachtungen in diesem Kapitel werden aus der technischen Sicht eines Zulieferers (Tier-1-Supplier) angestellt, denn er muss sich schon im Vorfeld auf mögliche AUTOSAR-Anforderungen der OEMs einstellen.

Die OEMs und AUTOSAR-Werkzeughersteller finden in diesem Kapitel keine explizite Berücksichtigung. Die Produkte der OEMs sind Fahrzeuge, deren Eigenschaften sich durch AUTOSAR-Steuergeräte zunächst nicht ändern. Bei den Werkzeugherstellern ist die Entscheidung für AUTOSAR bereits gefallen. Sie können ihre Produktstrategie weiter nach bewährten Verfahren wählen.

## 14.1 Bisherige Situation

Der Zulieferer, der hier betrachtet werden soll, hat ein Produkt, das aus einer elektronischen Steuereinheit (ECU) und weiteren elektronischen/elektrischen Komponenten (den Sensoren und Aktoren) besteht.

Auf den ECUs befindet sich eine Software, die Werte über Sensoren oder über einen Kommunikationsbus einliest, auswertet und entsprechend dem implementierten Algorithmus Aktoren ansteuert.

Dieses Produkt vertreibt ein Zulieferer im Allgemeinen an mehrere OEMs. Die Anforderungen an das Produkt variieren dabei nicht nur zwischen den OEMs, sondern auch entsprechend den Fahrzeugmodellen eines Herstellers. Daraus ergeben sich unter anderem folgende Herausforderungen:

*Hoher Entwicklungsaufwand für OEM-spezifische Anpassungen*

▪ Es entsteht eine Variantenvielfalt des Produktes, die nur schwer zu beherrschen ist.

▪ Es geht kostbare Entwicklungsleistung für die notwendigen Anpassungen und bei der Integration verloren.

AUTOSAR versucht diese Probleme zu minimieren, indem es die Software in Module aufteilt und ihre Schnittstellen standardisiert. Die Variantenvielfalt wird so eingedämmt und die notwendige Anpassung je Fahrzeugmodell erfolgt dann über Konfigurationsparameter.

Eine Standardisierung nimmt AUTOSAR nicht nur auf der Basissoftwareebene, sondern auch auf Anwendungssoftwareebene vor. Auf Anwendungssoftwareebene werden im Gegensatz zur Basissoftware keine Module spezifiziert, sondern lediglich die Interfaces der Anwendungen. Indirekt nimmt die Definition der Interfaces aber auch Einfluss auf die Anwendungsstruktur.

Um den Wettbewerb hier nicht einzuschränken, handelt es sich bei der Interfacedefinition auf Anwendungsebene um Empfehlungen und nicht um Vorgaben.

*Routineaufgaben zugunsten von Innovationen einsparen*

AUTOSAR verfolgt das grundlegende Ziel, Entwicklungskapazitäten, wie hier für Anpassungsaufgaben oder sonstige »Routineaufgaben«, einzusparen, um mehr Freiraum für Innovationen zu schaffen.

## 14.2  Änderung der Randbedingung

*ECUs waren hoch spezialisiert*

Der bisherige Produktfokus des Zulieferers lag auf hochwertigen Sensoren und Aktoren und einer optimalen Ansteuerung durch eigens dafür entwickelte ECUs.

*ECUs konnten weitestgehend unabhängig entwickelt werden*

Eine derartige ECU kann weitestgehend unabhängig entwickelt werden. Eine Interaktion mit anderen ECUs findet lediglich über eine vorgegebene Menge von Bussignalen statt. Der OEM legt hierfür eine Auswahl von Bussignalen und die daraufhin erwarteten Reaktionen fest. Probleme durch zu starke Abhängigkeiten der ECUs untereinander werden so minimiert.

*Innovationspotenzial der Softwarefunktionen stärker nutzen*

Die OEMs haben jedoch das »Innovationspotenzial«, das Softwarefunktionen bieten, in den letzten Jahren erkannt. Um dieses Potenzial nutzen zu können, benötigen sie die Möglichkeit, auf den im Fahrzeug verbauten ECUs Softwaremodule auszutauschen oder hinzuzufügen.

*Erhöhung der Transparenz für Softwareaustausch*

Voraussetzung hierfür ist eine höhere Transparenz der Steuergeräte. Diese soll ihnen AUTOSAR bereitstellen. Abbildung 14–1 zeigt, wie sich mit AUTOSAR eine ECU von einer »Blackbox« in eine transparente ECU mit wohldefinierten Modulen verwandelt.

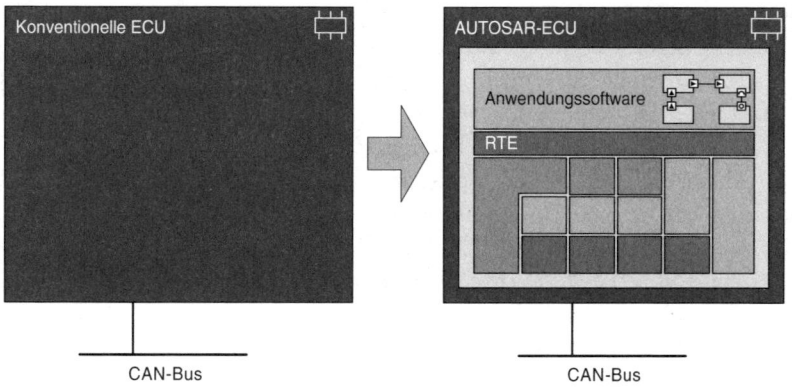

Die Erhöhung der Transparenz führt unmittelbar zur Frage nach dem Know-how-Schutz (auch IP-Schutz genannt), der offenbar gefährdet ist.

### Distribution von Modulen als Objektcode

Der Gedanke, dass AUTOSAR den Know-how-Schutz gefährdet, ist zunächst nicht unberechtigt und sollte bei Design und Entwicklung von AUTOSAR-Produkten immer beachtet werden (vgl. zum Schutz des geistigen Eigentums auch Abschnitt 13.3.2).

Die AUTOSAR-Entwicklungspartnerschaft hat diese Problematik jedoch schon frühzeitig erkannt und hat sie angemessen berücksichtigt. In AUTOSAR wird Software bekanntermaßen durch Module (auf Basissoftwareebene) und Softwarekomponenten (auf Anwendungsebene) realisiert. Um den Know-how-Schutz in beiden Fällen ausreichend sicherzustellen, kann die jeweilige Software vom Zulieferer in Form von Objektcode bereitgestellt werden.

*Know-how-Schutz ist in AUTOSAR sichergestellt*

Um sicherzustellen, dass Objektcode verschiedener Zulieferer zu einem lauffähigen Programm gelinkt werden kann, hat AUTOSAR

*Software als Objektcode bereitstellen*

- auf Basissoftwareebene C-Schnittstellen standardisiert und
- auf Anwendungsebene XML-Beschreibungen der Schnittstellen eingeführt (aus denen die RTE generiert wird, die den notwendigen »glue-code« zwischen den Objektdateien bereitstellt).

Geht man noch einen Schritt weiter und betrachtet heutige Softwareintegrationsprojekte, so stellt AUTOSAR nicht nur bereits existierenden Know-how-Schutz sicher, sondern kann ihn sogar noch erhöhen.

Nur bei wenigen Softwareprojekten werden die Schnittstellen und das daran erwartete Verhalten so genau beschrieben sein wie in AUTOSAR. Somit ist die Wahrscheinlichkeit ohne AUTOSAR auch höher, dass es bei der Integration von Softwarekomponenten verschiedener Zulieferer zu Integrationsproblemen kommt.

Tritt in einer derartigen Situation auch noch ein hoher Zeitdruck ein, steigt auch schnell der Druck, den Quellcode für eine gemeinsame Analyse des Problems bereitzustellen.

Aufgrund des hohen Standardisierungsgrades von AUTOSAR können solche Situationen zukünftig weitgehend vermieden werden. Somit kann sich durch AUTOSAR der Know-how-Schutz erhöhen.

Abbildung 14–2 veranschaulicht nochmals, dass künftig das Softwareprodukt nicht mehr aus Quellcode bestehen muss, sondern durch AUTOSAR die Auslieferung von Objektcode mit einer XML-Schnittstellenbeschreibung erfolgen kann.

*Abb. 14–2*

*Know-how-Schutz eines AUTOSAR-Produktes ist höher*

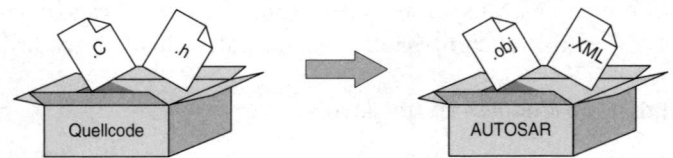

Somit schließt AUTOSAR nicht nur »Löcher«, die es selbst geöffnet hat, sondern bietet darüber hinaus eine Verbesserung der aktuellen Situation.

Neben dem Know-how-Schutz hat sich der Zulieferer im Zuge einer AUTOSAR-Einführung weiteren Herausforderungen zu stellen.

## 14.3 Herausforderungen

AUTOSAR wurde unter anderem mit dem Ziel entwickelt, Zulieferer von Entwicklungsleistungen (wie aufwendige Integrationen und Variantenpflege) zu entlasten und somit Freiraum für Innovationen zu schaffen.

Dieses Ziel ist nur durch Veränderung des Entwicklungsprozesses und des Produktes selbst zu erreichen. Diese Veränderungen stellen die Zulieferer vor neue Herausforderungen und machen unter Umständen sogar die Anpassung der Unternehmensziele notwendig.

### 14.3.1 Soft- und Hardware wird leichter austauschbar für OEMs

Um von Softwareinnovationen schnell und einfach profitieren zu können, wollen die OEMs den Integrationsaufwand neuer Softwarefunktionen reduzieren.

Dies ist zunächst auch im Interesse des Zulieferers, denn eine unnötig lange Integrationsphase kostet auch ihn viel Geld, denn erst danach kann er sein Produkt in hohen Stückzahlen an den OEM ausliefern.

Aufgrund des reduzierten Integrationsaufwandes sinkt die Hemmschwelle des OEM, Software gegen die eines Mitbewerbers auszutauschen. So besteht auch in späten Projektphasen, wie der Integration beim Kunden, noch ein hoher Konkurrenzdruck.

*Reduzierung des Integrationsaufwandes*

Auf dieses Risiko muss sich ein Zulieferer frühzeitig vorbereiten. So muss die Einführung von AUTOSAR-Produkten mit einer Innovationssteigerung einhergehen.

*Erhöhung des Konkurrenzdrucks in späten Projektphasen*

### 14.3.2   Welche AUTOSAR-Releases müssen unterstützt werden

Eine weitere Herausforderung für das erste AUTOSAR-Projekt besteht darin, das richtige AUTOSAR-Release zu wählen. Diese Entscheidung hängt von verschiedenen Faktoren ab.

Der einfachste Fall wäre ein konkretes Entwicklungsprojekt mit einem OEM. In dieser Situation gibt die Strategie des OEM vor, ob der Zulieferer ein möglichst neues Release einzusetzen hat oder eher auf ausgereifte Stände zurückgreifen kann, für die es schon ausreichend Unterstützung der Werkzeughersteller gibt.

Für ein Vorentwicklungsprojekt (ohne unmittelbare Anforderungen eines OEM) sollte das jeweils aktuell veröffentlichte Release die Grundlage bilden. Dabei ist für die Werkzeughersteller mindestens ein halbes Jahr Vorlauf einzuplanen, damit sie die nötigen Anpassungen ihrer Werkzeuge und Basissoftware durchführen können.

Eine klare Empfehlung für ein AUTOSAR-Release kann nicht gegeben werden, denn die AUTOSAR-Standardisierung ist noch im Fluss. Aktuell ist das Release 3.1 veröffentlicht, am Release 4.0 wird gearbeitet und mutmaßlich wird es auch ein Release 5.0 geben (siehe auch Abschnitt 4.6 zur zeitlichen Einordnung und Kapitel 17 zum Ausblick auf zukünftige Releases).

*Orientierung an OEM-Strategie*

Die Release-Problematik muss jedoch nicht überbewertet werden. Denn für die Software auf Anwendungsebene ist AUTOSAR relativ stabil. So existiert das Konzept des VFB und der daraus erzeugten RTE weitestgehend unverändert seit dem Release 2.0.

Im Allgemeinen gibt es in AUTOSAR weniger Änderungen, sondern eher Erweiterungen und diese auch vornehmlich im Bereich der Basissoftware. Dem Anwendungsentwickler steht dann offen, ob er die neuen Features der Basissoftware nutzt.

Ein Beispiel hierfür ist das Vehicle-Mode-Management, das für Release 4.0 geplant ist. Dieses Konzept bietet bei seiner Nutzung viele Vorteile. Ein Einsatz ist aber nicht zwingend erforderlich, denn Vehicle-Mode-Management kann auf Anwendungsebene auch durch einfachen Nachrichtenaustausch nachgebildet werden.

### 14.3.3    Was bedeutet »AUTOSAR-compliant«

Die Entscheidung für das »richtige« AUTOSAR-Release wird auch stark durch die Frage nach der AUTOSAR-Compliance beeinflusst. AUTOSAR-Compliance oder auch AUTOSAR-Conformance bezeichnet die Konformität eines Produktes mit dem AUTOSAR-Standard.

Ein Konformitätsnachweis ist aus AUTOSAR-Sicht wichtig, um das Ziel der leichten Integration sicherzustellen und wird wie hier in Paragraph 5.7 des [AS_PMEAGRE08] für alle AUTOSAR-Produkte gefordert: »... restricted solely to products, which are tested and verified as compliant with AUTOSAR ...«

Wie diese Forderung einmal in der Praxis umgesetzt wird und welche Kosten mit einem derartigen Konformitätstest verbunden sein werden, bleibt abzuwarten.

*Selbstaussage als*    Momentan werden für das AUTOSAR-Release 4.0 Konformitäts-
*Compliance-Nachweis*    tests der Basissoftware entwickelt. Bis diese zur Verfügung stehen, beruht der Konformitätsnachweis auf der Selbstaussage des Herstellers. Des Weiteren sind für AUTOSAR-Anwendungssoftware, die ja unabhängig von Hardware oder Basissoftware vertrieben werden kann, noch gar keine Nachweismethoden definiert. In absehbarer Zeit bleibt somit die Selbstaussage die Grundlage für den Nachweis ihrer Konformität. Weitere Informationen zu Konformität, Konformitätsklassen und Konformitätstests finden Sie in Kapitel 16.

### 14.3.4    Kompatibilität mit »konventionellen« ECUs

AUTOSAR stellt durch Konformitätstests die Kompatibilität der AUTOSAR-ECUs und ihrer -Software sicher.

Bei der Kompatibilität zu existierenden »konventionellen« ECUs musste AUTOSAR jedoch Einschränkungen vornehmen.

*Netzwerkmanagement*    Speziell im Bereich des Netzwerkmanagements ist dies festzustellen. Es ist nicht kompatibel und verhindert die Integration von »konventionellen« ECUs mit AUTOSAR-ECUs in einem Netzwerk. Aufgrund dieser Inkompatibilität kann es beispielsweise vorkommen, dass Steuergeräte in den Ruhezustand gehen, obwohl sie aktiv sein sollten.

Ein zweiter wichtiger Bereich ist die Diagnose, hier unterstützt
AUTOSAR das Protokoll KWP2000 nicht, das heute noch häufig
eingesetzt wird. AUTOSAR setzt hier bereits auf das modernere UDS.

*Diagnose*

Um in beiden Fällen die Inkompatibilität zu überwinden, ist die
AUTOSAR-Basissoftware entsprechend anzupassen. Der notwendige
Adaptionscode kann beispielsweise in Form eines Complex Driver in
die Basissoftware integriert werden.

Die Kompatibilität mit »konventionellen« Steuergeräten sicherzustellen ist in jedem Fall mit zusätzlichen Kosten und einem höheren
Integrationsaufwand verbunden. Es sollte deshalb möglichst früh mit
dem OEM (Kunden) geklärt werden, ob eine Rückwärtskompatibilität
tatsächlich benötigt wird. Er kennt diese Problematik. In Bezug auf das
zu verwendende Diagnoseprotokoll macht er entsprechende seiner
Strategie Vorgaben. Dem Problem des inkompatiblen Netzwerkmanagements kann er mit folgenden Strategien begegnen:

- ausschließlich AUTOSAR-ECUs einsetzen,
- eine spezielle ECU vorsehen, die die unterschiedlichen Netzwerk-
  managementprotokolle umsetzt, oder tatsächlich
- einen Mischbetrieb planen und die Herstellung der Kompatibilität
  dem Zulieferer überlassen.

## 14.3.5   Änderung des Fokus

Durch AUTOSAR wird der Entwicklungsfokus des Zulieferers beeinflusst. Bisher entwickelt der Zulieferer neben der Hardware auch den
größten Teil der Software selbst. Oft kauft er nur wenige Komponenten wie das Betriebssystem und den Kommunikations-Stack zu.

Abbildung 14–3 zeigt, wie sich mutmaßlich der Umfang der Softwareentwicklung beim Zulieferer durch AUTOSAR reduziert.

*Fokus stärker auf
Anwendungssoftware*

Der Zulieferer wird seinen Fokus stärker auf die Anwendungsentwicklung legen können. Den größten Teil der Basissoftware wird er
zukünftig in Form von AUTOSAR-Basissoftwaremodulen dazukaufen.

Im Wesentlichen begründet sich diese Annahme darauf, dass der
Aufwand für die Entwicklung und Pflege einer eigenen AUTOSAR-
Basissoftware zu hoch ist. So beziffern etablierte Werkzeughersteller
den Aufwand zur Entwicklung einer AUTOSAR-Basissoftware und
der dazugehörigen Werkzeugkette auf über 100 MJ. Weitere Informationen zum Thema Adaptions- und Migrationsstrategien finden Sie in
Kapitel 15.

*Über 100 MJ
Entwicklungsaufwand für
AUTOSAR-Basissoftware*

*Abb. 14–3*
*Aufteilung der*
*Softwareentwicklung auf*
*Werkzeughersteller und*
*Zulieferer*

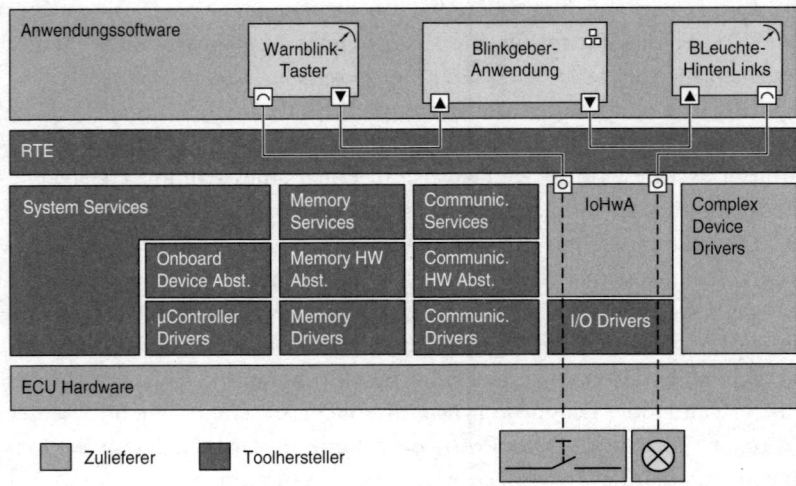

*Entwicklungsaufwand*
*wird zu*
*Konfigurationsaufwand*

Wird auch der größte Teil der Basissoftware zukünftig dazugekauft, ist
der Aufwand für die Integration dieser Module nicht zu unterschätzen.
Der zuvor selbst geleistete Entwicklungsaufwand verschiebt sich zu
einem großen Teil hin zu einem Konfigurationsaufwand.

Neben der Konfiguration der zugekauften Module muss der
Zulieferer zukünftig noch die I/O-Hardwareabstraktion und eventuelle Complex Drivers entwickeln. Sie sind ECU-spezifisch und abstrahieren von der eigenen Hardware.

Diese Beeinflussung des Entwicklungsfokus ist Herausforderung
und Chance zugleich. Zum einen entsteht Spielraum durch frei gewor-
dene Entwicklungskapazitäten und zum anderen gibt der Zulieferer
einen Teil seines »Hoheitsgebietes« auf und wird abhängiger vom
Werkzeughersteller.

## 14.4   Chancen für den Zulieferer

Die Einführung von AUTOSAR stellt den Zulieferer nicht nur vor
neue Herausforderungen, sie bietet auch viele Chancen.

*Neue Geschäftsstrategien*
*durch Entkopplung von*
*Hard- und Software*

Speziell die Entkopplung von Hard- und Software gibt ihm die
Möglichkeit, hardwareunabhängige Software anzubieten. Er kann so
neue Geschäftsfelder erschließen und neue Geschäftsstrategien verfolgen.

### 14.4.1   Reines Softwareprodukt

Durch sein Schichtenmodell, bestehend aus Hardware, Basissoftware, der darüberliegenden RTE und der darauf aufsetzenden Anwendungssoftware, erreicht AUTOSAR eine sehr hohe Hardwareunabhängigkeit der Anwendungssoftware.

Des Weiteren stellt die abstrakte Modellierung auf VFB-Ebene und die daraus generierte RTE die Verschiebbarkeit der Softwarekomponenten zwischen ECUs sicher.

Darauf aufbauend, erhält der Zulieferer mit AUTOSAR die Möglichkeit, seine Software losgelöst von der Hardware anzubieten (vgl. Abb. 14–4).

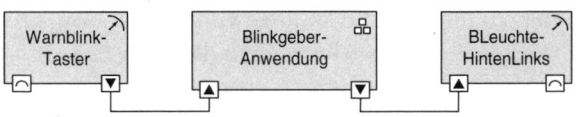

**Abb. 14–4**
*Ein Paket mit Anwendungssoftware und Sensor/Aktor-Softwarekomponenten*

Wie bereits zu Beginn dieses Kapitels beschrieben, gehören zu einem solchen Softwareprodukt die Softwarekomponenten (als Quellcode oder Objektdatei) sowie eine Beschreibung der Schnittstellen in XML. Die XML-Beschreibung wird dabei benötigt, um auf dem Zielsystem die entsprechenden RTE-Schnittstellen generieren zu können.

### 14.4.2   Softwareteilprodukt

Mit AUTOSAR ist es darüber hinaus möglich, selbst Teile der Anwendungssoftware zu verkaufen. Wie Abbildung 14–5 zeigt, wurde das Produkt auf die Anwendungssoftwarekomponente (`BlinkgeberAnwendung`) reduziert. Die Ansteuerung der Aktoren ist nicht Bestandteil dieses Softwarepaketes.

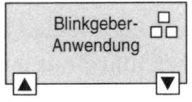

**Abb. 14–5**
*Paket ausschließlich mit Anwendungssoftware (implementiert den Algorithmus)*

Dies kann sinnvoll sein, wenn die Anwendung einen aufwendigen Algorithmus umsetzt, der in Kombination mit verschiedenen Aktoren genutzt werden kann.

### 14.4.3 Kombiniertes Hard- und Softwareprodukt

Im Gegenzug ist es auch möglich, die Aktoransteuerung unabhängig von der Anwendungssoftwarekomponente zu vertreiben. Abbildung 14–6 zeigt die Kombination von Aktor-Softwarekomponente und dem anzusteuernden Hardwareaktor.

**Abb. 14–6**

*Paket mit Aktor (Hardware) und Aktor-Softwarekomponente*

Diese Form der Bündelung bietet beispielsweise die Möglichkeit, Aktoren zu verkaufen, ohne detailliert die Ansteuerung des Aktors *Know-how-Schutz* dokumentieren zu müssen und so ungewollt Know-how preiszugeben.

Für die Ansteuerung des Aktors im zulässigen Bereich ist dann die mitgelieferte Aktor-Softwarekomponente verantwortlich.

### 14.4.4 Anwendungssoftware mit I/O-Hardwareabstraktion

Die Loslösung der Anwendungssoftware von Basissoftware und Hardware ist, wie zuvor beschrieben, mit AUTOSAR tatsächlich möglich. Sie birgt jedoch noch einen versteckten Integrationsaufwand in sich.

So setzen die Sensor- und Aktor-Softwarekomponenten auf die I/O-Hardwareabstraktion (IoHwA) der jeweiligen ECU auf. Für die Schnittstelle der IoHwA existiert in AUTOSAR jedoch nur eine Empfehlung und keine verbindliche Spezifikation. Somit ergibt sich an dieser Schnittstelle im Allgemeinen ein Anpassungsaufwand.

*Anpassung durch eigene* Sollen die Sensor/Aktor-Softwarekomponenten nicht für jede ECU *I/O-Hardwareabstraktion* angepasst werden, kann eine eigene IoHwA mitgeliefert werden, die von der jeweiligen ECU abstrahiert. Sie läuft dann parallel zur eigentlichen IoHwA der ECU. Nach »unten« setzt sie auf den standardisierten Schnittstellen der I/O-Driver auf.

Eine unmittelbare Umsetzung dieser »Idee« ist jedoch nicht möglich, da es laut AUTOSAR-Standard nur eine IoHwA je ECU gibt.

Abbildung 14–7 zeigt die Lösung. Die benötigte Funktionalität wird in einen Complex Driver verpackt. Denn im Gegensatz zur IoHwA sind mehrere Complex Driver je ECU zulässig. Diese sind dann für jedes Zielsystem anzupassen.

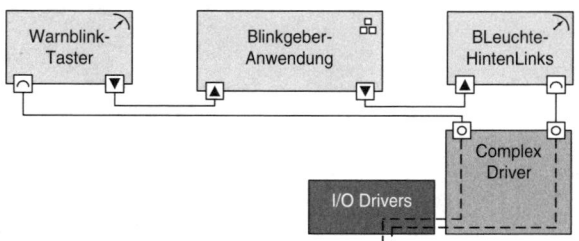

**Abb. 14–7**
Paket mit
Anwendungssoftware
(inklusive Sensor/
Aktor-SCWs) und
Complex Driver

### 14.4.5 »Software as a product«

Allen zuvor aufgezeigten Produktvarianten ist dank AUTOSAR gemeinsam, dass sie die Software als ein in sich abgeschlossenes Paket ansehen können. Dieses Paket wird an den Kunden ausgeliefert und ein zeitraubendes Integrationsprojekt kann weitestgehend vermieden werden.

Dies ist ein lang verfolgtes Ziel vieler Zulieferer, man spricht in diesem Zusammenhang auch von »software as a product« (Software als Produkt). Mit dem Ziel, Software als Produkt handhaben zu können, verbinden die Zulieferer zwei wesentliche Punkte. Auf der einen Seite können sie ihr eigenes Produkt ohne großen Integrationsaufwand einem Kunden zur Verfügung stellen. Auf der anderen Seite können sie auch die »Produkte« von Drittanbietern leichter einbinden. Hieraus ergeben sich wiederum neue Geschäftsmodelle, die der Zulieferer für sich nutzen kann.

*Software als Produkt*

## 14.5 Schlussfolgerung

AUTOSAR hat einen starken Einfluss auf den Entwicklungsfokus des Zulieferers. Dieser veränderte Entwicklungsfokus und die AUTOSAR-Methodik, die die Trennung von Hardware- und Softwareprodukten unterstützt, beeinflussen mutmaßlich die Produktpalette des Zulieferers. In jedem Fall bieten sie ihm die Möglichkeit, diese neu auszurichten.

Auf diese neue Flexibilität muss das Unternehmensmanagement reagieren und geeignete Unternehmensziele ausarbeiten und diese den Entwicklungsabteilungen vorgeben.

Da es sich hierbei um wesentliche Veränderungen – möglicherweise bis hin zur Unternehmensstruktur – handelt, ist es wichtig, dass sich die Geschäftsführung intensiv mit dem Thema AUTOSAR auseinandersetzt.

# 15 Migrationsstrategien für bestehende Projekte

Viele Steuergeräte werden im Rahmen von Produkt- oder Modellpflegeprojekten nach AUTOSAR überführt. Es gibt mehrere Möglichkeiten, dieses Ziel zu erreichen. Migrationsversuche in Nacht- und Nebelaktionen sind dabei selten erfolgreich. Wie sollte also der Übergang von einer klassischen Entwicklung zu einem AUTOSAR-basierten Steuergerät aussehen? Welche Dinge sind zu beachten? Die folgenden Abschnitte geben erprobte Anregungen.

## 15.1 Vorbereitungen

Die Einführung von AUTOSAR in einem Unternehmen oder Projekt ist mit der Beschaffung eines Werkzeugs allein nicht zu bewältigen. Es sind zusätzliche Veränderungen in der Arbeitsweise der Teams notwendig. Häufig ist damit auch eine Veränderung in der Denkweise nötig. Wie bei allen Veränderungsprojekten sollte die Motivation für die zu ergreifenden Maßnahmen allen Beteiligten deutlich sein. Hilfreich ist schon einmal, wenn sich alle Beteiligten über die Vorteile eines architekturbasierten Vorgehens einig sind.

Leider besitzen alle Veränderungsprojekte eine unangenehme Eigenschaft: Die angestrebten Verbesserungen stellen sich häufig nicht unmittelbar nach der Veränderung ein, sondern erst mit einiger Verzögerung. Bei technischen Änderungen der Arbeitsweise ist sogar kurzfristig mit einer Verschlechterung zu rechnen, die sich durch eine leicht erhöhte Fehlerrate innerhalb der ersten Lernphase begründen lässt.

Wer schon einmal versucht hat, beim Tennis die Technik seiner Rückhand umzustellen, kennt das vielleicht: Bis die neue Technik wenigstens genauso gut beherrscht wird wie der alte »Notschlag«, ist viel Zeit und Training erforderlich. Erst nach vielen mühsamen Korrekturen ist irgendwann auch im Ergebnis endlich ein Fortschritt messbar. Dieses »Tal der Tränen« darf nicht dazu verleiten, in alte

*Veränderungen können kurzfristig eine Verschlechterung bewirken*

Muster zurückzufallen. Ein kleiner »Bypass« an der Schichtenarchitektur vorbei kann schnell alle bis dahin unternommenen Anstrengungen, die Architektur zu verbessern, zunichtemachen.

*Täuschung führt zu Enttäuschung*

Dies ist zwar nur ein psychologisches Problem, aber eins, auf das alle Beteiligten vorbereitet sein müssen. Sonst haben Sie mitten im Projekt auf einmal enttäuschte Gesichter. Enttäuscht darüber, dass die überzogenen Erwartungen nur eine Täuschung waren.

Die Erkenntnis, dass Veränderungen und das Lernen neuer Techniken Zeit benötigen, ist im Zusammenhang mit Veränderungsprozessen besonders wichtig. Begeisterung und eine gewisse Leidensfähigkeit sind also unverzichtbare Zutaten. Im Zweifelsfall ist es ratsam, das Team für ein Pilotprojekt speziell nach diesen Eigenschaften zusammenzustellen.

### 15.1.1 Der aktuelle Stand

Vor der Diskussion, wohin die Reise gehen soll, ist es wichtig, dass Sie feststellen, wo Sie überhaupt stehen. Dabei steht die Klärung der folgenden Fragen im Vordergrund:

- Gibt es bereits eine dokumentierte Architektur für das alte Steuergerät?
- Wurde diese im Code auch umgesetzt und beachtet?

Falls keine dokumentierte Architektur existiert, ist zu klären, ob wenigstens eine dokumentierbare Architektur vorhanden ist. Ziel ist es herauszufinden, wie stark die Kopplung zwischen den einzelnen Funktionsblöcken ist (vgl. Abschnitt 2.5.1), ob sich also einzelne Blöcke herauslösen lassen, ohne die Funktionstüchtigkeit der restlichen Blöcke zu beeinträchtigen.

Diese Prüfungen sollten nicht nur das Steuergerät als Ganzes betrachten. Häufig wirkt die Gesamtarchitektur eines klassisch gebauten Steuergeräts in der Summe schlechter als die tatsächliche lokale Architektur in den einzelnen Modulen. Ein Blick in die Details ist hier ratsam.

### 15.1.2 Welche Ziele werden langfristig verfolgt?

Im nächsten Schritt ist zu klären, welche qualitativen Verbesserungen mit der Einführung von AUTOSAR verfolgt werden. Im Endergebnis fehlen häufig nur sauber definierte Schnittstellen zwischen verschiedenen Modulblöcken.

Aber nicht überall, wo eine Schnittstelle theoretisch eingebaut werden könnte, ist es auch sinnvoll, dies gleich im ersten Migrationsschritt zu tun. Als Checkliste für die Entscheidung können die folgenden Punkte dienen:

- Welche Rolle spielen Plattformunabhängigkeit bzw. Portabilität?
- Wird möglicherweise die Hardwareplattform gewechselt? Dann sind meist erhebliche Anpassungen an der Basissoftware notwendig. Manchmal sogar ein kompletter Umstieg.
- Gibt es Elemente des Steuergeräts, die trotz kundenspezifischer Anpassungen in Teilbereichen immer gleich sind?
- Wo und von wem sollen mögliche kundenspezifische Anpassungen vorgenommen werden? Von Ihnen selbst, vom Kunden oder von Dritten als Werkleistung.
- Soll das Steuergerät die Basis für eine Produktlinie werden? Worin unterscheiden sich dann die einzelnen Varianten? Gibt es an den Trennlinien bereits softwaretechnisch greifbare Schnittstellen?
- Wenn es Varianten gibt: Unterscheiden sich diese eher im gebotenen Funktionsumfang oder in der angesteuerten Hardware? Im ersten Fall reichen häufig Fallunterscheidungen im Code, die durch eine schaltbare Konfiguration gesteuert werden. Im zweiten Fall kommen Sie um die Einführung definierter Schnittstellen nicht herum.

### 15.1.3  Welche I/O-Schnittstellen sind betroffen?

Bei dieser Frage steht vor allem das Verhältnis von Kommunikation nach außen und interner Verarbeitung im Vordergrund.

#### Wenig I/O, viel Logik

Wenn die Menge der Ein- und Ausgabesignale klein ist gegenüber der internen Verarbeitungslogik, dann haben Sie den einfachsten Fall. Vermutlich muss die eigentliche Funktionslogik nicht großartig angepasst werden. Möglicherweise lassen sich die entscheidenden Codefragmente mit Unterstützung von Präprozessor-Makros adaptieren und in das neue Projekt übernehmen.

#### Viel I/O, wenig Logik

Im umgekehrten Fall – viele Ein- und Ausgabesignale, aber triviale Verarbeitungslogik – können Sie sich auf die Generierung der Schnittstellen und Ports konzentrieren. Der größte Aufwand fällt hier in die Konfiguration der RTE. Die letztendliche Umsetzung der einfachen

Verarbeitungslogik lösen Sie anschließend wie bei einer Neuentwicklung. Der bestehende Code dient lediglich als Blaupause.

*Modellgetriebene Entwicklung*

Im Matlab-Umfeld existieren für den Projekttyp des I/O-lastigen Steuergeräts schon einige Ansätze, die auch eine modellbasierte Entwicklung ermöglichen. Das heißt, die Spezifikation der I/O-Signale und die Logik der Verknüpfung von Eingangssignalen zu Ausgangssignalen werden gemeinsam in einer Umgebung vorgenommen.

### 15.1.4  Die Anforderungsstruktur gerade rücken

Am Ende eines Migrationsprojekts steht meistens ein neues Steuergerät mit weitgehend alter Funktionalität. Aber haben Sie wirklich eine exakte Spezifikation zu dem, was mit dieser »alten Funktionalität« gemeint ist? Gibt es überhaupt eine Beschreibung zur tatsächlichen Funktionalität des alten Steuergeräts?

Die Aussage »Das neue Steuergerät soll das können, was das alte auch konnte« führt zumindest zu undefiniertem Testaufwand. Wenn Sie die alte Testumgebung weiternutzen können, ist das natürlich schon einmal ein großer Vorteil.

Häufig gibt es zwar Beschreibungen zu alten Steuergeräten, aber nur in Form differenzieller Änderungswünsche, die mit den einzelnen Modellpflegeaktionen der vergangenen Jahre korrelieren. Eine in sich geschlossene Beschreibung der aktuellen Funktionalität des Steuergeräts ist nicht aufzutreiben.

Nehmen Sie das Migrationsprojekt zum Anlass, die verstreuten Anforderungen einzusammeln. Möglicherweise sind einzelne Anforderungen auch nur durch Reverse Engineering des Altcodes zu rekonstruieren; den müssen Sie aber sowieso analysieren. Also ist jetzt der richtige Zeitpunkt, die Ergebnisse dieser Analyse in Form von Anforderungen festzuhalten. Dabei werden Sie auch die eine oder andere Funktion entdecken, die vielleicht gar nicht mehr migriert werden muss.

### 15.1.5  Basissoftware

Wenn die Einführung von AUTOSAR mit einem Wechsel der Hardwareplattform zusammenfällt, dann sind Anpassungen an der Basissoftware sowieso erforderlich. Wahrscheinlich muss sie sogar komplett ausgetauscht werden. Möglicherweise erhalten Sie vom OEM auch eine angepasste Basissoftware mit bereits integrierten OEM-spezifischen Modulen. Dann haben Sie wenigstens mit den Basisfunktionen von Netzwerkmanagement und Diagnose keine Schwierigkeiten.

## 15.2   Werkzeugsauswahl

Falls das Migrationsprojekt das erste Projekt ist, in dem Sie AUTO-SAR einsetzen, dann müssen auch die dafür notwendigen Werkzeuge ausgewählt und beschafft werden.

Ein besonders wichtiges Kriterium bei der Werkzeugauswahl ist – abgesehen vom Preis – die Effizienz der Arbeitsweise. Das fängt mit der Effizienz der Werkzeugauswahl selbst an. Der Spanne reicht von der gedankenlosen Beschaffung an einem Nachmittag bis hin zur Gründung ganzer Arbeitsgruppen. Eins ist klar: Mit dem Kauf und Setup.exe anstarten ist es in keinem Fall getan.

*Effiziente Werkzeugauswahl*

Wenn Sie sich also vor dem Kauf zu einer gründlichen Evaluation entschließen, dann rechnen Sie damit, dass diese auch laufend neue Erkenntnisse liefern wird. Neue Erkenntnisse führen immer zu neuen Fragestellungen und weiterem Evaluationsbedarf. Das ist ein Teufelskreis. Irgendwann muss einfach eine Entscheidung getroffen werden.

Die Kriterien für die Werkzeugauswahl sollten sich vor allem an der Effizienz der späteren Projektarbeit orientieren. Die ruht bei Werkzeugen auf vier Säulen:

*Effiziente Projektarbeit*

1.   Ergonomie, die das Werkzeug out-of-the-box mitbringt.
2.   Angemessenheit für den gedachten Zweck.
3.   Anpassbarkeit des Werkzeugs an den eigenen Arbeitsprozess.
4.   Fähigkeit der Anwender, das Werkzeug zu nutzen.

Prüfen Sie diese Kriterien einmal, wenn Sie das nächste Mal im Baumarkt z. B. eine Bohrmaschine kaufen: Liegt das Gerät gut in der Hand? Will ich nur ein Loch bohren oder einen Mauerdurchbruch schaffen? Brauche ich ein abschaltbares Schlagwerk oder sogar Rechts-Links-Lauf? Komme ich mit dem Werkzeug klar, oder sollte sich doch besser ein Handwerker um die Aufgabe kümmern?

Mit diesen vier Kriterien kommen Sie einer zügigen Entscheidung recht schnell nahe. Die folgenden Abschnitte liefern daher noch einige zusätzliche Tipps zur Umsetzung.

### 15.2.1   Ergonomie

Ergonomie hat bei Software viele Facetten. Häufig wird Ergonomie allein mit grafischen Benutzeroberflächen gleichgesetzt nach der Devise: Falls die Software mit der Maus bedienbar ist, ist sie auch ergonomisch. Das ist eine völlige Trivialisierung des Ergonomiegedankens. Für interaktive Anwendungen lauten die Kriterien präziser formuliert (vgl. ISO 9241):

- Selbstbeschreibungsfähigkeit,
- Erwartungskonformität,
- Fehlertoleranz,
- Steuerbarkeit.

Mausbedienbarkeit kann dabei im schlimmsten Fall sogar zum Ergo-nomiekiller werden, wenn die notwendigen Arbeitsschritte gar keine Steuerbarkeit über eine Maus erfordern.

### Sequenzielle Arbeitsschritte

In der Softwareentwicklung gibt es viele Arbeitsschritte die sequenziell ablaufen müssen. Das manuelle Abarbeiten sequenzieller Prozess-schritte mit einer Maus ist aber widersinnig. Effizienz in der Software-entwicklung muss heutzutage heißen: Was automatisierbar ist, muss auch automatisiert werden. Insbesondere wenn es dabei um Vorgänge geht, die schon in den 80er-Jahren automatisierbar waren – mit ein-fachen Makefiles.

Stumpfsinnige manuelle Arbeitsschritte sind heute mit dem Einsatz von Projektingenieuren nicht mehr vereinbar. Ohne die Automatisie-rung dieser Arbeitsschritte ist kein Geld mehr zu verdienen. Das liegt zum einen an der reinen Geschwindigkeit des Vorgangs, zum anderen an der naturgegebenen Fehleranfälligkeit, die manuelle Arbeitsschritte mit sich bringen. Ein manuell zusammenkopiertes Auslieferungsver-zeichnis für ein Softwareprodukt ist beispielsweise schon deswegen nicht mehr zeitgemäß, weil dabei zu schnell wesentliche Komponenten vergessen werden.

*Skriptfähigkeit*       Es gibt Vorgänge, die lassen sich natürlich durch Arbeitsanwei-sungen und Checklisten regeln. Besser ist in so einem Fall immer die direkte Umsetzung in Form von Skripten. Das Skript stellt seine eigene ausführbare Arbeitsanweisung dar. Dazu müssen die Werkzeuge natürlich skriptfähig sein. Gegen das Erstellen dieser Skripte mit einer grafischen Oberfläche ist natürlich nichts einzuwenden.

### Explorative Arbeitsweise

Stark an Komponenten orientierte Entwicklungsumgebungen bieten häufig eine hierarchische Navigation durch die erstellten Designele-mente. Das klingt zunächst nicht schlecht. Irgendwo ist ein Baum, bei dem sich Zweige auf- und zuklappen lassen. So funktioniert heute jeder Dateibrowser.

Die Architekturarbeit steckt in den Zweigen dieses Baums. Die tatsächliche Information hängt aber an den Blättern. Zur Beantwor-tung der Frage: »Welche Parameter hat die Funktion X in der Komponente *K*?« dürfen Sie den gesamten Baum bis zu den Parametern aufklappen. Hier kann eine Baumstruktur schnell zum Fluch werden.

Zum Sammeln von Informationen für eine Designentscheidung lässt sich eine sequenzielle Liste durch einen Menschen noch relativ schnell abarbeiten. Bäume sind für Menschen als Suchstruktur ungeeignet. Die Frage ist also, welche Funktionen stehen Ihnen zur Verfügung, um aus der Unmenge von Informationen genau die im Augenblick entscheidenden heraussuchen und darstellen zu können.

**Massenänderungen**

Neue Erkenntnisse im Projekt oder auch einfach nur geänderte Kundenanforderungen können zu Änderungen an mehreren Stellen der Architektur führen.

Unterstützt das Werkzeug dann möglicherweise notwendig werdende größere Umbauten – das sogenannte Refactoring? In jeder modernen Java-Entwicklungsumgebung ist Refactoring seit Jahren eine Standardfunktionalität.                                                           *Refactoring*

Selbst mit der Search-and-Replace-Funktion eines trivialen Texteditors lassen sich schon viele umfangreiche Änderungen bequem durchführen. Aber stellen Sie sich vor, Sie müssen für jede Änderung erst in einen Baum navigieren, dort einen Property-Dialog öffnen, einen Reiter auswählen, die Information in einer Liste suchen und sind dann erst in der Lage, mit zwei weiteren Klicks in einer Combobox die gewünschte Einstellung zu ändern. Jetzt wird Mausbedienung schnell zum Fluch.

Wie solche Refactoring-Funktionen in einer modernen Entwicklungsumgebung gelöst werden können, zeigen die schon erwähnten Java-Entwicklungsumgebungen. Nicht nur auf Codeebene, sondern auf Schnittstellenebene.

### 15.2.2   Angemessenheit für den gedachten Zweck

»Viel hilft viel« ist das falsche Motto für einen Systementwurf. Over Engineering bedeutet, dass Flexibilität an Stellen eingebaut ist, wo nie welche gefordert wurde. Überflüssige Schnittstellen, die nur ein einziges Mal implementiert werden, schaffen nicht mehr Klarheit, sie vernebeln eher die Sicht auf das Wesentliche. Wenn sie etwas schaffen, dann erhöhten Wartungsaufwand.                                           *Over Engineering*

Die gleichen Prinzipien gelten analog für die Werkzeugauswahl. Um einen kleinen Stahlnagel in die Wand zu schlagen, ist ein Vorschlaghammer ungeeignet. Viel hilft auch hier nicht viel. Mit Rück-     *Angemessenheit* sicht auf den Daumen ist die Wahl eines handlicheren Werkzeugs ratsam. Das zugehörige Stichwort lautet: Angemessenheit.

Angemessenheit hängt immer vom beabsichtigten Zweck ab. Den müssen Sie also zunächst kennen. Wenn die auszuführenden Arbeitsschritte unklar sind, nutzt es nichts, zunächst einfach irgendein Werkzeug zu wählen, um anschließend »erst einmal zu sehen«, ob es das richtige ist. Die Grundregel hierfür lautet: Erst der Prozess, dann das Werkzeug.

### 15.2.3  Anpassung an die Arbeitsweise im Team

Hier sind mehrere Fragen zu klären:

- Wer darf welche Änderungen vornehmen, wie beispielsweise Schnittstellennamen ändern oder Parameter anpassen?
- Wann werden welche Dateien generiert? Führt möglicherweise jede Änderung zu einem zeitaufwendigen »Rebuild-All«?
- Wie wird mit den generierten Dateien verfahren? Sollen diese auch unter Versionskontrolle gestellt werden?
- Gibt es gemeinsam genutzte Dateien? Was passiert dann bei konkurrierenden Änderungen? Gibt es eine Merge-Strategie?

Insbesondere die Anbindung an die Versionsverwaltung ist eine Herausforderung. Wann und wie sollen Baselines gesetzt werden? Diese Frage stellt sich insbesondere in der Endphase eines Projekts. Plötzlich müssen in kurzen Iterationen Engineering-Musterstände mit Bugfixes ausgeliefert werden, während gleichzeitig Änderungswünsche an den Anforderungen eintreffen.

Wenn Sie erst in dieser hektischen Phase das Zusammenspiel aller Ihrer Werkzeuge mit der Versionsverwaltung optimieren müssen, droht eine gefährliche Notlösung: Die Kollegen patchen für einen Hotfix die generierten Dateien. Der Generator darf in dieser Phase also nicht mehr benutzt werden. Ein Alptraum für jeden Integrator.

*Generierte Dateien unter Versionskontrolle?*

Darüber, ob die generierten Dateien überhaupt unter Versionskontrolle gestellt werden dürfen, gibt es unterschiedliche Ansichten. Auf der einen Seite heißt es, dass für die generierten Dateien zur RTE das Gleiche gelten muss wie z. B. für die Objektdateien des C-Compilers. Also: Generierte Dateien gehören nicht unter Versionskontrolle.

Nach unserer Meinung hat jedoch die Versionskontrolle vor allem die Aufgabe der Kennzeichnung und Rückverfolgbarkeit der einzelnen Releasestände. Solange keine Änderung am Generator selbst und an den zugehörigen Steuerdateien stattfindet, genügt es damit, nur die Quelldateien zu versionieren. Die generierten Dateien lassen sich daraus jederzeit neu erzeugen. Gibt es jedoch Änderungen an der Entwicklungsumgebung, dann ist davon auch häufig der Generator betroffen. Wenn Sie jetzt Nachvollziehbarkeit der generierten Dateien benötigen, müsste folglich ersatzweise die zugehörige Entwicklungsumgebung unter Versionskontrolle gestellt werden. Das ist aber selten ein praktikabler Schritt. Falls Sie nur sicherstellen wollen, dass sich ältere Stände zu einem späteren Zeitpunkt noch bauen lassen, bietet es sich daher an, die generierten Dateien einfach mit unter Versionskontrolle zu nehmen.

In sicherheitskritischen Projekten werden Sie aus Gründen der Nachvollziehbarkeit um eine Aufnahme der generierten Dateien im Versionsmanagementsystem in keinem Fall herumkommen.

### 15.2.4   Den Umgang mit dem Werkzeug beherrschen

Wie viel Erfahrung bringen die Teammitglieder mit einem architekturlastigen Entwicklungsprozess bereits mit? Ohne wenigstens einen erfahrenen Mitarbeiter wird das immer schwierig. Aber in ein zeitkritisches Projekt zu stolpern ohne Erfahrung mit den elementaren Entwicklungswerkzeugen, kann dagegen lebensgefährlich sein.

Was in anderen Berufszweigen unvorstellbar ist, z. B. beim Bau von Atomkraftwerken oder in der Gehirnchirurgie, ist in der Softwareentwicklung scheinbar gängige Praxis. Es werden Handlungen vollzogen, ohne überblicken zu können, welche Konsequenzen damit möglicherweise verbunden sind und mit welchem Aufwand diese hinterher korrigierbar sind.

Es ist notwendig, zu wissen, wie gearbeitet werden soll, und die Handhabung der dabei benötigten Werkzeuge zu beherrschen. Eine zweitägige Powerpoint-Schulung des Herstellers wird nicht reichen. Auch hier gilt: erst der Prozess, dann das Werkzeug.

### 15.2.5   Pilotprojekte müssen wichtig sein

Auch kleine unwichtige Pilotprojekte ermöglichen das schnelle Starten und Sammeln von Erfahrungen im tatsächlichen Einsatz mit realistischen Eingabedaten. Treten unerwartete Schwierigkeiten auf, lassen sich diese meist ohne größeren Schaden korrigieren – oder auch ignorieren. Es ist ja nur ein Pilotprojekt.

Dieser Vorteil ist gleichzeitig der größte Nachteil dieser Vorgehensweise. Für die Einführung neuer Technologien werden typischerweise die fähigsten Mitarbeiter benötigt. Nur so lässt sich das wichtige Hintergrundwissen schnell und zügig in die neue Arbeitsweise integrie-

*Pilotprojekte erfordern die besten Mitarbeiter*

ren und auch in die anderen Mitarbeiter multiplizieren; besonders, wenn unerwartet schwierige Situationen auftreten.

Nur sind die fähigsten Mitarbeiter in der Regel für die wichtigen Projekte tätig. Auch wenn es anfangs anders geplant wurde, in den entscheidenden Phasen eines Pilotprojekts sind wichtige Mitarbeiter selten verfügbar, weil sie zu Feuerwehraktionen in fremde Projekte abgezogen werden. Das ursprünglich für die Zukunft so wichtige Pilotprojekt blutet aus und verkümmert unter ständiger Herabstufung der Prioritäten in der Ecke.

Am Ende interessiert sich auch niemand mehr für die Ergebnisse; schließlich muss ja irgendwann auch einmal Geld verdient werden. Die Schuldfrage ist oberflächlich schnell geklärt: Es ist die fehlende Managementunterstützung.

Die Lösung für mehr »Management-Awareness« bei der Einführung neuer Technologien ist relativ einfach. Nehmen Sie sich für die Pilotierung ein reales Produkt Ihres Unternehmens vor und verzichten Sie auf unbedeutende Spielzeugpiloten. Es sollte natürlich nicht gleich im ersten Anlauf das A-Produkt mit dem größten Umsatz des Unternehmensportfolios sein. Obwohl andererseits gerade die A-Produkte aufgrund ihrer »historischen Reife« häufig den größten Modernisierungsbedarf aufweisen.

## 15.3  Legacy-Code weiterverwenden

Wenn bereits Code aus Vorprojekten existiert, besteht zunächst kein Grund, auf diesen Altcode (Legacy-Code) zu verzichten. Es gibt einige Design Patterns (vgl. [GoF95]), die besonders für den Umgang mit solchen Codestücken geeignet sind.

### 15.3.1  Adapter

Ein Adapter (vgl. Abb. 15–1) löst das Problem, das entsteht, wenn Instanzen einer Klasse A in einem Kontext benutzt werden sollen, in dem eine Schnittstelle I benötigt wird, die diese Instanzen nicht unterstützen. Der Adapter implementiert die benötigte Schnittstelle in der Regel durch Delegation.

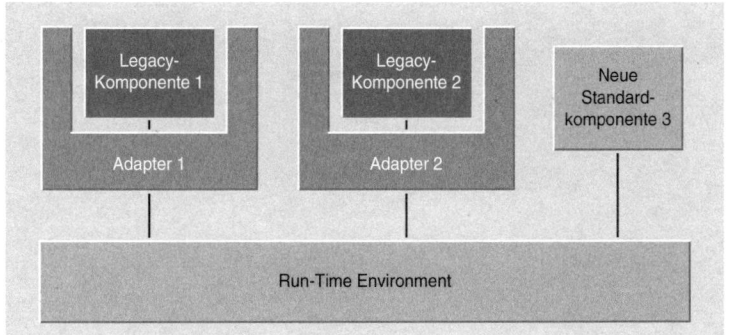

**Abb. 15–1**
*Adapter*

### 15.3.2 Fassade

Die Fassade (vgl. Abb. 15–2) bietet eine einheitliche Schnittstelle zu einer Menge von Elementen eines Subsystems. Dies fördert die lose Kopplung zwischen dem Subsystem und den Verwendern. Dadurch, dass die Anzahl der nach außen bekannt gemachten Informationen sinkt, wird die Komplexität reduziert.

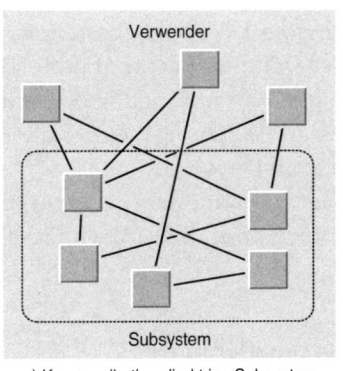 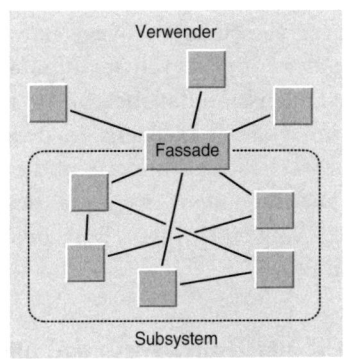

a) Kommunikation direkt ins Subsystem  b) Kommunikation über Fassade

**Abb. 15–2**
*Fassade*

### 15.3.3 Schrittweise Migration

Fassaden und Adapter können zu einem späteren Zeitpunkt entfernt werden, wenn die Kompaktheit des Designs ein wichtiges Kriterium darstellt. Bei dem in Abbildung 15–1 gezeigten System kann z. B. die Altkomponente 2 durch eine vollständig AUTOSAR-konforme Realisierung ausgetauscht werden. Das Ergebnis zeigt Abbildung 15–3.

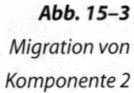

**Abb. 15–3**

*Migration von
Komponente 2*

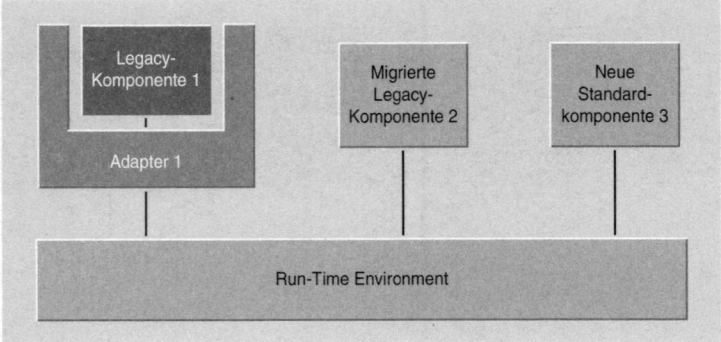

Der gezeigte Schritt fördert die Übersichtlichkeit des Designs erheblich. Die bestehende Funktionalität wird dadurch nicht beeinträchtigt. Idealerweise werden anschließend die vorhandenen Testfälle als Regressionstests zur Überprüfung der erfolgreichen Migration herangezogen.

## 15.4  Mögliche Wege für ein Migrationsprojekt

Es gibt verschiedene Wege, ein Migrationsprojekt zu gestalten. Ein Weg, der zum Ziel führt, kann dabei per Definition nicht »falsch« sein. Eine Diskussion darüber, ob ein gewählter Weg nun richtig oder falsch ist, führt daher meistens zu nichts. Es gibt allerdings Wege, die sind beschwerlicher als andere, und es gibt auch Umwege.

Die folgenden Abschnitte beschreiben einzelne Schritte eines möglichen Weges. Um eine Entscheidung im Einzelfall kommen Sie nicht herum.

### 15.4.1  Basissoftware und Applikation separieren

Hierbei handelt es sich um einen scheinbar trivialen Schritt. Es geht darum, den Code aufzuteilen und die Dateistruktur anzupassen. Ziel ist es, die Elemente, die eher zur Basissoftware gehören, von denen zu trennen, die die Applikation ausmachen.

Diese Trennung ist für alle nachfolgenden Schritte unverzichtbar. Es muss klar sein, in welchen Modulen die wirkliche Funktionalität versteckt ist. Tatsächlich verbirgt sich hinter dieser Aufgabe häufig viel Arbeit.

### 15.4.2   Nur eine neue Basissoftware einführen

Hinter der neuen AUTOSAR-Basissoftware verbirgt sich ein OSEK-kompatibles Betriebssystem. Sollte die zu migrierende Lösung ebenfalls auf OSEK basieren, ist folgender Schritt wenigstens denkbar: Die bestehende Basissoftware wird lediglich gegen die AUTOSAR-Basissoftware ausgetauscht.

Sie profitieren so möglicherweise bereits von einigen modernen Treibern innerhalb der neuen AUTOSAR-Basissoftware. Das sind dann allerdings auch schon alle Vorteile. Ein AUTOSAR-konformes Steuergerät erhalten Sie auf diesem Weg nicht.

### 15.4.3   Zuerst die RTE und die SW-C-Ports

Hierfür benötigen Sie lediglich einen RTE-Generator, der eine sogenannte Single-sided-RTE erzeugt. Im nächsten Schritt transformieren Sie die Schnittstellen Ihrer Softwarekomponenten und führen entsprechende SW-C-Ports ein.

### 15.4.4   Alles als Complex Device Driver

Ein Complex Device Driver ist in AUTOSAR der standardisierte Weg, den Standard zu umgehen. Er war als eleganter Weg gedacht, bestehenden Code ohne große Änderungen in ein AUTOSAR-Steuergerät zu übernehmen. Der alte Code kann im neuen Steuergerät weiterexistieren und alle Schichten des Steuergeräts mit nur geringen Anpassungen nutzen.

Die Vorgehensweise hat jedoch einen konzeptionellen Haken: Der Complex Driver kann zwar mit allen reden, ihm antwortet aber niemand. Einzige Ausnahme: Das Kommunikationsziel ist ebenfalls ein Complex Driver.

Damit bleiben Complex Device Drivers für die Migration von bestehendem Code ein theoretisches Konzept. Zumindest in Release 3.1.

### 15.4.5   Einsatz vertikaler Prototypen

Ein vertikaler Prototyp zeichnet sich dadurch aus, dass er alle Schichten des neuen Designs berücksichtigt und auch alle Werkzeuge einbezieht, die implementierte Funktionalität aber in der Breite stark begrenzt.

Es werden also im ersten Schritt weder alle Aktoren noch alle Sensoren berücksichtigt, sondern nur eine minimale Anzahl. Die Auswahl sollte den Leitgedanken verfolgen, nur so wenige Komponenten zu verwenden, wie notwendig sind, um noch eine funktionierende Interaktion des Steuergeräts mit der Umwelt darstellen zu können. Auch diese Sensoren und Aktoren müssen von ihrer Funktionalität her weder vollständig noch bis ins letzte Detail korrekt implementiert werden. Das Ziel ist vielmehr eine exemplarische Implementierung in die Tiefe des gesamten Systems.

Diese Vorgehensweise folgt der ersten Regel für den perfekten Entwurf:

**Regel 1 für den perfekten Entwurf**

Alles sollte prinzipiell top-down entworfen werden – außer beim ersten Mal.

Eine Abschätzung, wie lange die Portierung eines Steuergeräts mit 20 Eingängen und Ausgängen dauern wird, kann nicht korrekt sein, solange die Abschätzung nicht wenigstens an einem der I/O-Wege normiert wurde. Auf diesem Weg besteht die Möglichkeit, Erfahrungen über die folgenden Aspekte zu sammeln:

- den Umgang mit den Werkzeugen,
- korrekte Integration der Werkzeugkette,
- Parameter für die Abschätzung des Gesamtaufwands der Migration,
- mögliche Fallen oder Begrenzungen im Umgang mit der neuen Basissoftware,
- Hinweise zu Speicherverbrauch und Performance sowie
- Aufbau einer Integrationsumgebung.

Diese Vorgehensweise minimiert die Gesamtprojektrisiken, da Unklarheiten des Teams über die tieferen Schichten der AUTOSAR-Architektur frühzeitig adressiert und ausgeräumt werden können.

Erst wenn diese Punkte geklärt sind, sollte mit einem größeren Team die Implementierung der restlichen Funktionalität starten. Da die Integrationsumgebung bereits funktionstüchtig ist, kann durch laufende Integration der Fortschritt nun ständig überwacht werden.

## 15.5 Tipps zum Vorgehen

Um alles über ein Projekt zu wissen, müssen Sie es mindestens einmal gemacht haben. Das ist bei der Einführung neuer Technologien aber kaum möglich – »neu« heißt ja gerade »vorher unbekannt«. Sie werden also zwangsläufig im Projekt viele Dinge lernen, ohne diese Aspekte großartig vorher planen zu können.

In so einem Umfeld ist es wichtig, Entscheidungen mit weitreichenden Konsequenzen vorher gegen die Realität zu erden. Das erreichen Sie mit dem Konzept des oben vorgestellten vertikalen Prototyps. Für seine Realisierung sollte die Teamgröße unbedingt begrenzt werden. Ideal sind Teams mit weniger als sieben Mitgliedern. Das reduziert den Aufwand für die Kommunikation der vielen neuen Erkenntnisse in dieser Phase und sorgt damit für eine bessere funktionsübergreifende Zusammenarbeit. Es ergeben sich also folgende Schritte:

- Ausbildung der Mitarbeiter
  - Architekten
  - Werkzeugbedienung
- Einarbeitung in die Werkzeuge
- Vertikaler Prototyp
- Abschätzung für das Gesamtprojekt
- Start der eigentlichen Entwicklungstätigkeit

Erst mit den Erfahrungen aus der Erstellung des vertikalen Prototyps wird die Planung des Gesamtprojekts begonnen und dann basierend auf dieser Planung die eigentliche Entwicklungstätigkeit gestartet.

Auch eine Eichung der Team-Performance ist so möglich. Sie ist eine wichtige Voraussetzung für eine realistische Projektplanung, wenn es darum geht, das Projekt in die Breite zu treiben.

In der Realisierungssphase kann nun auch die endgültige Personalstärke aufgebaut werden. Falls die Anzahl der Teammitglieder mehr als verdoppelt werden soll, ist es auch denkbar, mehrere Teilprojekte zu bilden. In diesem Fall sollten Sie das ursprüngliche Team der Prototypphase gleichmäßig auf die neuen Teilprojekte verteilen und nicht ein reines Expertenteam und ein reines Novizenteam bilden.

Auf diese Weise ist für jedes Teilprojekt gewährleistet, dass es das notwendige Know-how in der gesamten technologischen Bandbreite besitzt und über einen Einblick in alle Schichten der Architektur verfügt.

# 16 AUTOSAR-Konformität

Um die möglichen Vorteile eines Softwarestandards, wie leichte Integration und Reduzierung des Gesamttestaufwandes, nutzen zu können, ist im Vorfeld ein Nachweis der Konformität der zu integrierenden Module notwendig.

Ein Nachweis kann am sichersten durch einen Konformitätstest erbracht werden. So spezifizierte AUTOSAR bereits im Release 3.0 Anforderungen an die Art und Weise der Durchführung von Konformitätstests. Mit dem AUTOSAR-Release 4.0 sollen dann erste modulspezifische Konformitätstests zur Verfügung stehen.

## 16.1 Was ist Konformität

Konformität ist die Erfüllung festgelegter Forderungen. Doch wie kann festgestellt werden, ob Forderungen erfüllt werden, und wie zuverlässig ist diese Aussage.

Konformität kann grundlegend auf zwei Arten ermittelt werden:

- *Selbstaussage*: »Ich bin konform.«
- *Überprüfung* durch eine dritte Partei: »Er ist konform.«

Welche Form die geeignete ist, hängt von verschiedenen Randbedingungen ab, beispielsweise:

- Wie zuverlässig ist die Selbstaussage oder
- welche Kosten sind zu erwarten:
  - für eine Überprüfung durch eine dritte Partei oder
  - durch eine mögliche Falschaussage.

Ist die Zuverlässigkeit einer Selbstaussage nicht ausreichend, stellt sich die Frage: »Wie kann die Konformität überprüft werden?« In der Elektronik und Softwareentwicklung sind unter anderem die fol-

genden Vorgehensweisen üblich, um zu überprüfen, ob alle Forderungen in ausreichender Qualität erfüllt werden:

- *Review* (Begutachtung):
  - intern: durch den Lieferanten selbst
  - extern: durch eine dritte Partei
- *Test*:
  - manuell: durch eine Person
  - automatisch: durch ein Testsystem

Da Reviews mit einem hohen personellen Aufwand verbunden sind
und unter Umständen weniger präzise Aussagen liefern, werden oft
Tests für den Nachweis einer Konformität bevorzugt.

Welche der beiden Formen, Review oder Test, die geeignete ist,
hängt auch von der Häufigkeit ab, mit der eine Konformität überprüft
werden soll.

So entstehen für die Erstellung von Tests meist höhere Kosten als
durch die Ausarbeitung eines Reviewkonzeptes. Sind vielfach Konfor-
mitätsüberprüfungen vorzunehmen, verschiebt sich das Kosten-Nut-
zen-Verhältnis zugunsten des Testes.

## 16.2  Was bedeutet AUTOSAR-konform

Um die Konformität eines Produktes mit dem AUTOSAR-Standard zu
belegen, hat sich die AUTOSAR-Entwicklungspartnerschaft für die
Durchführung von automatisierten Tests entschieden. Diese können
zentral entwickelt werden und dann aber lokal, das heißt ortsnah zur
Produktentwicklung, durchgeführt werden.

Abbildung 16–1 gibt einen Überblick der AUTOSAR-Konformitätstests. Der obere Teil der Abbildung zeigt die Erstellung der CTSpec
(Conformance Test Specification) und der untere Teil des Szenarios
benutzt diese Testspezifikation, um die AUTOSAR-Konformitätstests
am Testobjekt (Basissoftwaremodul) durchzuführen.

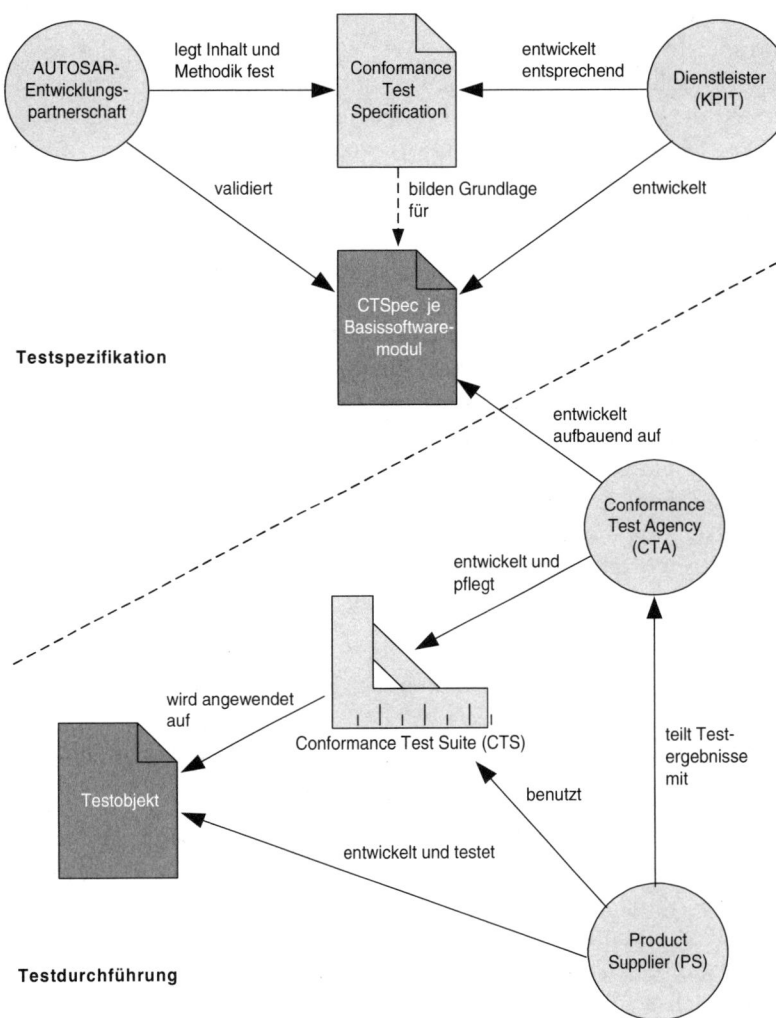

*Abb. 16–1*
*Übersicht AUTOSAR-*
*Konformitätstest*

Im folgenden Abschnitt wird die Entwicklung der Testspezifikation und im darauffolgenden Abschnitt die Testdurchführung näher betrachtet.

## 16.2.1    Testspezifikation

In einem Konformitätstest wird das Testobjekt gegen eine Referenz getestet.

Im Fall von AUTOSAR handelt es sich beim Testobjekt um ein Basissoftwaremodul. Warum das Testobjekt gerade ein Basissoftware-modul ist, wird in Abschnitt 16.2.3 näher beschrieben.

*Das Testobjekt ist ein Basissoftwaremodul*

*Die Testreferenz ist die Softwarespezifikation des jeweiligen Moduls*

Die Referenz, gegen die das Testobjekt geprüft wird, ist die Softwarespezifikation (*AUTOSAR_SWS_<Modul-Name>.pdf*) des jeweiligen Moduls. Sie beschreibt die Gesamtfunktionalität, die Schnittstellen und die zulässigen Konfigurationen eines Basissoftwaremoduls.

Pro Modul wird von AUTOSAR eine Konformitätstestspezifikationen (CTSpec) bereitgestellt. Diese wird auf Grundlage der jeweiligen Modulspezifikation entwickelt.

### Spezifikationserstellung

Wie in Abbildung 16–1 zu sehen ist, hat AUTOSAR hier einen zweistufigen Ansatz gewählt. AUTOSAR legt grundlegende Anforderungen an die Konformitätstestspezifikationen in Basisdokumenten der Conformance Test Specification (CTSpec) fest. Darauf aufbauend, entwickelt ein Dienstleister die Konformitätstestspezifikation je Basissoftwaremodul.

Diese Aufgabe an einen Dienstleister zu vergeben, hat beispielsweise den Vorteil, dass keine weiteren Mitarbeiter der AUTOSAR-Entwicklungspartner für diese Aufgaben freigestellt werden müssen, denn:

1. Mitarbeiter müssten aus laufenden Projekten abgezogen werden, und
2. da die Aufgaben nur einen begrenzen Zeitumfang haben, müssten sie danach erneut eine neue Aufgabe übernehmen.

Ein weiterer Punkt, der für den Einsatz eines Dienstleisters spricht, ist der, dass für einen kurzen Zeitraum eine hohe Arbeitsleistung (Manpower) benötigt wird.

Wie Abbildung 16–2 zeigt, hat AUTOSAR zur Qualitätssicherung der CTSpec einen zweistufigen Erstellungsprozess vorgesehen.

Zunächst wird eine CTSpec je Modul erstellt. Dieses Arbeitsprodukt wird daraufhin validiert. Entsprechend dem Ergebnis der Validierung (Nacharbeiten nötig oder nicht) entsteht eine validierte CTSpec je Basissoftwaremodul. Diese kann dann auf das jeweilige Basissoftwaremodul angewendet werden.

*Abb. 16–2*
*CTSpec-Entwicklungsprozess*

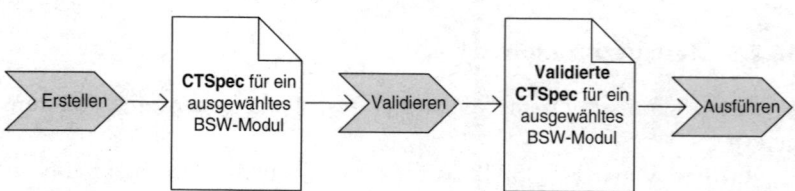

Wie KPIT Cummins Infosystems Limited in einer Pressemitteilung
[KPIT08] bekannt gibt, hat sie von der AUTOSAR-Entwicklungspartnerschaft den Zuschlag erhalten, diese Testspezifikationen zu entwickeln.

### 16.2.2   Testdurchführung

Nachdem die Konformitätstests entwickelt wurden, können sie durchgeführt werden. Im unteren Teil von Abbildung 16–1 sind die an einem
AUTOSAR-Konformitätstest beteiligten Parteien dargestellt.

Für die Bereitstellung und Pflege der CTSpecs ist die AUTOSAR-
Entwicklungspartnerschaft verantwortlich. Diese werden von den
CTAs (Conformance Test Agencies) genutzt, um darauf aufbauend
CTSs (Conformance Test Suites) zu entwickeln.

Diese Testsuiten werden dann vom Lieferanten, der in diesem
Zusammenhang auch als PS (Product Supplier) bezeichnet wird,
genutzt, um sein Produkt zu testen (siehe auch [AS_CT_BG07]).

*Der Lieferant testet sein Produkt*

Der Test wird **nicht** von den Test Agencies durchgeführt, da hierfür
oftmals eine produktspezifische Entwicklungsumgebung und Ziel-
hardware benötigt werden. Die Test Agency hat die Aufgabe, die
Testergebnisse des Zulieferers zu überprüfen. Sie stellt daraufhin die
Konformitätsbescheinigung aus.

*Die Test Agency stellt das Testzertifikat aus*

### 16.2.3   Was wird getestet?

Der AUTOSAR-Standard unterteilt ein Softwaresystem in Softwarekomponenten (Anwendungssoftware) und Module (Basissoftware).
Speziell im Basissoftwarebereich spezifiziert AUTOSAR die Module
sehr ausführlich durch:

- *Schnittstellen* und
- *Verhalten*.

Auf Ebene der Anwendungssoftware spezifiziert AUTOSAR zwar
auch Schnittstellen, diese sind aber zur Sicherung des Wettbewerbs
nicht bindend, sondern lediglich eine Empfehlung.

Somit können in erster Linie Schnittstellen und Verhalten von
Basissoftwaremodulen getestet werden.

Um einen ausreichenden Freiraum für Wettbewerb sicherzustellen,
verzichtet AUTOSAR ganz bewusst auf die Spezifikation der Modul-
implementierung. Dies hat aber zur Folge, dass es sich bei AUTOSAR-
Konformitätstests immer um *Blackbox-Tests* handelt. Für *Whitebox-
Tests* müssten auch Details der Implementierung festgelegt sein.

*Konformitätstests sind Blackbox-Tests funktionaler Anforderungen*

Ein derartiger Blackbox-Test kann auf drei unterschiedlichen Granularitäten der Basissoftware durchgeführt werden. AUTOSAR nutzt hier den Begriff Implementation Conformance Class (ICC) und unterscheidet zwischen drei Stufen (Level). Dabei beschreibt Level 1 die geringste und Level 3 die höchste Granularität der zu testenden Basissoftware.

**Abb. 16–3**

*ICC-Level 1-3 anhand der AUTOSAR* Layered Architecture

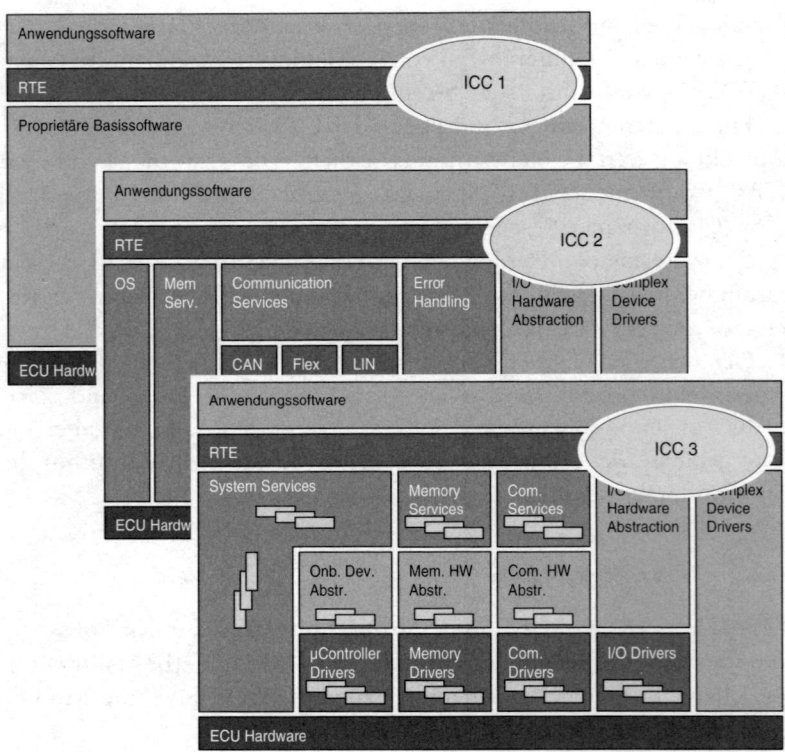

Abbildung 16–3 zeigt anhand der AUTOSAR Layered Architecture die ICC-Level 1 bis 3. Die Eigenschaften der ICC-Level können wie folgt, kurz zusammengefasst werden:

- *ICC-Level 1*:
  Die gesamte Basissoftware wird als ein Modul betrachtet, das zur Anwendungssoftware durch die RTE gekapselt ist.

- *ICC-Level 2*:
  Hier ist eine Unterteilung der Basissoftware in funktionale Blöcke (Cluster) vorgenommen worden. Diese Einteilung ist nicht standardisiert, sondern kann projektspezifisch zur Performance-Optimierung vorgenommen werden.

▦ *ICC-Level 3*:
Die Basissoftware ist in funktionale Gruppen unterteilt. Diese
Gruppen enthalten wiederum wohldefinierte Module.

Die Konformitätstests, die für das AUTOSAR-Release 4.0 entwickelt werden, beziehen sich auf den ICC-Level 3. Die Module dieses Levels sind in funktionale Gruppen unterteilt und bereits detailliert spezifiziert. Sie können somit gut als Testreferenz dienen.

*ICC 3 im Release 4.0 testbar*

   Die ICC-Level 1 und 2 sind noch nicht testbar. Sie wurden eingeführt, um Performance-Verbesserungen der Basissoftware zu ermöglichen. Die erwarteten Schnittstellen auf diesen Granularitätsstufen und das daran erwartete Verhalten sind noch nicht näher spezifiziert.

## 16.2.4   Wie wird getestet?

Das Testobjekt ist im AUTOSAR-Release 4.0 ein Basissoftwaremodul, das entsprechend der Modulspezifikation entwickelt wurde.

   Zu diesem Basissoftwaremodul, das als Quellcode oder Objektcode vorliegen kann, gehört das ICS (Implementation Conformance Statement). Es gibt Auskunft, inwieweit die Spezifikation umgesetzt ist. Diese Aussage ist notwendig, denn die Spezifikation beschreibt im Allgemeinen kein konkretes Produkt, sondern eine Produktfamilie (siehe auch Kapitel 11). Es wird jedoch nur ein Mitglied dieser Produktfamilien je nach Anwendungsfall benötigt.

   Das ICS wird in Form einer BSWMD (Basic Software Module Description) (siehe auch [AS_BSWMDT07]) bereitgestellt. Hierbei handelt es sich um eine Datei, die alle Informationen, die von einem Basissoftwaremodul im AUTOSAR-Entwicklungsprozess benötigt werden, in einer standardisierten Form bereitstellt. Somit beinhaltet es auch Informationen, die den Umfang der implementierten Funktionalität beschreiben.

*ICS beschreibt den zu testenden Funktionsumfang*

### »Testing by Contract«

Auf dem Testobjekt wird anhand der Informationen im ICS ein Konformitätstest durchgeführt. Dies wird auch als »Testing by Contract« bezeichnet.

*Nur bekannt gegebene Funktionen werden getestet*

   Es soll zum Ausdruck bringen, dass nur die Funktionen eines Produktes getestet werden, die als implementiert durch das ICS bekannt gegeben wurden. Das ICS stellt somit den Contract (Vertrag) dar, der zu erfüllen ist.

   Konformität wird daher nur für die ausgewählte Produktvariante nachgewiesen.

**Durch Blackbox-Test**

Der AUTOSAR-Konformitätstest ist ein funktionaler Blackbox-Test, der das Verhalten des Testobjektes im Kontext einer typischen Anwendung überprüft. Dabei wird festgestellt, ob:

- die Funktionen, die als nutzbar angegeben wurden, auch tatsächlich implementiert sind,
- die Funktionen wie spezifiziert nutzbar sind,
- das Testobjekt Funktionen anderer Objekte, mit denen es zusammenarbeitet, wie erwartet, benutzt,
- das Testobjekt korrekte Ausgabewerte in Bezug auf korrekte Eingabewerte erzeugt und
- öffentliche Schnittstellen korrekt arbeiten, unter der Bedingung, dass sie auch korrekt (wie spezifiziert) benutzt werden.

**Testformen**

Bei den Konformitätstests werden zwei Formen unterschieden. Dabei handelt es sich um dynamische und um statische Tests.

*Dynamische Tests*     Im Fall dynamischer Tests wird das Testobjekt tatsächlich ausgeführt. Es werden Schnittstellenfunktionen aufgerufen und Ausgabewerte entsprechend den Eingabewerten überprüft. Dabei sind Ein- und Ausgabewerte nicht nur Parmameter der aufgerufenen Funktion, sondern auch Werte globaler Variablen oder Informationen, die durch die Interaktion mit anderen Objekten entstehen.

*Statische Tests*     Im Falle von statischen Tests wird das Testobjekt nicht ausgeführt. Es wird lediglich überprüft, ob die notwendigen Schnittstellen entsprechend der gewählten Konfiguration existieren und ob die Signaturen dieser Funktionen der Spezifikation entsprechen.

### 16.2.5   Testabdeckung

Konformitätstests, wie sie zuvor beschrieben wurden, können die spezifizierten Schnittstellen sowie das erwartete Verhalten an diesen Schnittstellen überprüfen. Dies bedeutet jedoch nicht, dass überprüfte Module bei einer Integration mit anderen Modulen in jedem Fall, wie erwartet, funktionieren.

So werden die folgenden Aspekte durch Konformitätstests nicht oder nicht in vollem Umfang abgedeckt:

  *Programmpfadabdeckung*:
  Konformitätstests sind Blackbox-Tests und keine Whitebox-Tests.

  *Integrationsaspekte*:
  Das Testobjekt ist ein Modul und kein System.

  *Quality-of-Service-Anforderungen* (wie Timing oder Performance):
  In AUTOSAR werden hierzu keine Aussagen getroffen.

  *Reentrancy*:
  Dies wird nicht überprüft.

Trotz dieser Einschränkungen werden Konformitätsnachweise zukünftig eine wichtige Rolle spielen.

## 16.3   Was bringt der Konformitätstest?

Wie bereits in Kapitel 14 dargelegt, kann der Nachweis der Konformität ein wichtiges Verkaufsargument darstellen.

Laut [AS_PMEAGRE08] sind Konformitätstests sogar zwingend erforderlich, um eine Produkt überhaupt verkaufen zu dürfen (»... restricted solely to products, which are tested and verified as compliant with AUTOSAR ...«). Diese Forderung setzt in jedem Fall voraus, dass nicht nur die Testspezifikationen, sondern auch die notwendige Testinfrastruktur zur Verfügung steht. Bis dies gewährleistet ist, »genügt« noch die Selbstaussage des Anbieters.

Aufgrund der Kosten, die mit einem Konformitätsnachweis verbunden sein werden, wird mutmaßlich der folgende Trend verstärkt:

  Zulieferer entwickeln vornehmlich die IO-Hardwareabstraktion ihrer ECU,

  Werkzeughersteller entwickeln die übrigen Teile der Basissoftware.

Die Mehrkosten, die durch den Konformitätsnachweis anfallen, werden letztendlich durch den Produktpreis an den OEM weitergegeben. Dieser hat die Möglichkeit, diese Kosten durch einen deutlich reduzierten Integrationsaufwand wieder einzusparen.

*Potenzial zur Integrationskostensenkung*

# 17 Ausblick – AUTOSAR in der Zukunft

Von der Weiterentwicklung der AUTOSAR-Spezifikation hängt ab, wie die Unternehmen mit AUTOSAR umgehen. Ob sie verstärkt auf AUTOSAR setzen oder »doch erst noch mal abwarten«. Für sie stellen sich Fragen wie:

- »Wie stabil ist der Standard?«
- »Welche zukünftigen Änderungen/Erweiterungen haben Einfluss auf das gewählte Business-Modell?«

Diese Fragen können hier zwar nicht beantwortet werden, aber einige Hinweise können eigene Überlegungen sicher unterstützen.

Von AUTOSAR liegt mittlerweile das Release 3.1 vor, am Release 4.0 wird aktuell gearbeitet und auch ein Release 5.0 wird es vermutlich geben.

## 17.1 Release 4.0 »Conformance Testing«

An der AUTOSAR-Spezifikation des Release 4.0 wird gerade gearbeitet. Durch sie sollen spezielle Querschnittsthemen wie:

- Safety,
- Multi Core und
- Variante Handling

bearbeitet werden. Als bedeutendes Ergebnis des Release 4.0 werden die geplanten Konformitätstests gesehen (siehe auch Kapitel 16), die bereits seit AUTOSAR-Release 1.0 geplant waren und im Release 4.0 detailliert spezifiziert werden.

Für einen Industriestandard sind Konformitätstests ein grundlegendes Akzeptanzkriterium. Wie sollen sonst die Modul- und Toolhersteller die Konformität ihrer Produkte mit dem Standard nachweisen?

Das Ziel der Austauschbarkeit einzelner Module wäre bereits bei kleinen Abweichungen nie erreichbar.

## 17.2   Release 5.0 »...«

Zunächst ist die AUTOSAR-Phase II Ende 2009 abgeschlossen. Diese Phase ist durch Kooperationsverträge abgesichert. Als Ergebnis dieser Kooperationsphase soll das AUTOSAR-Release 4.0 zur Verfügung stehen und veröffentlicht werden.

Wie Abbildung 17–1 zeigt, ist eine weitere Phase (Phase III) der Zusammenarbeit in der AUTOSAR-Entwicklungspartnerschaft noch nicht bestätigt. Somit sind auch ein möglicher Starttermin, Umfang und Endtermin offen.

*Abb. 17–1*
*AUTOSAR-Release 5.0 in*
*Phase III*

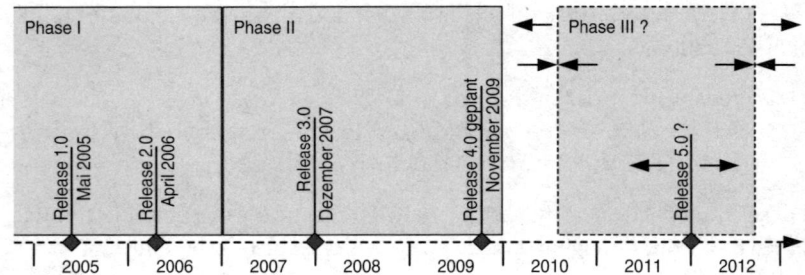

Dass es eine AUTOSAR-Phase III und ein AUTOSAR-Release 5.0 geben wird, scheint dennoch wahrscheinlich.

Denn der Automotivbereich steht vor der Herausforderung, Innovationen weiter voranzutreiben. Somit werden auch die Anforderungen an einen Standard wie AUTOSAR Änderungen unterliegen und machen eine stetige Anpassung notwendig.

*Mögliche Formen der*
*Weiterentwicklung*
Wie diese Weiterentwicklung praktisch umgesetzt wird, ist noch offen. Vorstellbar sind hier verschiedene Formen:

1. *gar nicht*:
   Der Standard wird als abgeschlossen angesehen und nicht weiterentwickelt.

2. *nach einer Pause*:
   Es wird eine gewisse Zeit nicht direkt am Standard weiterentwickelt, sondern die Zeit wird genutzt, um den erreichten Stand in der Praxis anzuwenden, um dann die gewonnenen Erkenntnisse in die Weiterentwicklung des Standards einfließen zu lassen.

3. *Open Source*:
   Der Standard wird freigegeben und von Interessierten ähnlich zu
   Open-Source-Softwareprojekten weiterentwickelt.

4. *dezentral*:
   Arbeitsgruppen in den Entwicklungsabteilungen der Core Partner
   und Premium Member entwickeln an ausgewählten Arbeitspaketen weiter und eine kleine zentrale Gruppe pflegt dann die erarbeiteten Änderungen in den Standard ein.

5. *wie bisher*:
   In einer Partnerschaft, die finanzielle und personelle Mittel bereitstellt, wird in gemeinsamen Arbeitgruppen der Standard weiterentwickelt.

Um zu entscheiden, wie die Weiterentwicklung praktisch stattfinden
kann, muss zunächst geklärt werden, was nach der AUTOSAR-Ver-
sion 4.0 unter Weiterentwicklung zu verstehen ist. Sollen die drei
Hauptarbeitsbereiche:

- Architektur,
- Methodik und
- Anwendungsschnittstellen

weiter detailliert, neu überdacht und neu ausgerichtet werden? Eine
Weiterentwicklung kann also sehr verschiedene Inhalte haben:

- Fehlerbereinigung,                                              *Mögliche Inhalte der*
- Erweiterung:                                                    *Weiterentwicklung*
  - Detaillierung existierender Bereiche wie Diagnose oder Netz-
    werkmanagement,
  - Standardisierung neuer Funktionen wie TCP/IP und Streaming
    sowie
  - Erweiterung des Fokus beispielsweise auf Multimedia,
- Reduzierung:
  - Verringerung der Variantenvielfalt durch Einschränken der
    Konfigurationsmöglichkeiten,
  - Straffung der Basissoftware wie das Entfernen ganzer Module,
- Erschließung neuer Bereiche wie die Definition eines AUTOSAR-
  Entwicklungsprozesses,
- Erschließung neuer Anwendungsfelder:
  - Automatisierungstechnik,
  - Bahntechnik,
  - Luft- und Raumfahrt.

Die beschriebenen Gedanken, wie eine Weiterentwicklung aussehen kann, sollen zeigen, dass die Möglichkeiten vielfältig sind. Sie können als Denkanstoß dienen.

Erste Studien und Prototypprojekte (wie in [HVNE06], [Ja07] und [ROHT07] beschrieben) haben gezeigt, dass AUTOSAR die Softwareentwicklung im Automotivbereich tatsächlich voranbringt. Nun kann AUTOSAR seine »Alltagstauglichkeit« in Serienprojekten unter Beweis stellen.

# Anhang

# A   Nützliche Links

Im Folgenden finden Sie eine Liste von Internetadressen, die rund um das Thema AUTOSAR von Interesse sein können.

## A.1   Standardlandschaft

Die folgende Liste gibt Einstiegspunkte in eine umfassende Standard-landschaft, in die sich AUTOSAR eingliedert.

- **www.automotive-his.de**
  Herstellerinitiative Software

- **www.automotivespice.com**
  Automotive SPICE™

- **www.autosar.org**
  AUTOSAR-Entwicklungspartnerschaft

- **www.jaspar.jp/english/index_e.php**
  Japan Automotive Software Platform and Architecture

## A.2   AUTOSAR-Toolhersteller

Die folgende Liste, die keinerlei Anspruch auf Vollständigkeit erhebt, bietet einen Einstiegspunkt bei der Suche nach einem geeigneten AUTOSAR-Toolhersteller.

Des Weiteren soll sie aufzeigen, dass es durchaus mehrere unab-hängige Hersteller gibt. Somit kann von einer stetigen Innovation in diesem Bereich ausgegangen werden.

- **www.elektrobit.com**
  EB
- **www.etas.com**
  ETAS
- **www.geensys.com**
  Geensys
- **www.mentor.com**
  Mentor Graphics
- **www.vector-informatik.com**
  Vector

# B  AUTOSAR-Entwicklungspartner

Im Folgenden finden Sie eine Auflistung aller Mitglieder der AUTO-SAR-Entwicklungspartnerschaft gemäß [AUTOSAR] mit Stand vom 10.06.2008.

## B.1   Core Partners

| Name (9) | Internetpräsenz |
| --- | --- |
| BMW Group (Bayerische Motoren Werke AG) | www.bmwgroup.com |
| Bosch (Robert Bosch GmbH) | www.bosch.com |
| Continental (Continental AG) | www.conti-online.com |
| Daimler (Daimler AG) | www.daimler.com |
| Ford (Ford Motor Company) | www.ford.com |
| Opel (Adam Opel GmbH (GM)) | www.opel.de/www.gm.com |
| PSA (Peugeot Citroën Automobiles S.A.) | www.psa-peugeot-citroen.com |
| Toyota (Toyota Motor Corporation) | www.toyota.co.jp |
| Volkswagen (Volkswagen AG) | www.volkswagen.com |

## B.2   Premium Members

| Name (53) | Internetpräsenz |
| --- | --- |
| ARM | www.arm.com |
| Autoliv | www.autoliv.com |
| Delphi | www.delphi.com |
| DENSO | www.denso.co.jp/index-e.html |
| dSpace | www.dSpace.de |
| Elektrobit | www.elektrobit.com |

| Name (53) | Internetpräsenz |
|---|---|
| Esterel | www.esterel-technologies.com |
| ETAS | de.etasgroup.com |
| FEV | www.fev.com |
| Fiat | www.fiatgroup.com/index.php?lang=en |
| Freescale | www.freescale.com |
| Geensys | www.geensys.com |
| Fujitsu | www.fujitsu.com/emea |
| Hella | www.hella.com |
| Hitachi | www.hitachi.com |
| Honda | world.honda.com |
| Hyundai Kia Motors | www.hyundai-motor.com |
| IAV | www.iav.de/IAV_Internet/e_iavfr.html |
| Infineon | www.infineon.com |
| Infosys | www.infosys.com |
| Intecs | www.intecs.it |
| Johnson Controls | http://www.johnsoncontrols.com |
| KPIT Cummins Infosystems | http://www.kpitcummins.com |
| Lear | www.lear.com |
| Magna International | www.magna.com |
| Magneti Marelli | www.magnetimarelli.com |
| MAN | www.man-mn.com |
| Mazda | www.mazda.com |
| MB-tech | www.mbtech-group.com |
| Mentor Graphics | www.mentor.com |
| NEC | www.ee.nec.de/automotive |
| Nissan | www.nissan-global.com |
| NXP Semiconductors | www.nxp.com |
| Patni | www.patni.com/industries/automotive/automotive-overview.html |
| Porsche | www.porsche.com |
| Renault | www.renault.com |
| Renesas | www.renesas.com |
| Softing | www.softing.de |
| STMicroelectronics | us.st.com/stonline/products/applications/automotive |
| TATA ELXSI | www.tataelxsi.com |
| Telelogic | www.telelogic.com |

| Name (53) | Internetpräsenz |
| --- | --- |
| Logo Mathworks | www.mathworks.com |
| TietoEnator | www.tietoenator.de |
| TTTech | www.tttech-automotive.com |
| TRW | www.trw.com |
| Valeo | www.valeo.com |
| Vector | www.vector-informatik.com |
| Visteon | www.visteon.com |
| Visteon Europe | www.visteon.com/europe |
| Volvo | www.volvo.com |
| Wipro | www.wipro.com |
| ZF Friedrichshafen | www.zf.com |
| ZF Lenksysteme | www.zf-lenksysteme.com |

## B.3    Associate Members

| Name (76) | Internetpräsenz |
| --- | --- |
| Artisan | www.artisansw.com |
| Advanced Data Control | www.adac.co.jp |
| ALPS | www.alps.com/index.html |
| Aquintos | www.aquintos.com |
| ArvinMeritor | www.arvinmeritor.com |
| AVL | www.avl.com |
| AXE Inc. | www.axe-inc.co.jp |
| Bertrandt | www.bertrandt.com |
| Brose | www.brose.net |
| CalsonicKansei | www.calsonickansei.co.jp/english |
| CATS Co | www.zipc.com |
| Change Vision | www.change-vision.com |
| Combitech | www.combitech.se |
| CTAG | www.ctag.com |
| Daewoo | www.dwpi.co.kr |
| DGIST | www.dgist.org |
| Eiwa System Management | www.esm.co.jp |
| ESG | www.esg.de |
| eSOL | www.esol.co.jp/english/index.html |

| Name (76) | Internetpräsenz |
|---|---|
| Electronics and Telecommunication Research Institute (ETRI) | www.etri.re.kr |
| Euros Embedded | www.euros-embedded.com |
| Extessy | www.extessy.com/ |
| Freund+Dirks | www.freund-dirks.de |
| Fuji Soft Incorporated | www.fsi.co.jp/e/index.html |
| Future Technology Laboratories Inc. | www.ftl.co.jp |
| Gaia System Solutions Inc. | www.gaiaweb.co.jp/index.html |
| Gaio Technologie | www.gaio.com/ |
| Gentex | www.Gentex.com/ |
| Gigatronik | www.gigatronik.com |
| HCL Technologies | www.hcltech.com |
| Helbling | www.helbling.de/htm/htm_d |
| ICT | www.ict.nl |
| iSYSTEM | www.isystem.com |
| ITRI | www.itri.de/english |
| Keihin | www.keihin-corp.co.jp |
| Knorr-Bremse | www.knorr-bremse.com |
| Larsen & Toubro | www.lntemsys.com |
| Leopold Kostal | www.kostal.com |
| Lineas Automotive | www.lineas.de/lau |
| Mando | www.mando.com |
| Michelin | www.michelin.com |
| Microchip | www.microchip.com |
| Mitsubishi Electric | global.mitsubishielectric.com |
| Mitsubishi Motors | www.mitsubishi-motors.com |
| MKS | www.mks.com |
| Movimento | www.movimentogroup.com |
| Nippon Seiki | www.nippon-seiki.co.jp |
| OTSL | www.otsl.jp |
| omron | www.omronauto.com |
| Preh Automotive | www.Preh.de |
| Prostep | www.prostep.com |
| SAIC Motor | www.saicmotor.com |
| Scaleo Chip | www.scaleochip.com |
| LuK | INA | FAG | Schäffler Group | www.schaeffler-group.com |

| Name (76) | Internetpräsenz |
|---|---|
| SIA | www.sia.fr |
| Sodius | www.sodius.com |
| Stoneridge | www.stoneridge.com |
| Fuji Heavy Industries Ltd. | www.fhi.co.jp/english |
| Sumitomo | www.sei.co.jp/index.en.html |
| Sunny Giken | www.sunnygiken.co.jp/english |
| Suzuki | www.globalsuzuki.com |
| Systecs | www.systecs.com |
| Sytemite | www.systemite.com |
| TCS | www.tcs.com |
| Texas Instruments | www.ti.com/automotive |
| Thyssen Krupp | www.thyssenkrupp-technologies.de |
| Tokai Rika | www.tokai-rika.co.jp/en |
| Toyota Tsusho | www.toyota-tsusho.com/english |
| Wabco | www.wabco-auto.com |
| Unis | www.unis.cz |
| Webasto | www.webasto.com |
| Witz | www.witz-inc.co.jp |
| Wind River | www.windriver.com |
| Xilinx | www.xilinx.com/esp/automotive/index.htm |
| Yazaki | www.yazaki.com |
| Yokogawa | www.yokogawa.com |

## B.4   Development Members

| Name (6) | Internetpräsenz |
|---|---|
| Cosmic Software | www.cosmic-software.com |
| C&S Group | www.cs-group.de |
| KEREVAL | www.kereval.com |
| SGS | www.sgs.com |
| Symtavision | www.symtavision.com |
| TÜV Nord | www.ifm-tuev-nord.de |

# C  Abkürzungen

Im Folgenden sind die verwendeten Abkürzungen sowie die dazugehörigen Langformen aufgeführt. Die Kurz- und Langformen der Basissoftwaremodulnamen finden Sie in Anhang E.

| Abkürzung | Beschreibung |
|---|---|
| API | Application Programming Interface |
| ASAM | Association for Standardisation of Automation and Measuring Systems |
| ASIC | Application Specific Integrated Circuit |
| AUTOSAR | AUTomotive Open System ARchitecture |
| BM | Behavior Model |
| BMBF | Bundesministerium für Bildung und Forschung |
| BSW | Basic Software |
| CAN | Controller Area Network |
| COM | AUTOSAR Communication |
| CPU | Central Processing Unit |
| CRC | Cyclic redundancy check |
| CTA | Conformance Test Agency |
| CTS | Conformance Test Suit |
| CTSpec | Conformance Test Specification |
| DR | DataReceivedEvent |
| DRE | DataReceiveErrorEvent |
| DSC | DataSendCompletedEvent |
| E/E | Elektrik/Elektronik |
| EB | Executive Board |
| ECU | Electronic Control Unit |
| EEPROM | Electrically Erasable Programmable Read Only Memory |

| Abkürzung | Beschreibung |
|---|---|
| EMV | Elektromagnetische Verträglichkeit |
| EXERPT | »ein RIF-Austausch-Tool für DOORS« |
| FIM | Function Inhibition Manager |
| FKFS | Forschungsinstitut für Kraftfahrtwesen und Fahrzeugmotoren Stuttgart |
| Flash | Flash EEPROM |
| HAL | Hardware Abstraction Layer |
| HIS | Herstellerinitiative Software |
| HMI | Human Maschine Interface |
| HTTPS | HyperText Transfer Protocol Secure |
| I-PDU | Interaction Layer Protocol Data Unit |
| ICC | Implementation Conformance Class |
| ICS | Implementation Conformance Statement |
| If | Interface |
| IP | Intellectual Property |
| JasPar | Japan Automotive Software Platform and Architecture |
| MCAL | Microcontroller Abstraction Layer |
| MCU | Microcontroller Unit |
| MOST | Media Oriented Systems Transport |
| MS | ModeSwitchEvent |
| NM | Network Management |
| OEM | Original Equipment Manufacturer (Automobilhersteller) |
| OIL | OSEK Implementation Language |
| OMG | Object Management Group |
| OS | Operating System |
| OSEK | Offene Systeme und deren Schnittstellen für die Elektronik im Kraftfahrzeug |
| OSI | Open System Interconnection |
| PDU | Protocol Data Unit |
| PL | Project Leader |
| PWM | Pulsweitenmodulation |
| RIF | Requirements Interchange Format |
| RTE | Run-Time Environment |
| SC | Steering Committee |
| SPEM | Software Process Engineering Meta-Model |
| SPI | Serial Peripheral Interface |

| Abkürzung | Beschreibung |
|---|---|
| SPICE | Software Process Improvement and Capability Determination (jetzt ISO/IEC 15504) |
| SRS | Software Requirements Specification |
| SW-C | Software Component |
| SWS | Software Specification |
| SVN | Subversion |
| TP | Transport Protocol |
| UML | Unified Modelling Language |
| VFB | Virtual Functional Bus |
| WG | Working Group |
| WP | Work Package |
| XML | Extensible Markup Language |

# D  Glossar

**Application Interfaces**
Anwendungsschnittstellen

**Anwendungssoftware**
Anwendungssoftware im Sinne von AUTOSAR ist eine Zusammenstellung von Softwarekomponenten, die gemeinsam eine Funktion realisieren. Welche Komponenten konkret zu einer Anwendung gehören, ist projekt- oder lieferantenabhängig. Eine Anwendung wird nicht wie im PC-Bereich als in sich abgeschlossenes Executable bereitgestellt, sondern vielmehr als Quellcode oder Objektdateien, die in das restliche System eingebunden werden müssen.

**Associate Member**
Ein Associate Member ist ein AUTOSAR-Mitglied, das daran interessiert ist, frühzeitig die Ergebnisse der AUTOSAR-Entwicklungspartnerschaft zu erhalten und diese kommerziell zu nutzen.

**Architecture (Softwarearchitektur)**
Eine Softwarearchitektur ist die oberste Strukturebene eines komplexen Softwaresystems.

**Automotive**
Bedeutet im Zusammenhang mit AUTOSAR: motorgetriebene Landfahrzeuge, die nicht auf Schienen fahren und primär einem Transportzweck dienen (siehe auch Automotive Application).

**Automotive Application**
In [AS_PMEAGRE08] ist Automotive Application wie folgt definiert:

»Automotive Applications means applications related to engine powered, land-based, non-railed vehicles for primary transportation purposes.«

Dies kann ins Deutsche wie folgt übersetzt werden: Der Begriff Automotivanwendungen bezeichnet Anwendungen in Bezug auf motorgetriebene Landfahrzeuge, die primär einem Transportzweck dienen und nicht auf Schienen fahren.

### AUTOSAR (AUTomotive Open System ARchitecture)

Das Wort AUTOSAR und das AUTOSAR-Logo sind geschützte Marken der AUTOSAR-Entwicklungspartnerschaft. Die Rechtsform der AUTOSAR-Entwicklungspartnerschaft ist eine GbR.

### AUTOSAR-Standard

Siehe AUTOSAR-Spezifikation.

### AUTOSAR-Spezifikation

Die AUTOSAR-Entwicklungspartnerschaft arbeitet an einer Spezifikation. Diese besteht aus einer Vielzahl von Dokumenten. Da die Entwicklungspartnerschaft jedoch kein Standardisierungsgremium ist, entwickelt sie nicht unmittelbar einen Standard. Die Spezifikation kann jedoch durch eine starke Verbreitung und ihre Anerkennung zu einem Standard im Automotivbereich werden.

### Blackbox-Test

Ein Blackbox-Test ist ein Test, bei dem die interne Funktionsweise des Testobjektes unbekannt ist. Es sind nur die Schnittstellen und das Verhalten an diesen Schnittstellen bekannt.

### Bluetooth

Bluetooth bezeichnet einen Industriestandard gemäß IEEE 802.15.1 für die Funkvernetzung von Geräten über kurze Distanzen. Bluetooth bildet dabei die Schnittstelle, über die sowohl mobile Kleingeräte wie Mobiltelefone und PDAs als auch Computer und Peripheriegeräte miteinander kommunizieren können.

### By-reference

Übermittlung eines Datums, indem der Empfänger einen Zeiger erhält, mit dessen Hilfe er den Wert auslesen kann.

### By-value

Übermittlung eines Datums unmittelbar durch seinen Wert.

### Call back function (Rückruffunktion)

Eine Rückruffunktion bezeichnet eine Funktion, die einer anderen Funktion als Parameter übergeben wird und von dieser unter gewissen Bedingungen aufgerufen wird.

In AUTOSAR werden Rückruffunktionen häufig verwendet, um Notifications, beispielsweise Meldungen über den Abschluss einer ausstehenden Aufgabe, einem anderen Modul mitzuteilen.

## Core Partner

Ein Core Partner ist ein AUTOSAR-Mitglied, das an der aktiven Beteiligung in mehreren Arbeitspaketen interessiert ist. Er liefert und bekommt im Gegenzug technische Informationen und Ideen.

## CRC (Cyclic Redundancy Check)

CRC bezeichnet eine Klasse von Verfahren zur Bestimmung eines Prüfwertes für Daten.

## EEPROM

Der EEPROM ist ein elektrisch löschbarer, programmierbarer Nur-Lese-Speicher.

## FIFO (First In, First Out)

FIFO bedeutet so viel wie:»zuerst rein, zuerst raus« und bezeichnet ein Ablageverfahren, bei dem diejenigen Elemente, die zuerst abgelegt wurden, auch zuerst wieder entnommen werden.

Dies ist sehr ähnlich zu: »First-Come, First-Served« (»wer zuerst kommt, wird zuerst bedient«).

## Flash EEPROM

Im Gegensatz zu »gewöhnlichem« EEPROM lassen sich bei Flash EEPROM Bytes nicht einzeln löschen.

## FlexRay

FlexRay ist ein flexibles, serielles, deterministisches und fehlertolerantes Feldbussystem für den Automotivbereich.

## Gateway (Protokollumsetzer)

Ein Gateway ermöglicht die Kommunikation zwischen Netzwerken, die auf unterschiedlichen Protokollen basieren.

## Heterogenes System

System mit verschiedenartigen Teilnehmern. Unterschiede bestehen beispielsweise in der Hardwarearchitektur oder den eingesetzten Betriebssystemen.

## HTTPS

HTTPS steht für HyperText Transfer Protocol Secure (sicheres Hyptertext-Übertragungsprotokoll) und ist ein URI-Schema, das eine zusätzliche Schicht zwischen HTTP und TCP definiert. HTTPS wurde von Netscape entwickelt und im August 1994 mit deren Browser veröffentlicht.

## Hybridantrieb

Hybridantrieb bezeichnet allgemein die Kombination verschiedener Antriebe für eine Antriebsaufgabe.

### Infotainment-Systeme

Der Begriff Infotainment-Systeme umfasst Audio- und visuelle Unterhaltungs- und Informationselektronik.

### Integrator

Der Integrator fügt Module aus verschiedenen Quellen zusammen. Dabei führt er Integrationstest durch. Des Weiteren passt er die Software an die vorliegende Hardware an.

### Intellectual Property

Geistiges Eigentum.

### JasPar

JasPar ist eine Initiative der japanischen Automobilindustrie mit ähnlichen Zielen wie AUTOSAR. JasPar möchte ebenfalls die Softwareentwicklung der Automobilindustrie durch Standardisierung entlasten und so den Weg für weitere Innovationen frei machen.

JasPar setzt auf Standardsoftware wie AUTOSAR (definiert diese nicht selbst) und fokussiert dabei stark auf FlexRay als Kommunikationsbus.

### Lose Kopplung

Zwei Komponenten sind lose gekoppelt, wenn ihre gegenseitigen Abhängigkeiten minimal sind. Lose gekoppelte Komponenten sind leicht austauschbar, ohne ihre Verwender zu beeinträchtigen.

### Multicast

Beim Multicast wird eine Information von einem Sender an eine Gruppe von Empfängern gesendet. Die grundlegende Idee dabei ist, dass die benötigte Bandbreite beim Sender nicht mit der Anzahl der Empfänger wächst.

### Pipeline

Durch das Zerlegen von Befehlen in Teilaufgaben (wie z. B. Holen der Daten aus dem Speicher und Ausführen der Operation) ist eine teilweise Parallelverarbeitung möglich. Die Prozessoreinheit, die diese Funktion bereitstellt, wird als Pipeline bezeichnet.

### Reentrancy

Eine Softwarefunktion ist reentrant, wenn sie konkurrierend ausgeführt werden kann.

### Run-Time Environment (Laufzeitumgebung)

Der Begriff Run-Time Environment kann im Deutschen mit Laufzeitumgebung übersetzt werden und wird oft mit RTE abgekürzt.

In diesem Buch wird der Artikel »die« in Bezug auf RTE benutzt. Alternativ wird auch häufig »das« benutzt. Dem Artikel »die« wurde hier aus zwei Gründen der Vorzug gegeben:

- »die« bezieht sich auf die deutsche Übersetzung »die Laufzeitumgebung« und
- »die« entspricht eher dem Sprachempfinden der Autoren.

Die RTE realisiert die zuvor abstrakt (auf VFB-Ebene) modellierten Kommunikationsverbindungen zwischen den Softwarekomponenten untereinander sowie den Softwarekomponenten und der Basissoftware.

## Serienprojekt
Projekte, deren Resultate direkt in Serienfahrzeugen Anwendung finden.

## Stakeholder (eines Systems)
Eine Person, Gruppe oder Organisation mit gerechtfertigten Interessen an dem System.

## Starker Zusammenhalt
Eine Komponente besitzt starken Zusammenhalt, wenn alle ihre Funktionen einen gemeinsamen Aspekt teilen. Starker Zusammenhalt führt zu optimaler Integrität der Datenstrukturen und hilft die Verantwortlichkeiten einer Komponente klarer zu beschreiben.

## Stub
Ein Anknüpfungspunkt, der als Stellvertreter ein anderes Softwareelement ersetzt.

## Subversion
Subversion ist eine Open-Source-Software zur Versionsverwaltung von Dateien und Verzeichnissen.

## Template
Vorlage

## Tier-1-Supplier
Tier-1-Supplier sind Lieferanten, die direkt an OEMs liefern. Im Gegensatz zu Tier 2 und sonstigen Lieferanten, die »nur« indirekt an OEMs liefern.

## Tief eingebettete Systeme (deeply embedded systems)
Tief eingebettete Systeme sind Elektroniksysteme, die extremen Ressourceneinschränkungen unterliegen. Diese Einschränkungen betreffen im Besonderen den Speicher (ROM und RAM), die Rechenleistung und den Stromverbrauch.

### Methodology (Methodik)

Methodology kann ins Deutsche als Methodik oder Methodologie übersetzt werden, entsprechend der Erklärung der Begriffe in [DudenFr90]:

■ Methodik:
in der Art des Vorgehens festgelegte Arbeitsweise und

■ Methodologie:
Methodenlehre, Theorie der wissenschaftlichen Methoden

wird in diesem Buch in Bezug auf AUTOSAR der Begriff Methodik als Übersetzung genutzt.

### Premium Member

Ein Premium Member ist ein AUTOSAR-Mitglied, das an der Entwicklung und kommerziellen Nutzung des AUTOSAR-Standards interessiert ist.

### Spokesperson (Sprecher)

Im Kontext von AUTOSAR führt eine Spokesperson eigenverantwortliche Pressearbeit durch und unterzeichnet beispielsweise Mitgliedsverträge (im Auftrag der Entwicklungspartnerschaft). Die Spokesperson ist Steering-Committee-Mitglied und übt diese Tätigkeit für ein Jahr aus.

### Quality of Service

Bezeichnet die Qualität eines Dienstes, seine Verfügbarkeit und Reaktionsfähigkeit.

# E  BSW-Module

Die folgende Liste beinhaltet alle Basissoftwaremodule mit Kurz- und Langform des Modulnamens. In der rechten Spalte befindet sich zusätzlich ein Verweis auf ihre Behandlung in diesem Buch.

| Modul | | beschrieben ab |
|---|---|---|
| **Kurzform** | **Langform** | |
| Adc | ADC Driver | Seite 138 |
| Can | CAN Driver | Seite 137 |
| CanIf | CAN Interface | Seite 136 |
| CanNm | CAN NM | Seite 134 |
| CanSM | CAN State Manager | Seite 134 |
| CanTp | CAN Transport Layer | Seite 134 |
| CanTrcv | CAN Transceiver Driver | Seite 136 |
| CDD | Complex Device Drivers (eine Modulgruppe) | Seite 139 |
| Com | AUTOSAR COM | Seite 134 |
| ComM | Communication Manager | Seite 129 |
| Crc | CRC Routines | Seite 129 |
| Dcm | Diagnostic Communication Manager | Seite 134 |
| Dem | Diagnostic Event Manager | Seite 129 |
| Det | Development Error Tracer | Seite 129 |
| Dio | Digital I/O Driver | Seite 138 |
| Ea | EEPROM Abstraction | Seite 133 |
| EcuM | ECU State Manager | Seite 129 |
| Eep | Internal/External EEPROM Driver | Seite 133 |
| Fee | Flash EEPROM Emulation | Seite 133 |
| FiM | Function Inhibition Manager | Seite 129 |
| Fls | Internal/External Flash Driver | Seite 133 |

*Tab. 5–1*

*AUTOSAR Basissoftwaremodule*

| Modul | | beschrieben ab |
| Kurzform | Langform | |
| --- | --- | --- |
| Fr | FlexRay Driver | Seite 137 |
| FrIf | FlexRay Interface | Seite 136 |
| FrNm | FlexRay NM | Seite 134 |
| FrSM | FlexRay State Manager | Seite 134 |
| FrTp | FlexRay Transport Layer | Seite 134 |
| FrTrcv | FlexRay Tranceiver Driver | Seite 136 |
| Gpt | General Purpose Timer Driver | Seite 132 |
| Icu | ICU Driver | Seite 138 |
| IOHwA | I/O Hardware Abstraction (eine Modulgruppe) | Seite 138 |
| IpduM | IPDU Multiplexer | Seite 134 |
| Lin | LIN Driver | Seite 137 |
| LinIf | LIN Interface | Seite 136 |
| LinSM | LIN State Manager | Seite 134 |
| Mcu | MCU Driver | Seite 132 |
| MemIf | Memory Abstraction Interface | Seite 133 |
| Nm | Generic Network Management Interface | Seite 134 |
| NvM | NVRAM Manager | Seite 133 |
| Os | Operating System | Seite 129 |
| PduR | Protocol Data Unit Router | Seite 134 |
| Port | Port Driver | Seite 138 |
| Pwm | Pulse Width Modulation Driver | Seite 138 |
| RamTst | RAM Test | Seite 133 |
| SchM | BSW Scheduler Module | Seite 129 |
| Spi | Serial Peripheral Interface Handler Driver | Seite 137 |
| Wdg | Internal/External Watchdog Driver | Seite 132 |
| WdgIf | Watchdog Interface | Seite 131 |
| WdgM | Watchdog Manager | Seite 129 |

# Literatur

Im Folgenden finden Sie die Liste aller in diesem Buch referenzierten Veröffentlichungen. Darunter befindet sich eine große Anzahl von Dokumenten der AUTOSAR-Spezifikation. Der Zugriff auf diese Dokumente kann auf unterschiedlichen Wegen erfolgen. Zum einen über die Internetseite www.autosar.org, für AUTOSAR-Member aber auch über Subversion bzw. HTTPS. Dabei unterscheidet der freie Downloadbereich nicht zwischen Auxiliary und Standard, der Subversion- oder HTTPS-Zugang sehr wohl. Dort wird auch nach den einzelnen Releases unterschieden.

Um die Angabe des Links zu vereinfachen, werden hier die Platzhalter [STD] und [AUX] eingeführt, die wie folgt aufgelöst werden können.

| Platzhalter | Downloadbereich | Subversion/https |
| --- | --- | --- |
| [STD] | http://www.autosar.org/download | ..Release3.1/01_Standard |
| [AUX] | http://www.autosar.org/download | ..Release3.1/02_Auxiliary |

[AGILE01]  Beck, K.; Cunningham, W.; Fowler, M.; Schwaber, K. et al.: Manifesto for Agile Software Development. http://agilemanifesto.org/, 10.10.2008.

[A_SPICE05]  HIS: New HIS automotive SPICE™ Scope, http://www.automotive-his.de/download/ HIS_Process-Scope_automotiveSPICE_v01.pdf, 09.08.2005.

[AS_BG08]  AUTOSAR GbR: About AUTOSAR, Background, http://www.autosar.org, 10.06.2008.

[AS_BSW_LIST08]  AUTOSAR GbR: List of Basic Software Modules, [STD]/AUTOSAR_BasicSoftwareModules.pdf, 23.06.2008.

[AS_BSWMDT07]  AUTOSAR GbR: BSW Module Description Template, [STD]/AUTOSAR_BSWMDTemplate.pdf, 27.11.2007.

[AS_CT_BG07]  AUTOSAR GbR: AUTOSAR BSW & RTE Conformance
Test Specification Part 1: Background,
[AUX]/AUTOSAR_CTSpec_Background.pdf, 14.11.2007.

[AS_IMTAI07]  AUTOSAR GbR: Integrated Master Table of Application
Interfaces, [AUX]/AUTOSAR_ApplicationInterfaces.xls,
10.12.2007.

[AS_METHOD07]  AUTOSAR GbR: AUTOSAR Methodology,
[AUX]/AUTOSAR_Methodology.pdf, 28.11.2007.

[AS_MR06]  AUTOSAR GbR: AUTOSAR Media Release – AUTOSAR –
Wegbereiter moderner Automobilelektronik,
http://www.autosar.org/download/AUTOSAR_long_de.pdf,
10.2006.

[AS_NOT07]  AUTOSAR GbR: Specification of Graphical Notation,
[AUX]/ AUTOSAR_GraphicalNotation.pdf, 31.10.2007.

[AS_PMEAGRE08]  AUTOSAR GbR: Premium Member Agreement,
http://www.autosar.org/download/07_AUTOSAR_
Exhibit05%20PremiumMember%20V12_2.pdf, 14.02.2008.

[AS_RTE07]  AUTOSAR GbR: Specification of RTE,
[STD]/AUTOSAR_SWS_RTE.pdf, 20.12.2007.

[AS_SCT07]  AUTOSAR GbR: Software Component Template,
[STD]/AUTOSAR_SoftwareComponentTemplate.pdf, 13.11.2007.

[AS_VFB07]  AUTOSAR GbR: Specification of the Virtual Functional Bus,
[STD]/AUTOSAR_SWS_VFB.pdf, 14.11.2007.

[AUTOSAR]  www.autosar.org

[Bu06]  Bunzel, Stefan: AUTOSAR Validation Experiences. Aus
http://www.autosar.org/download/AUTOSAR_IAEC_2006.pdf,
2008-09-05.

[Bund_VMXT13]  CIO Bund: V-Modell XT 1.3 Dokumentation.
http://www.v-modell-xt.de, Februar 2009

[CKS07]  Chrissis, M. B.; Konrad, M.; Shrum, S.: CMMI Guidelines for
Process Integration and Product Improvement. Addison-Wesley,
Boston, 2007.

[DudenFr90]  Duden: Fremdwörterbuch. Dudenverlag, Mannheim, 1990.

[DW07]  Dziobek, Christian; Wohlgemuth, Florian: Einsatz von
AUTOSAR bei der Modellierung von Komfort- und
Innenraumfunktionen. Daimler Chrysler, 06.2007.

[FBH06]  Fennel, H; Bunzel, S; Heinecke, H et al.: Achievements and
exploitation of the AUTOSAR development partnership.
http://www.autosar.org/download/AUTOSAR_Paper_Convergence_
2006.pdf, 16.09.2008.

[FH07] Friedrich, Mario; Höwing, Frank: Highly efficient C++ code and automotive – a mutual exclusion? Embedded World, Nürnberg, 2007.

[FM08] Friedrich, Mario; Müller, Jörg-Volker:»ifdef« in XML? – Variantenmanagement in AUTOSAR, DESIGN&ELEKTRONIK, WEKA FACHMEDIEN GmbH, 07.2008.

[FKFS07] FKFS: Deutsche Automobilindustrie startet Innovationsallianz. In: Automobilelektronik, 12.12.07.

[GGRS07] Großhauser, F.; Gesele, F.; Reichelt, S.; Schmidt, K.: In die Realität überführt – Nutzung von AUTOSAR in der Serie bei Audi. In: Elektronik automotive: Sonderausgabe, WEKA FACHMEDIEN GmbH, 2007.

[GoF95] Gamma, E.; Helm, R.; Johnson, R.; Vlissides, J.: Design Patterns – Elements of Reusable Object-Oriented Software, Addison-Wesley, Reading, MA, 1995.

[HIS07] Herstellerinitiative Software: http://www.automotive-his.de/index.html, 26.10.2007.

[HIS_PR07] HIS_Praesentation_2007.pdf (update), http://www.automotive-his.de/download/ HIS_Praesentation_2007_v13.pdf, 26.10.2007.

[HM08] Höwing, Frank; Müller, Jörg-Volker: AUTOSAR im Überblick. Vorlesung, Braunschweig, 09.10.2008.

[HVNE06] HELLA; Volkswagen; NEC Electronics; Elektrobit: Kooperation bei der Entwicklung AUTOSAR-kompatibler Software. 2006.

[Ja07] Janouch, S.: AUTOSAR in Nutzfahrzeugen. In: Elektronik automotive, WEKA FACHMEDIEN GmbH, 10.06.2007.

[JasPar] JasPar Background, https://www.jaspar.jp/english/guide/background.php, 10.06.2008.

[JasPar_Coll05] JasPar: collaboration framework, geschlossen im Okt. 2005, https://www.jaspar.jp/english/index_e.php, 10.06.2008.

[JasPar_Mem] JasPar: List of member companies. https://www.jaspar.jp/english/memberlist_e.php, 10.06.2008.

[JapPar_Str] JasPar: Organizational structure. https://www.jaspar.jp/english/guide/structure.php, 10.06.2008.

[KPIT08] KPIT Cummins Infosystems Limited, Press Release. http://www.kpitcummins.com/downloads/ Press_release_Q3_FY08.pdf, Pune, 17.01.2008.

[Kn74] Knuth, Donald E.: Structured Programming with go to Statements. In: ACM Computing Surveys, Vol. 6, No. 4, Dez. 1974; S. 261 ff.

**[Kr95]**  Kruchten, Philippe: The »4+1« View Model of Software Architecture. In: IEEE Software, Vol. 12, Issue 6, Nov. 1995; S. 42ff.

**[Me08]**  Meyer, Dirk: Entwicklung einer PC-basierten AUTOSAR-Basissoftware. Diplomarbeit Hochschule Harz, Wernigerode, 29.02.2008.

**[MHDZ07]**  Müller, M.; Hörmann, K.; Dittmann, L.; Zimmer, J.: Automotive SPICE in der Praxis: Interpretationshilfe für Anwender und Assessoren. dpunkt.verlag, Heidelberg, 2007.

**[OMG_SPEM_08]**  OMG Object Management Group, Software Process Engineering Metamodel, http://www.omg.org/technology/documents/modeling_spec_catalog.htm, 2008.

**[OSI94]**  ITU-T Rec X.200: Opens Systems Interconnection (OSI) – Basic Reference Model. Genf, 1994: http://www.itu.int/rec/T-REC-X.200-199407-I/en.

**[Po07]**  Pohl, Klaus: Requirements Engineering. dpunkt.verlag, Heidelberg, 2007.

**[PBG07]**  Posch, Torsten; Birken, Klaus; Gerdom, Michael: Basiswissen Softwareachitektur. dpunkt.verlag, Heidelberg, 2007.

**[pure08]**  pure-systems GmbH, Variantenmanagement-Dokumentation, www.pure-systems.com, 2008.

**[PW92]**  Perry, Dewayne E.; Wolf, Alexander L.: Foundation for the Study of Software Architecture. Aus: ACM SIGSOFT Software Engineering Notes, Vol. 17, No. 4, Oktober 1992.

**[ROHT07]**  Rudorfer, M.; Ochs, T.; Hoser, P.; Thiede, M.; Mössmer, M; Scheickl, O.; Heinecke, H.: Realtime System Design Utilizing AUTOSAR Methodology. BMW Car IT GmbH, München, 10.2007.

**[Schl08]**  Schleuter, Willibert: Zusammenarbeit erfolgreich gestalten zwischen OEM, Lieferanten und EDLs. 12. internationaler Fachkongress, Fortschritte in der Automobil-Elektronik, Ludwigsburg, 17.–18.06.2008

**[Sc08]**  Schmid, Klaus: Gleichheit in Vielfalt – Produktlinien in der industriellen Softwareentwicklung. iX, Heise Zeitschriften Verlag GmbH & Co. KG, Hannover, 05.2008.

**[St94]**  Stroustrup, B.; AT&T Bell Laboratories Murray Hill, New Jersey: The Design and Evolution of C++. Addison-Wesley Publishing Company, Reading, MA, 1994.

# Stichwortverzeichnis

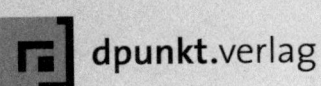

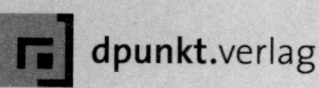

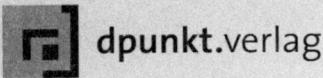

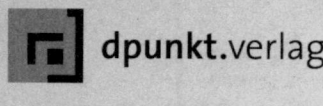

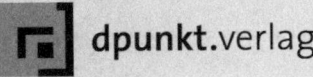

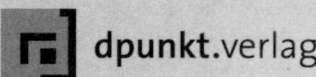

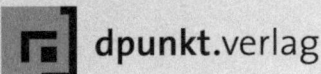

2009, 314 Seiten, gebunden
€ 42,00 (D)
ISBN 978-3-89864-578-2

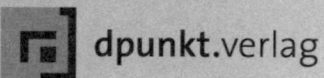 dpunkt.verlag

Ringstraße 19 · 69115 Heidelberg
fon 0 62 21/14 83 40
fax 0 62 21/14 83 99
e-mail hallo@dpunkt.de
http://www.dpunkt.de

Holger Höhn · Bernhard Sechser ·
Klaudia Dussa-Zieger ·
Richard Messnarz · Bernd Hindel

# Software Engineering nach Automotive SPICE

## Entwicklungsprozesse in der Praxis – Ein Continental-Projekt auf dem Weg zu Level 3

In der Automobilindustrie hat sich Automotive SPICE als Modell zur Bewertung der Reife von Entwicklungsprozessen etabliert. Eine Herausforderung besteht darin, die Norm richtig zu interpretieren und an die Problemstellungen im Unternehmen anzupassen. Dazu beschreibt das Buch ein tatsächlich durchgeführtes Projekt und dessen Prozesse aus Sicht des Systems und Software Engineering.

Nach einer Einführung in Automotive SPICE, seine Hintergründe und Bewertungsschemata werden die Standardprozesse im Beispielunternehmen und im vorgestellten Projekt beschrieben. Da die Autoren kein »Idealprojekt« präsentieren, kann sich der Leser in ein reales Szenario hineinversetzen, das, wie vielleicht sein eigenes Projekt, Schwächen und Lücken aufweist.

In einer Bewertung nach Automotive SPICE bis Level 3 werden die jeweiligen Problembereiche im Beispielprojekt aufgedeckt und Abhilfemaßnahmen aufgezeigt. Dabei werden typische Schwachstellen bei der konkreten Umsetzung der Prozesse beschrieben.

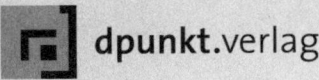

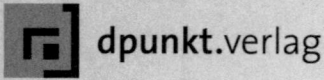

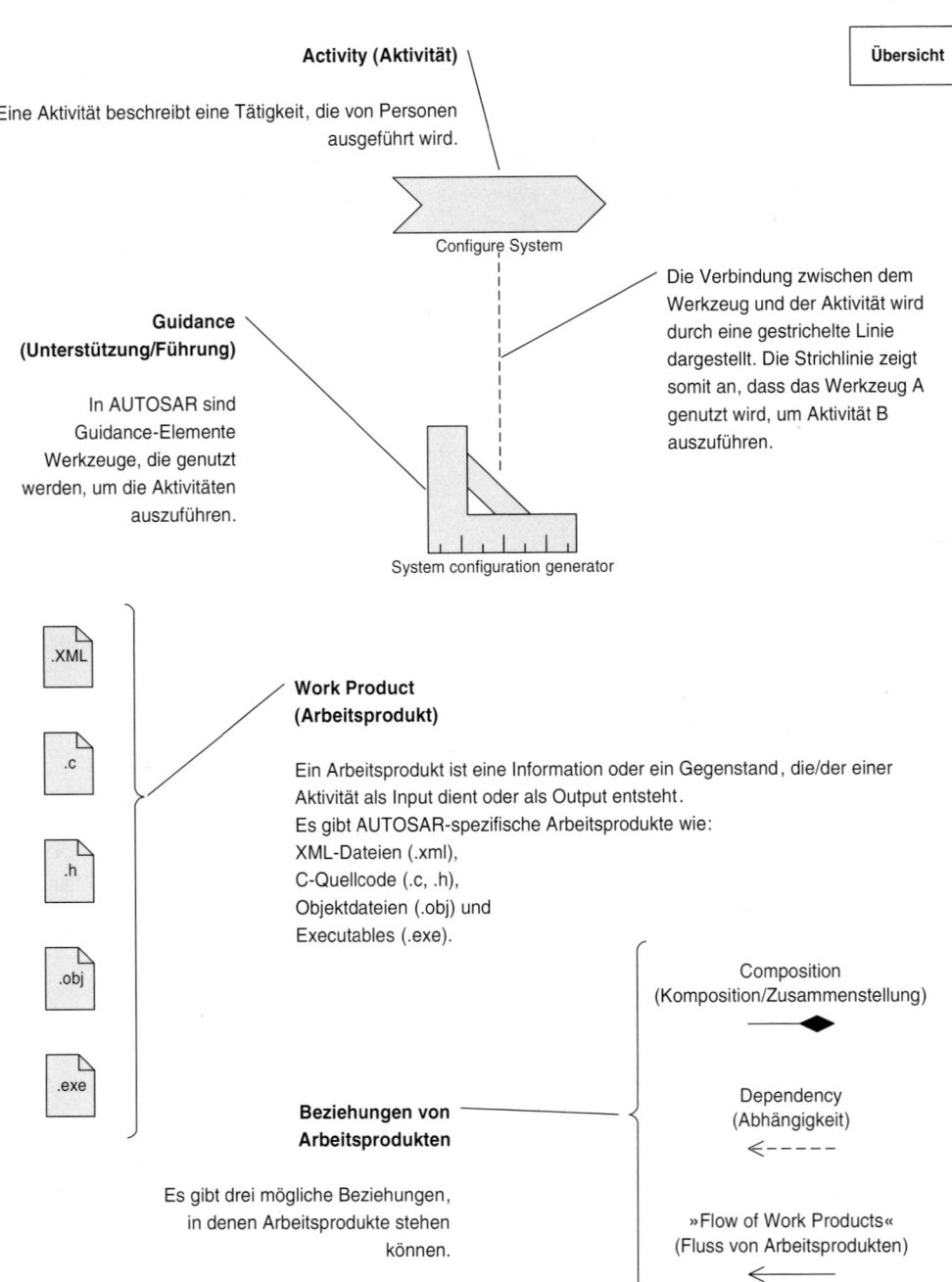

**Activity (Aktivität)**

Eine Aktivität beschreibt eine Tätigkeit, die von Personen ausgeführt wird.

Configure System

Die Verbindung zwischen dem Werkzeug und der Aktivität wird durch eine gestrichelte Linie dargestellt. Die Strichlinie zeigt somit an, dass das Werkzeug A genutzt wird, um Aktivität B auszuführen.

**Guidance (Unterstützung/Führung)**

In AUTOSAR sind Guidance-Elemente Werkzeuge, die genutzt werden, um die Aktivitäten auszuführen.

System configuration generator

.XML

.c

.h

.obj

.exe

**Work Product (Arbeitsprodukt)**

Ein Arbeitsprodukt ist eine Information oder ein Gegenstand, die/der einer Aktivität als Input dient oder als Output entsteht.
Es gibt AUTOSAR-spezifische Arbeitsprodukte wie:
XML-Dateien (.xml),
C-Quellcode (.c, .h),
Objektdateien (.obj) und
Executables (.exe).

Composition
(Komposition/Zusammenstellung)

Dependency
(Abhängigkeit)

**Beziehungen von Arbeitsprodukten**

Es gibt drei mögliche Beziehungen, in denen Arbeitsprodukte stehen können.

»Flow of Work Products«
(Fluss von Arbeitsprodukten)

Die Informationen auf diesen beiden Seiten beruhen auf der Beschreibung der AUTOSAR-Methodik [AS_METHOD07].